エキスパート応用化学テキストシリーズ
EXpert Applied Chemistry Text Series

Colloid and Interface Chemistry

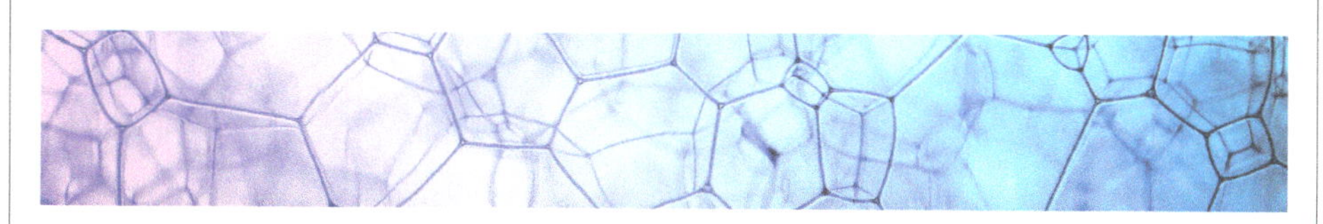

コロイド・界面化学
基礎から応用まで

Kaoru Tsujii
辻井 薫

Kazue Kurihara
栗原和枝

Naoki Toshima
戸嶋直樹

Nobuo Kimizuka
君塚信夫……［著］

講談社

まえがき

読者の皆さんが，将来どのような職業に就かれるか，あるいは現在どのような職業に就かれているかはわからない．しかし，どんな職業であれ，仕事に創造性・独創性(originality：オリジナリティ)が求められることに変わりはないと思う．他人と同じことをしていたのでは，他人の仕事と同じ結果しか残せない．発展する活気のある職場では，そのような仕事は期待されていないのだから．私自身は，コロイド・界面化学の研究を職業としてきた．皆さんのご参考に，その経験から得たオリジナリティの源泉について述べてみたい．

私は，オリジナリティの源泉は次の3つであると信じている：(i)異なる分野の概念の融合，(ii)偶然の発見(serendipity：セレンディピティ)，(iii)誰も行っていない研究分野への挑戦．これらのオリジナリティの源泉から考えて，コロイド・界面化学は，新しい研究分野を開拓するネタの宝庫であることを示したい．

(i) 異なる分野の概念の融合

オリジナリティの源泉として，もっとも重要なものである．いわゆる「ひらめき」といわれる頭の働きがこれである．十分にかみ砕かれて，心の底から納得して理解している2つの異なる概念が，あるとき突然結びつく．それが「ひらめき」であろう．天才は非常に離れた遠い分野の概念を融合し，きわめて新しい概念を生み出す．アインシュタインが波と粒子を融合させて「フォトン」を生み出したように．しかし，「ひらめき」は天才だけの特権ではない．凡人には凡人の「ひらめき」がある．融合する2つの概念が天才の場合より近い分野であるだけの違いだと私は思っている．

本書の第1章で述べるように，コロイド・界面化学はきわめて学際的である．数学・物理学・化学・生物学の手法の何を使ってもよいし，あらゆる物質がその研究対象である．オリジナリティに結びつく，異なる分野の概念を獲得しやすい条件がそろっているのである．私自身の研究では，フラクタルという数学的概念と界面化学の濡れを融合した超撥水表面の開発がそれにあたる．

(ii) 偶然の発見(serendipity：セレンディピティ)

科学の大発見が，偶然なされることは非常に多い．『創造的発見と偶然―科学におけるセレンディピティ』(東京化学同人・1993年刊)という大部の本があるくらいである．ノーベル化学賞を受賞された白川英樹先生は，導電性高分子の発見に際し，学生さんが試薬の量を間違えて大量に加えて反応させたことによって見出されたと講演で話しておられる．

コロイド・界面化学は「科学の吹きだめ」とよばれることがある(第1章参照)．それは，その時代までの科学ではわけがわからない，あるいはどう取り扱っていいか不明であるような現象が，コロイド・界面化学にはたいへん多く存在することを端的に表したものである．このことはつまり，これまで知られていない新しい現象に行き当たるセレンディピティの可能性がきわめて高いことも意味する．また，コロイド・界面化学は実学に近い学問でもある．商品の研究開発の途中で新しい現象に出くわすチャンスも多く，その意味でもセレンディピティの宝庫であるといえよう．私自身も，界面活性剤がつくるラメラ液晶相の発色現象を，他の目的の実験を行っているときに偶然発見した．

(iii) 誰も行っていない研究分野への挑戦

この項目の意味するところはシンプルで，誰にも自明であろう．しかし，なぜまだ誰も手を付けていないのかを考える必要がある．それは，その分野の研究の実験がたいへん難しいからかもしれないし，その分野を見つけること自体が難しく，まだ誰にも見つかっていないからかもしれない．前者に関しては，「なーに，やればできるさ」と楽観的であることが重要である．後者に関しては，コロイド・界面化学がたいへん業際的であることが役に立つ．いろいろな業界の研究に接し，何がまだ行われていない分野なのかを発見しやすいからである．私自身の研究では，超臨界水中におけるコロイドの安定性の研究がそれである．

以上，研究におけるオリジナリティについて述べてきた．しかし，他の職業における仕事のオリジナリティについても同様であると思う．オリジナリティは人間の頭脳の中で生まれ，人間の頭脳の働き方は職業によらないであろうから．その意味で，この「まえがき」が，将来，皆さんが仕事において創造性を発揮することに少しでも役に立ってくれればたいへんうれしく思う．

本書は，実は企画されてから出版まで7年以上かかっている．このような企画は，普通はボツになることが多いものである．それが出版までたどり着けたのは，ひとえに編集者である五味研二氏の決して諦めない粘り強いご尽力の賜物である．ここに同氏のご努力に対し，心より感謝申し上げる．

2019年10月

著者を代表して　辻井　薫

目　次

第1章　序　論

1.1　日常生活とコロイド・界面化学

コロイド・界面化学の特徴の1つは，ごく身近な現象を扱う学問であるという点にある．日常生活や産業のさまざまな場面において，コロイド・界面化学はたいへん重要な働きをしている．ここでは，ある会社員の1日の生活を例に，コロイド・界面化学との関連を具体的に考えてみよう．

朝，目を覚ました後，顔を洗ってタオルで拭く．顔を洗うときには，洗顔料や石鹸を使う．もちろん，汚れをよく落とすためである．洗顔料や石鹸が汚れを落とす現象には，コロイド・界面化学の原理が働いている．タオルが顔の水滴を拭ってくれるのは，「濡れ」という界面化学の現象である．今日の朝食はトーストと目玉焼き，それに生野菜のサラダとコーヒーである．卵の黄身とコーヒーは，コロイド分散物である．また，白く固まった目玉焼きの白身は，タンパク質のゲルである．ゲルはコロイド化学の重要な研究対象の1つである．会社に出掛けた後，洗濯を始めた夫人が使う洗剤は，コロイド化学の原理によって汚れを落としている．また，夫人が朝使用した化粧品は，コロイド・界面化学の粋を集めた製品である．ファンデーション，口紅，クリームなど，ほとんど例外はない．

さらにこの会社員が，現在は超高層ビルの建設に携わっている建設会社の技術者であるとしよう．今日は，50階部分のコンクリート打ちをする日だ．このコンクリートには，セメント分散剤の添加が必須である．この分散剤のおかげで，少量の水の添加でもセメント／砂利の混合物に流動性をもたせることができるようになり（図1.1），でき上がったコンクリートの強度が飛躍的に向上した．以前は，流動性を得るために多量の水を必要としたため，結果として，固化後のコンクリートの強度が低かったのである．つまり，超高層ビルの建設が可能になった背景には，コロイド化学の技術がある．また，塗料やインク，製紙，プラスチック業界などでも，類似の技術が使われている．

夕方帰宅して，お風呂に入る．風呂場の鏡は，よく曇る．この鏡の曇りは，石鹸を塗っておくことで防げる．鏡が曇るのも，石鹸がそれを防ぐのも，濡れとい

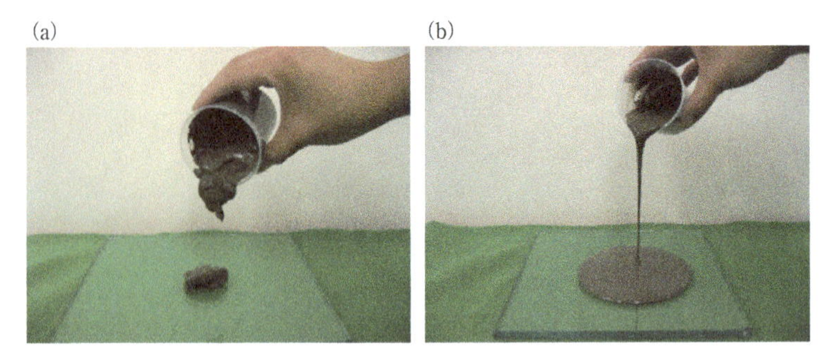

図1.1 分散剤によるセメントの流動性の向上
(a)分散剤なし，(b)分散剤あり．
［日本製紙グループホームページ https://www.nipponpapergroup.com/research/organize/synthetic_dispersants/index.htmlより転載］

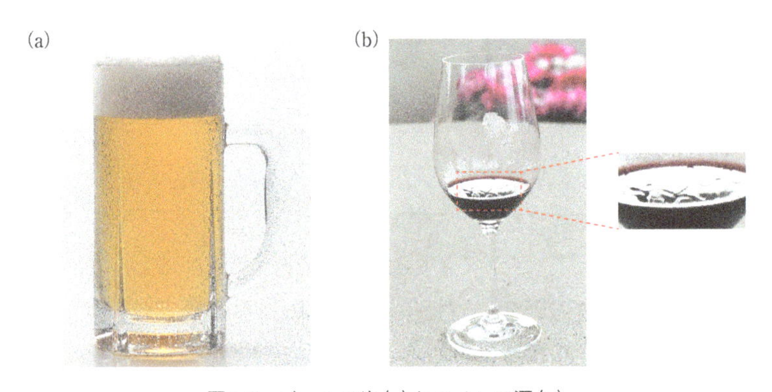

図1.2 ビールの泡(a)とワインの涙(b)

う現象が関係している．お風呂上がりのビールは，大きな楽しみの１つである．コップに注いだビールの泡は，多少縁を越えて盛り上がってもこぼれない(図1.2(a))．濡れが悪いおかげである．今日の夕食のメニューはおでんである．おでんの材料の豆腐，こんにゃく，ゆで卵，ちくわ，ごぼう天などはゲルである．これらのゲルは，コロイドの凝集体でできている．さらにいえば，ご飯もデンプンのゲルである．夕食の後，就寝前の一杯としてブランデーをグラスに注いだ．掌で温めていると，グラスの中程にアルコールが凝縮して，いわゆる「ワインの涙」ができる(図1.2(b))．よく観察すると，このワインの涙は，水の場合よりもグラスの表面により平べったく接していることがわかる．これは，グラスに対する水とアルコールの濡れの違いが反映された結果である．

このように，朝起きてから夜寝るまで，日常生活の至るところにコロイド・界面化学の現象が生じている．また，各種産業の諸過程でも，コロイド・界面化学は至るところで働いている．上記は，ほんの数例にすぎない．コロイド・界面化学は，まだまだ多くの場所と場面で活躍しているのである．コロイド・界面化学という学問を理解すると，きっと賢い生活者に，そして有能な研究者・技術者になれるであろう．これが，本書の著者から読者諸氏へのメッセージである．

1.2　コロイド・界面とは

1.2.1　コロイドの定義

コロイド(colloid)とは，1 nm(10^{-9} m)〜0.1 μm(10^{-7} m)程度の大きさの物質を指す．つまり，コロイドとは大きさによって規定された物質である(図1.3)．一般的には，1 nm〜0.1 μm程度の大きさを有する粒子を指すことが多いが，広義には，太さが1 nm〜0.1 μm程度の細線(繊維や糸)，厚さが1 nm〜0.1 μm程度の薄膜もコロイドに含める．つまり，巨視的な物体をなす三次元の物質において，1つの次元(膜)，2つの次元(細線)，3つの次元すべて(微粒子)がコロイドサイズの大きさであるものを，広くコロイドとよぶ(図1.4)．

物質の大きさをどんどん小さくしていくと，大きな物質とは異なる性質がだんだんと出てくるようになる．例えば，大きな粒の砂はさらさらしているが，細かい粒子である粘土や灰，小麦粉などは粘りがあったり軋んだりして，砂とは明らかに異なる流動性を示す．また，泥水の中の大きな粒子はすぐに沈むが，細かい粒子はなかなか沈まずにいつまでも濁っている．もっと役に立つ例として，化学反応の速度を速める触媒の活性が，触媒粒子のサイズに大きく左右されることな

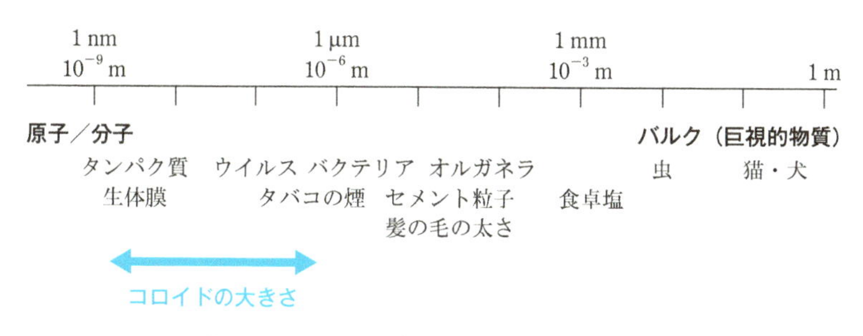

図1.3　コロイドと各種物質との大きさの比較

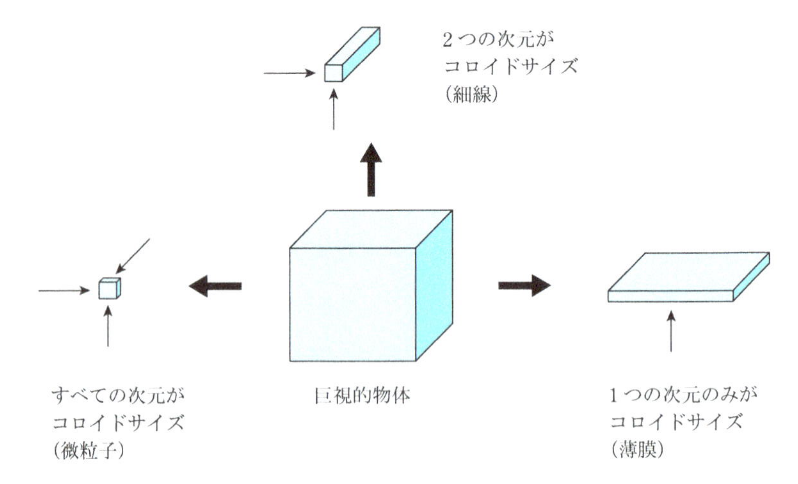

図1.4　広義のコロイドの定義：巨視的物体の1つ～3つの次元がコロイドサイズ(1 nm～0.1 μm)になった物質

どがあげられる．冷蔵庫の中の嫌な臭いをとる吸着剤の作用も，粒子が小さくなると顕著になる．眼鏡拭きの布では，その繊維の太さが特別に細いものとなっている．その方が，清掃効果が高いからである．このような粒子や繊維の性質の変化は，コロイドサイズの大きさになるとたいへん顕著になる．それ故に，コロイドサイズの大きさをもつ物質の性質を特別に調べる学問が，他の学問と独立して必要になるのである．

コロイドの粒子が媒体(通常は水)の中に分散した液体(コロイド分散液)も，コロイドとよぶことがある．この場合には，1 nm～0.1 μm程度の大きさを有する物質だけではなく，それを分散している液体も含めてコロイドと定義することになる．また，この分散液をコロイド溶液とよぶことがあるが，熱力学的には真の溶液ではない場合が多い．真の溶液は熱力学的に安定な系であるが，コロイド分散液の場合には，時間とともにコロイド粒子が凝集して分離する系が多数存在するからである．熱力学的に安定なコロイド溶液と不安定な分散液については，いずれ詳しく論じる．

1.2.2　界面の定義

界面(interface)とは，巨視的な2種類の物質が接する境界(境目)のことである．例えば，水と油の境界は液体/液体界面であり，空気とお皿の境界は気体/

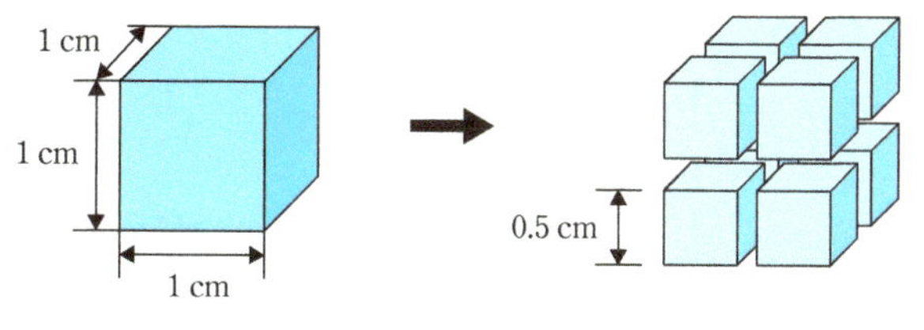

表面積 = 1×1×6 = 6 cm^2　　表面積 = 0.5×0.5×6×8 = 12 cm^2

一辺が 1 μm になったときには
表面積 = 10^{-4} cm×10^{-4} cm×6×(1/$(10^{-4})^3$) = 6×10^4 cm^2

図1.5 「コロイド・界面化学」とセットでよばれる理由
粒子が細かくなるほど一定体積の物質の表面積は大きくなるので，コロイド状態では表面の性質が顕著になる．

固体界面である．これらの界面，特に液体と液体，液体と気体の界面では，接する2つの物質相のごく近傍で，分子がいくらか混ざり合うことは十分に考えられる．その意味で，界面とは幾何学的な面ではなく，ある程度(分子サイズ)の厚みをもつものと考えるべきである．実際にどの程度の厚みを想定すべきかという問題に対する答えは，まだよくわかっていない．界面における分子レベルの構造は，現在でもまだ先端的研究課題である．

ここで，「表面」と「界面」という言葉の定義を説明しておこう．物質と物質の境界(境目)が界面であるが，これらの界面のうち，片方が気体あるいは真空の場合を，特に表面(surface)とよぶことがある．したがって，「界面」の方が一般的な名称であり，「表面」は界面の一種(気体や真空との界面)ということになる．

本書のタイトルは『コロイド・界面化学』である．コロイドと界面がセットでよばれている．本項の最後に，この理由について触れておこう．いま，図1.5のように，ある立方体の各辺が1/2になるように切ったとしよう．このとき，小さな立方体が8個できるが，その8個の立方体の体積の合計は，もちろん最初の大きな立方体の体積(1 cm^3)と同じである．では，表面積はどうだろうか？　大きな立方体の表面積は，1 cm^2 の面が6個あるので，6 cm^2 である．一方，小さな立方体1個の表面積は，0.5 cm×0.5 cm×6 = 1.5 cm^2 である．この立方体が8個あるので，合計の表面積は12 cm^2 となる．大きな立方体を一辺が1/2の小さな立方体にすると，体積はそのままで，表面積が2倍に増えることになる．粒子のサイズをもっと小さくすると，表面積はもっと増える．もし一辺の大きさをコロイドサイズにすると，非常に大きな表面積になるであろう．物質1gあたりの表面積を**比表面積**(specific surface area)とよぶが，コロイド状態はこの比表面積がたいへん大きいのである．つまり，コロイド状態にある物質では，表面の効果が非常に大きく現れることになる．

一方，界面化学とは，表面/界面の性質を研究対象とする学問である．コロイド状態は非常に大きな表面積をもつため，界面の性質が大きく影響し，当然，界面化学の研究対象となる．このように，コロイド化学と界面化学は密接に関連し，それ故に「コロイド・界面化学」とセットでよばれるのである．

1.3　コロイド・界面化学の概要

1.3.1　コロイド・界面化学という分類の特異性：学際性

一般に，化学の分野の名称は取り扱う対象物質か，もしくは研究手法によって分類されている．有機化学や無機化学は前者による分類であり，分析化学，量子化学，熱化学などは後者である．ところが，コロイド・界面化学はそのどちらにも属さず，コロイドあるいは界面という「状態」を扱う学問という分類になっており，独特な位置づけにある．化学の他分野とは異なる次元で分類されているわけであるから，他の分野と当然交差する．つまりコロイド・界面化学は，その定義からして学際的であらざるを得ないのである．有機物も無機物も高分子物質も生体物質も，どんなものでもコロイド・界面化学の対象である．熱力学も量子化学も分光学も，すべてコロイド・界面化学で利用される．物理学も生物学も，もっといえば数学さえも，その中に取り込まれる．なんと学際的であることか！この学際性がコロイド・界面化学の特徴の1つである．

1.3.2　コロイド・界面化学の業際性

上記の学際性に加え，各種産業に共通する技術としての業際性も，コロイド・界面化学の特徴の1つである．コロイド・界面化学は，限りなく実学に近い側面をもつ．「界面」の存在するところはすべてこの学問の研究対象であり，界面はほとんどすべての日常生活や産業分野，つまり世の中のありとあらゆるところに万遍なく存在するからである．コロイド・界面化学の技術が使われている産業分野の例を図1.6に示す．ここにはほとんどすべての産業分野をあげているが，そのどの分野にもコロイド・界面化学が関係していることをご理解いただけるであろう．

界面は世の中に遍く存在する

コロイド・界面化学は遍く役立つ

洗剤：衣料用，台所用，住居用洗剤など
化粧品・トイレタリー：クリーム，口紅，石鹸，ボディソープ，シャンプー，コンディショナー
食品：マーガリン，マヨネーズ，豆腐，こんにゃく，ゼリー，寒天
繊維・衣料：染色剤，柔軟剤
塗料・インキ：分散安定剤
紙・パルプ：サイズ剤，脱墨剤
土木・建築：セメント分散剤
ゴム・プラスチック：乳化重合，帯電防止，防曇剤
医薬・農薬：ドラッグデリバリーシステム（DDS），農薬乳剤
燃料・エネルギー：太陽電池技術，燃料電池技術，石油回収
金属：圧延油，防錆剤
電子・情報：磁気記録媒体，電池・電極材料，プリンター用インク，大規模集積回路（LSI）の洗浄，ハードディスクの潤滑
自動車：電着塗装剤，潤滑剤，防曇剤

図1.6　コロイド・界面化学は業際科学

学際性と業際性，この2つの特徴から，産・官・学，一般社会と学界/産業界，これらの間の架け橋となれるもっとも近い位置にいるのもまた，コロイド・界面化学である．コロイド・界面化学をしっかり身に付ければ，どんな業種の会社でも働ける．産学連携研究や産学共同事業の立案や実行にも，強力な武器となるであろう．コロイド・界面化学を学ぶことの意義の1つである．

1.4　コロイド・界面化学の歴史

先にも述べたように，コロイド化学と界面化学とは，よく「コロイド・界面化学」というふうにセットでよばれる．それは，コロイド状態は表面積が大きいために，界面の性質があらわに発現するからである．しかしながら，歴史的に見れば，これら2つの学問は別々に発展してきた経緯がある．「コロイド」は一定の大きさの粒子の分散物を表す「状態」であるという概念が定説化されるに至って，初めてコロイド化学と界面化学がセットとなったのである．本節では，別々に発展してきたコロイド化学と界面化学の歴史，および，それらがセットでよばれるようになった経緯について解説しよう.

1.4.1　コロイド化学の歴史

コロイドは, 古い昔から煙や霧, 牛乳, 粘土など人類にとって身近なものであった. また, ステンドグラスの着色剤として利用されていたことからもわかるように, 金属コロイド製造の歴史も古い. しかし, コロイド化学という学問の先駆けといえるほどの実験は, セルミ(Francesco Selmi, 1817～1881)によるプルシアンブルーの観察と, ファラデー(Michael Faraday, 1791～1867)による金ゾルの観察であろう[1]. セルミもファラデーも, 彼らの扱った溶液が真の溶液ではなく, 微粒子が分散したものであることを見抜いていた. また, 塩による凝集効果も見つけていたが, 科学といえるほどの系統性はなかった. ちなみに, ファラデーの金コロイドは, 今でも英国の王立研究所に, 安定なままで保存されているそうである.

図1.7　Thomas Graham (1805～1869)

「コロイド」という概念が現在の定義(少なくとも1つの次元が1 nm～0.1 μmのサイズを有する物質の状態)になるまでには, たいへんな紆余曲折があった. その理由は, そもそもコロイド(colloid)という語が, 水溶液中における拡散の異常に遅い物質群を指す概念として導入されたからである. コロイドという名称とこの概念は, グラハム(Thomas Graham, 図1.7)によって, 1861年に導入された[2,3]. その意味で, グラハムこそがコロイド化学の創始者である. この概念に属するコロイドが, ゼラチン, デンプン, ケイ酸のような, 多くは結晶化しにくい物質であったことから, この意味のコロイドと対立する(つまり速い拡散を示す結晶化しやすい通常の)物質群は, クリスタロイド(crystalloid)と分類された.

グラハムによって上記のように定義されたコロイドは, 必然的に次のような両義性をもっていた[3]. まず, 物質としての観点からは, 大きな分子であっても小さな分子(原子)の会合体であってもよい. この両義性から, コロイドは真の溶液であっても熱力学的に不安定な分散物であってもよいことになる. 第2の両義性は, コロイドの概念は物質の分類でもあり, 状態の分類でもあるという点である. これら2つの両義性が, コロイド化学の成立に紆余曲折を与えた大きな要因である.

第1の両義性は, 後に高分子化学の誕生につながるが, それについては後述する．ここでは，会合コロイドの典型的な例である「ミセルの概念」の成立について触れておこう[4)]．会合コロイドの研究は，クラフト(Friedrich Krafft, 1852～1923)による石鹸水溶液の研究に始まる[4)]．クラフトは，沸点上昇から求めた分子量をもとに，石鹸溶液はコロイドであると主張した．しかし，当時知られていたコロイド溶液は，電気伝導度の小さい系ばかりであったことから，電気伝導度の大きさ故に石鹸溶液がコロイドであるという説は強い反論にあった．この問題は，1913年マクベーン(James William McBain, 図1.8)によりイオンミセル(コロイドイオン)の概念が提出されたことによって解決した．マクベーンは界面活性剤によるミセルの概念の創始者であるが，臨界ミセル濃度(CMC)に関しては間違った結論を出していた．それは扱った試料が石鹸であったことに起因する．石鹸水溶液は低濃度領域では加水分解の問題があり扱いにくいため，彼は高濃度領域に限って研究していたのである．その後，界面活性剤の合成に関する研究が進み，低濃度領域の研究が容易になり，現在のミセルの概念をハートレー(Gilbert Spencer Hartley, 1906～?)が完成する．1936年のことである．

図1.8　James William McBain (1882～1953)

会合コロイドであるミセルの概念が成立した後，この分野は，ミセルが規則的に配列した液晶，さらに二分子膜，ベシクル，リポソームへと展開され，今では分子組織化学とよばれる大きな領域を形成している．この分野におけるエポックは，國武豊喜(1936～)らによる合成二分子膜の発見である．リン脂質などが二分子膜やリポソーム構造を形成するという現象はリン脂質が生体膜由来の物質であるために生じると考えられていたときに，完全に合成の界面活性剤(ジオクタデシルジメチルアンモニウムクロリド；$(n\text{-}C_{18}H_{37})_2N^+(CH_3)_2Cl^-$)でも同様の構造が得られるという発見は，問題を完全にコロイド・界面化学の分野に引き込んだ．

第2の両義性は，ワイマーン(Pyotr Petrovich von Weymarn, 1879～1935)によって，クリスタロイドであっても適当な方法で微粒子に分散すれば，コロイドと同じ性質を示すことが1907年に明らかにされ，解決した．これらの結果を経て，オストワルド(Wolfgang Ostwald, 図1.9)が，1909年に出版した著書の中で，「コロイドとは1 nm～0.1 μmの大きさを有する粒子の分散物である」と述べ，コロイドが状態を表す概念であることを明確にした.

図1.9 Wolfgang Ostwald (1883〜1943)

1.4.2 界面化学の歴史

界面化学の歴史は，毛管(毛細管)現象から始まる. 毛管現象は，レオナルド・ダ・ヴィンチが1490年頃に観察したといわれているように，たいへん古くから知られていた．最初に毛管現象の精密な研究を行ったのはボレリ(Giovanni Alfonso Borelli, 1608〜1679)で，彼は毛管を上昇する液体の高さが管の直径に反比例することを見出している[5)]．もちろん，この時点では，毛管現象の原因については何もわかっていなかったが，界面化学は毛管現象から始まっているのである. 界面化学のバイブル的教科書であるA. W. Adamsonの *Physical Chemistry of Surfaces* が，Capillarityの章から始まっているのにも由があるのである.

図1.10 Thomas Young (1773〜1829)

界面化学の成立が，表面張力の概念の確立にあるとすることには，読者諸氏にも同意いただけるであろう．表面張力の概念を1805年に初めて導入し，液体の濡れを説明したのがヤング(Thomas Young, 図1.10)である．固体表面の濡れを説明するヤングの式は，今も頻繁に使われる重要な式である．ちなみに，このヤングは，ヤング率や光の干渉実験で有名なヤングと同一人物である.

もし液体が純然たる流体であれば，重力下においてはいかなる場合でも，重力方向に対して垂直な方向に平らな表面を有するはずである．にもかかわらず，容器の中の液体は容器の壁との接触部分でせり上がり(図1.11(a))，固体表面上の液滴は丸く盛り上がり，あたかも液滴表面に風船の膜のようなものが存在するかのごとくふるまう(図1.11(b))．この現象を説明するために，ヤングは，液体表面上において表面に平行な張力を仮定した[5)]．また，この張力のつり合いとして，接触角という概念を導入した(図1.11(c))．この表面張力と接触角の概念を使って，毛管現象を説明したのである．その後，表面張力の概念は，ラプラス(Pierre-Simon Laplace, 1749〜1827)による液体曲面への応用などを経て，ギブズ

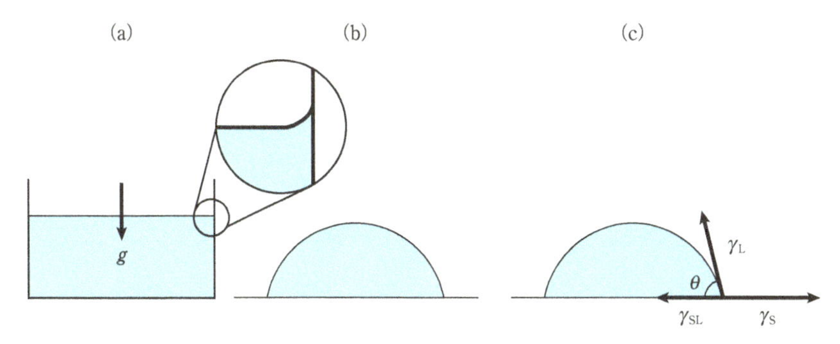

図1.11　表面張力の概念の導入
図(c)中のγ_S，γ_L，γ_{SL}はそれぞれ固体，液体，固/液の表面(界面)張力であり，θは接触角である．

(Josiah Willard Gibbs, 1839～1903)によって，表面における過剰自由エネルギーとして熱力学的に定式化される．さらに，表面張力と溶質の溶液表面への吸着の関係を表すギブズの吸着式へと展開される．

図1.12　Irvin Langmuir (1881～1957)

溶液表面への吸着現象は，ラングミュア(Irvin Langmuir, 図1.12)により，水不溶性分子の単分子膜の研究へと展開される．単分子膜とは，例えばオクタデカン酸(ステアリン酸)をシクロヘキサンのような揮発性の溶媒に溶かし，純水の表面に静かに垂らすと水面上に薄く拡がり，溶媒が蒸発した後に残るオクタデカン酸の薄膜のことで，1分子の厚さの層からできている．その模式図を図1.13に示す．水面上のオクタデカン酸分子は，水になじむ親水基を水側に向け，疎水基である炭化水素基を空気側に向けて配向している．「単分子膜」の概念は，気体/液体/固体の相変化と同じ現象が，二次元で起こるという科学的な意義があることに加え，乳化の安定性に対する理論を構築するきっかけともなった．

界面化学におけるもう1つの展開は，界面電気現象である．正と負の電荷は，通常は電気的中性条件によって均一に混ざっている．しかしこの電気的中性条件が，唯一破れる場合がある．それが，界面における電気現象である．界面においては，正イオンと負イオンが均一には混じり合わず，空間的に分離している．そのもっとも単純なモデルは，ヘルムホルツ(Hermann Ludwig Ferdinand von

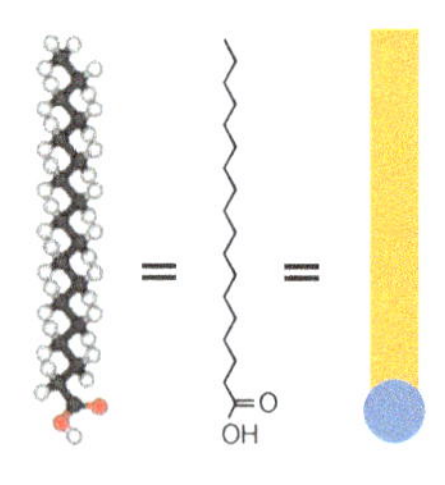

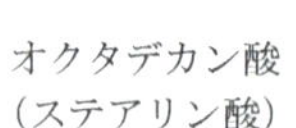

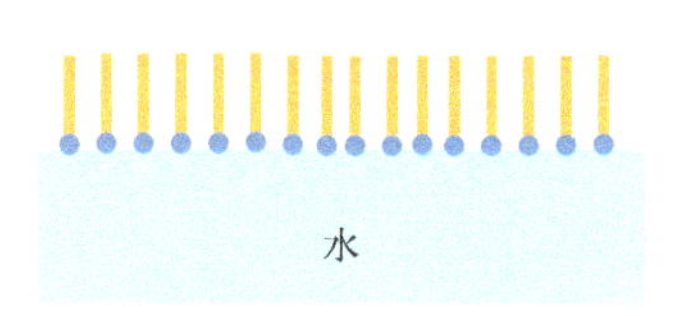

図1.13 単分子膜の概念の説明図

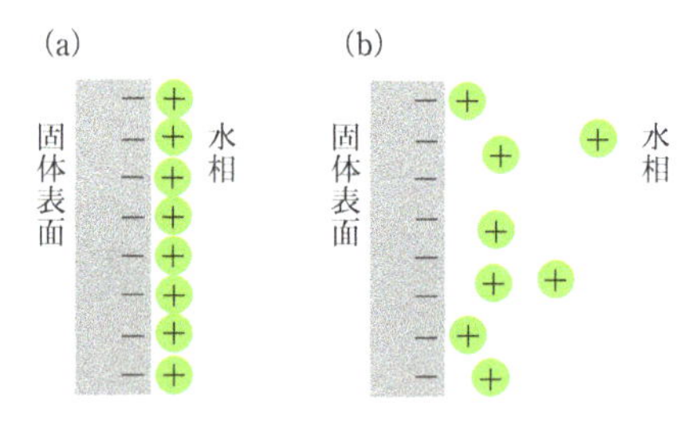

図1.14 電気二重層の模式図
(a)コンデンサーモデル，(b)拡散電気二重層モデル．

Helmholtz, 1821〜1894)のコンデンサーモデル(図1.14(a))である．このモデルは，対イオンの熱運動を考慮に入れたグイ(Louis Georges Gouy, 1854〜1926)とチャップマン(David Leonard Chapman, 1869〜1958)による拡散電気二重層モデル(図1.14(b))へと発展する．この理論は，有名なデバイ・ヒュッケルの理論と同じ内容を有しており，しかもデバイ・ヒュッケルの理論より10年も前に発表されていることは特筆に値する．この拡散電気二重層の概念は，やがてDLVO理論へと展開されていく．

界面化学の歴史の中で忘れてならない事柄は，近年における固体表面分析法の著しい発展である．固体表面の観察法は走査型電子顕微鏡(SEM)に始まり，その後，走査型トンネル顕微鏡(STM)，原子間力顕微鏡(AFM)，走査型近接場光学顕微鏡(SNOM)，和周波分光(SFG)，第二高調波発生分光(SHG)，X線光電子分光(XPS)，低速電子線回折(LEED)，X線吸収微細構造分光(XAFS)，結晶トランケーションロッド法(CTR)など，略語を覚えるのもたいへんなくらい多くの分析法が開発されてきた．これらの諸法は，問題にしている系の知りたい知見に応じて活用すれば，大きな力を発揮してくれることは言うまでもない．これらの諸法の開発と発展は比較的新しいものであるが，今後も必要とされる情報に対応した分析法が，どんどん開発されることであろう．

1.4.3　コロイド化学と界面化学の概念的統合

上述のように，コロイド化学と界面化学は別々の学問として発展してきたが，この2つの分野の概念は自然に統合された．すでに述べたように，ラングミュアの単分子膜吸着が水中の油粒子表面に形成されたとき，界面化学の概念は乳化安定性(コロイド化学)の理論に適用できる可能性が示された(1917年)．また界面電気現象の成果は，2つの拡散電気二重層間における反発力の考えを生み出し，コロイドの安定性を説明するDLVO理論を導いた(1948年)．これらが典型的な例である．ともに，平面に関する概念であった単分子吸着と電気二重層が，微粒子の表面に適用されることにより，乳化や分散の安定性を説明する理論へとつながったのである．コロイド状態は表面積のたいへん大きな系であり，それ故に界面エネルギーが大きく，その効果が顕著に現れることを考えれば，この2つの概念の統合は自然なことである．

この線に沿った近年の発展としては，表面力測定法(SFA)の開発があげられるであろう．DLVO理論は，コロイド粒子間の相互作用ポテンシャルをその距離の関数として表現しているが，実際にコロイド系で観測できる現象は分散安定性であり，間接的にしか理論の検証はできなかった．SFAの登場は，その課題を克服し，直接ポテンシャルと距離の関係を測定できるようにした．また，ナノ間隙に閉じ込められた分子の層状配列と，それが1層ずつ抜けることによるポテンシャルの振動がSFAにより発見され，溶媒和による斥力の存在を証明することになった．ナノレオロジーやナノトライボロジーの開拓も，大きな成果である．これらSFAの新しい展開には，イスラエルアチヴィリ(Jacob Nissim Israelachvili, 1944〜2018)の貢献が大きい．

1.4.4　コロイド・界面化学から巣立った学問

1.4.1項で述べたように，そもそものコロイドの定義は両義的で，いろいろな物質系が含まれる．その物性は粘稠でゼリー状であり，再結晶による精製ができない物質が多い．このような物質群は，19世紀の化学者にとって忌避すべきものであった．その意味で，コロイド・界面化学は“科学の吹きだめ”と表現されることもある．しかし，それだけになおさら，さまざまな未知の現象や物質が内包されている．この“科学の吹きだめ”の中から，特にある物質や現象に注目して系統的な研究を進めることにより，いくつかの新しい学問分野が誕生した．高分子化学，触媒化学，レオロジーなどである．ここでは，これらの中から2つの分野を選んで，その経緯を述べよう．

図1.15　Hermann Staudinger (1881～1965)

A.　高分子化学[2,4,6)]

グラハムによるコロイドの概念における第1の両義性によってもたらされた紆余曲折から，高分子化学が誕生した．この紆余曲折の1つは，デンプン，セルロース，ゼラチン，卵白タンパク質などの溶液が，会合コロイドであるか，共有結合で結ばれた巨大分子(今日の高分子)であるかという議論である．この議論が始まった1920年頃は，ちょうどマクベーンのイオンミセルの概念が定着した時期にあたる．それ故に，多くのコロイド化学者は，上記の溶液は会合コロイドであるという立場をとった．初期の頃に高分子説を唱えたのは，シュタウディンガー(Hermann Staudinger, 図1.15)ただ一人であった．しかし，スヴェドベリ(Theodor Svedberg, 1884～1971)が超遠心機による分子量測定法を開発し，高分子説が優勢になった．この問題に決着がついたのは，1930年のドイツ・コロイド学会のシンポジウムにおいてであったといわれている．このシンポジウムからわずか数年後の1937年に，早くもカロザース(Wallace Hume Carothers, 1896～1937)によって人工の高分子(ナイロン)が発明されたことは，特筆すべきである．

B.　レオロジー[7)]

物質の力学的挙動を記述する理論の代表は，純弾性体に対するフックの法則と，純粘性体に対するニュートンの法則である．この2つの法則は両極端に位置する．前者に関する理論はオイラーやラグランジュらにより構築され，また後者の理論はクーロン，ナビエ，ハーゲン，ポアズイユ，ストークスらによって発展させられ，19世紀半ばには完全に体系化された．

コロイドという語が，そもそも水溶液中における拡散の異常に遅い物質群を指す概念として導入された(1.4.1項参照)ことからもわかるように，コロイド溶液

(分散液)には単純にニュートンの法則に従う流れ方をしないものが多い．このことは，当時知られていた典型的なコロイドであるゼラチン，デンプン，ケイ酸などの水溶液を思い描けば，容易に想像できるであろう．つまり，純弾性体でもない，純粘性体でもない，異常な力学的挙動をする物質群として，コロイドは認識されるようになったのである．チキソトロピー，ダイラタンシー，構造粘性，ゲルなど，弾性と粘性をともに有する物質として，コロイド系は特別な力学的取り扱いを必要としたのである．

図1.16 Eugene Cook Bingham (1878～1945)

1919年，アメリカのビンガム(Eugene Cook Bingham, 図1.16)は，バター，チーズ，粘土，ペイント，印刷インクなどの力学的性質を記述するために，すなわち，ある値(降伏値)以上の外力を与えないと流動しない流体を取り扱うために，いわゆるビンガム塑性なる概念を導入した．塑性とは物体に外力を加えて変形させた後に外力を取り去っても，元に戻らず変形がそのまま残る性質のことを指す．その後，フロイントリッヒ(Herbert Max Finlay Freundlich, 1880～1941)らによるチキソトロピーの研究，オストワルドによる構造粘性概念の提出などを経て，1929年にアメリカにおいてThe Society of Rheology(レオロジー学会)が設立され，*The Journal of Rheology*が発刊された．ここに，レオロジーという新しい学問分野が，コロイド化学から独立して誕生したのである．ビンガムはこのレオロジー学会の設立に尽力し，レオロジー学会の父とよばれている．

引用文献

1) 北原文雄，現代界面コロイド科学の事典(日本化学会 編)，丸善(2010)，pp.2-3
2) 立花太郎，コロイド化学—その新しい展開(共立化学ライブラリー 19)，共立出版(1981)，pp.1-36
3) 立花太郎，化学史研究，**22**(1)，1-14(1995)
4) 北原文雄，化学史研究，**36**(3)，121-147(2009)
5) 小野 周，表面張力(物理学One Point 9)，共立出版(1980)，第1章，第2章
6) 北原文雄，現代界面コロイド科学の事典(日本化学会 編)，丸善(2010)，pp.24-25
7) 中川鶴太郎，レオロジー 第2版，岩波書店(1978)，序論

❖演習問題

1.1 一辺の長さ1 cmの立方体の各辺をn等分して，小さな立方体を作る．このとき，小さな立方体の表面積の合計は，最初の立方体の表面積のn倍になっていることを証明しなさい．

1.2 半径rの球を半径r/nの小さな球に細分化する．このとき，小さな球の表面積の合計は，最初の球の表面積の何倍になっているかを計算しなさい．

1.3 ともにコロイド化学から独立した学問分野であるレオロジーとトライボロジー(摩擦・潤滑・摩耗の学問)の，類似点と相違点について論じなさい．

1.4 チキソトロピーとダイラタンシーとは何かを説明しなさい．また，これらの流動性を与える溶液の構造について論じなさい．

1.5 水不溶性分子の単分子膜は，ポッケルス(Agnes Luise Wilhelmine Pockels)女史の台所における実験から始まったとされている．ポッケルスの実験について調べ，この実験のコロイド・界面化学分野の発展に対する寄与について考察しなさい．

第2章　界面における熱力学

前章で述べたように，コロイド・界面化学とは，表面および界面の性質が重要な働きをする世界である．では，表面および界面の性質を支配するものは何であろうか．それは表面張力および界面張力である．コロイド・界面化学とは，煎じ詰めれば，「表面張力・界面張力と表面積の科学」といっても過言ではない．したがって，表面張力と界面張力は，コロイド・界面科学を理解するためのカギである．そこで本書では，まず表面張力と界面張力をよく理解していただくところから記述を始めることにする．

2.1　表面張力

2.1.1　液体表面とゴム風船膜の類似性

蓮(ハス)や里芋の葉の上の水滴が丸くなって転がることは，読者の方もよくご存知のことであろう(図2.1)．宇宙ステーションのような無重力空間では，巨大な水滴も球になる(図2.2)．また，古い体温計を壊したりして，床にこぼした水銀も丸くなる．このように，液体が自由に形をとることができる場合，球になる．一方，水より比重の大きな物体であっても，それが濡れなければ水の表面に浮かぶことがある．例えば，アメンボは水面を自在に動き回ることができ(図2.3)，汚れた1円玉や縫い針は，静かに水面に置くと水に浮かぶ(図2.4)．

図2.1　蓮(a)，里芋(b)，およびクローバ(c)の葉の上の水滴

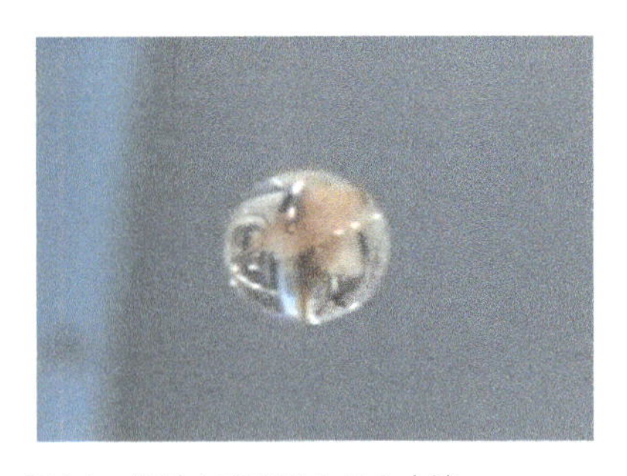

図2.2　無重力空間における水滴
［JAXAデジタルアーカイブスより］

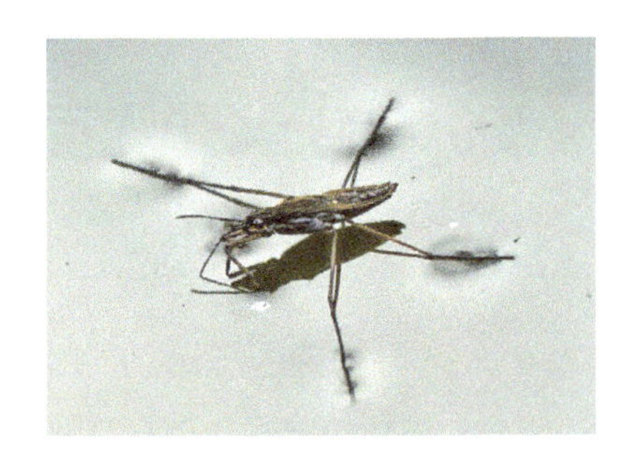

図2.3　表面張力によって水に浮かぶアメンボ

図2.4　表面張力によって水に浮かぶ1円玉

1.4.2項でも述べたように，液体がもし純然たる流体であれば，重力下においてはいかなる場合でも，重力の方向に対して垂直な方向に平らな表面を有するはずである．しかしながら，上述のように蓮の葉の上の水滴は球形になり，ポリエチレンやテフロンの固体表面上の液滴は半球状に丸く盛り上がる．コップに水を注いだとき，コップの上まで水が盛り上がる現象も，読者の方は経験されていることであろう．これらの現象は，あたかも水の表面にゴム風船の薄い膜に類似したものが存在するかのような印象を与える．アメンボや1円玉が水に浮かぶ現象も，同様に水表面における膜の存在を印象づける．

実際に，ゴム風船の薄い膜と液体の表面には類似性がある．ゴム風船を膨らませた場合，ゴム風船の薄い膜が縮まろうとする力(張力，tension)によって，内部の圧力が外部よりも高くなる．同様に，液体(石鹸水溶液)の薄膜でできた風船であるシャボン玉でも，内部の圧力は外部より高くなっている．つまり，シャボ

図2.5 ゴム風船の膜の張力と表面張力の類似性
シャボン玉や水滴の内部の圧力は，ゴム風船と同様に外部より高い($P_{in} > P_{out}$).

ン玉の液体薄膜には，ゴム風船の薄い膜と同様の張力が存在するのである．シャボン玉と同様に，水滴の場合も，内部の圧力が外部より高くなっている．水の表面に，張力が働いているのである(図2.5)．これが**表面張力**(surface tension)である．

液滴内部の圧力が表面張力のために外部より高いという現象は，液体の表面が曲がっている(曲面を形成している)ときには凹となっている側の圧力の方が高いと一般化できる．つまり，固体上に置かれた半球状の液滴や毛管(毛細管)中の液体のメニスカスのように，球状の形でなくても液体が曲面をつくっていれば，成立する現象である．これについては，11章で詳しく述べよう．

図2.6(a)のように，大小2つのシャボン玉を，ガラス管の両端に付けるとどうなるであろうか．この場合，2つのシャボン玉の大きさは変化し，大きいシャボン玉はより大きくなる(図2.6(b))．一方，小さいシャボン玉はだんだん小さくなり，ガラス管の内径とちょうど同じときに直径が最小になる(図2.6(c))．この大きさを境にして，小さいシャボン玉の半径は逆に大きくなり始め，両端に付いたシャボン玉の半径が同じになったところで，大きさの変化は止まる(図2.6(d)：ガラス管の左端を塞いでいるシャボン玉の膜は，破線で描いた球の一部で，右の大きなシャボン玉と同じ半径を有している)．この実験から，小さいシャボン玉ほど内部の圧力が大きいことがわかるであろう．これは単なる水滴でも同じで，水滴が小さいほど内部の圧力は大きくなる．その理由は，小さい水滴ほど，水滴の体積に対する表面積の割合が大きいからである．つまり，小さい水滴ほど表面の影響が大きく現れ，表面張力の効果も大きくなるというわけである．ちなみに，半径が小さくなるほど内部の圧力が大きくなるという性質は，風船には当てはまらないことを念のために付け加えておく．

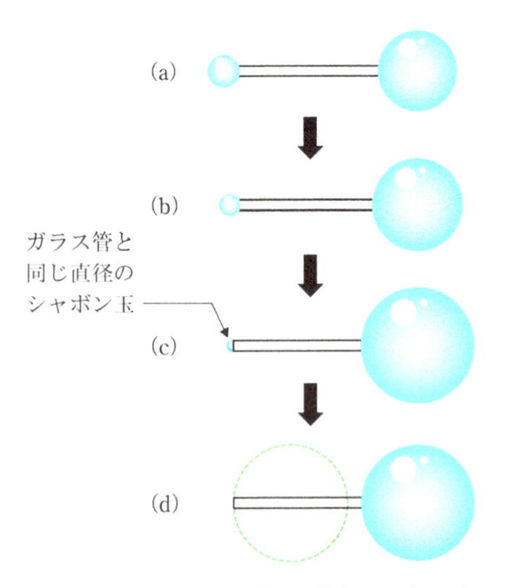

図2.6　大小2つのシャボン玉内部の圧力の違い
小さいシャボン玉の方が内部の圧力が高い.

2.1.2　表面張力の起源

これまで水滴やシャボン玉の実験から，表面には縮まろうとする性質があり，その力が表面張力であると述べてきた．ではなぜ，表面には縮まろうとする性質，つまり表面張力が存在するのであろうか．それは，液体の表面は，液体内部に比べて自由エネルギーが高いことが原因である．自由エネルギーとは，分子の自由さの尺度であるエントロピーも考慮されたエネルギーで，自然現象は自由エネルギーが低くなる方向に変化する．表面の自由エネルギーが高いので，できるだけ表面積を小さくし，自由エネルギーの低い状態になろうとするのである．表面積を小さくしようとする力は，表面を縮めようとする張力にほかならない．

読者がもたれるであろう次の疑問は，ではどうして表面の自由エネルギーが内部より高いのかということであろう．凝縮相(液体と固体をこうよぶ)を形成する分子や原子間には，互いに引力が働いている．その引力が熱運動に打ち勝っているからこそ，分子や原子はバラバラにはならず，液体や固体として存在することができるのである．1個の分子を，真空中から凝縮相に移したとすると，まわりの仲間の分子との引力によってその分子は安定化する．これは，一人ぼっちで寂しい思いをしている人が，仲間の中に入ると安心し，居心地がよくなるのに似ている．その居心地のよさ(安定化の自由エネルギー)が凝集エネルギーである．例

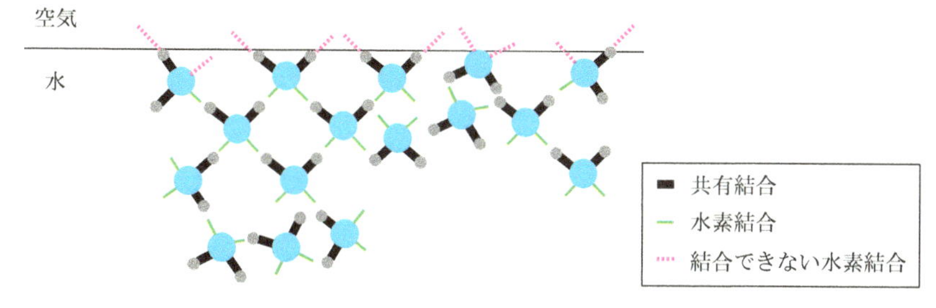

図2.7 表面張力の起源
表面の水分子には，外(蒸気)側から水素結合をつくる分子はいない.

えば水分子の場合，真空中から水中に移されると，最大4つの水素結合を形成することが可能であり，水素結合のエネルギーの分だけ安定化することができる．もちろん，水素結合以外にファンデルワールス力(van der Waals force)なども働き，安定化に寄与することはいうまでもない．

さてここで，表面に存在する分子について考えてみよう．表面の分子には，外側(真空または蒸気側)に相互作用する分子が存在しない．図2.7に，水分子での例を示す．表面に存在する水分子は,外側とは水素結合を形成することができず,その分だけ内部(バルク中)に存在する分子より自由エネルギーが高くなる．表面に存在するがゆえに高くなるこの自由エネルギーを単位表面積あたりで表したものが表面張力である．表面には過剰の自由エネルギーが存在するので，液体はできるだけ表面積を小さくしようとする．蓮の葉の上の水滴や，床にこぼれた水銀が球になるのはこのためである．同じ体積であれば，球の場合に表面積がもっとも小さくなるのである．

図2.8に，表面張力によって液体の表面積が小さくなることがわかる簡単な実験の模式図を示した．枠の1つが可動である四角い枠に，石鹸膜(シャボン玉膜)が張られている．この可動の枠を押さえていた手を離すと，枠は液膜に引っ張られて左に動く．このとき，枠に働く力をfとし，石鹸膜と接している枠の長さをlとすると，表面張力γは次式で定義される．

$$\gamma=\frac{f}{2l} \tag{2.1}$$

分母に係数2がかかっているのは，石鹸膜には表と裏の2つの表面があるからである．さて，この可動枠を力fに逆らって，距離xだけ右に引っ張ったとしよう．このとき，この石鹸膜になされた仕事wはfxで，表面積の増加分Sは$2lx$である．

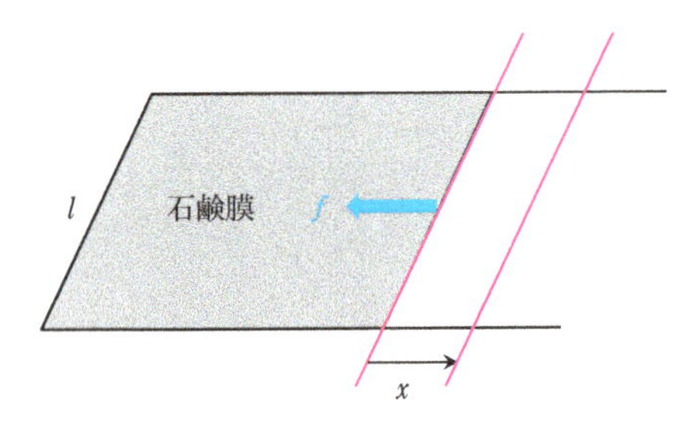

図2.8　表面張力が表面積を小さくすることを示す簡単な実験
四角形の枠の中に張られた石鹸膜は，表面積を小さくしようとして可動性の枠に力fを及ぼす．

仕事wがこのように書き表せるのは，表面張力は引っ張った距離xに依存しないためである(コラム2.1参照)．式(2.1)の分母と分子にxをかけると，

$$\gamma = \frac{f}{2l} = \frac{fx}{2lx} = \frac{w}{S} \tag{2.2}$$

となる．式(2.1)は表面張力を単位長さあたりの力として表したもの，式(2.2)は単位表面積あたりの自由エネルギー(仕事)として表現したもので，これらはまったく同じである．

表面張力の定義から容易に理解できるように，凝集エネルギー(分子間の引力相互作用)の大きい物質ほど表面張力も大きい．なぜなら，内部に存在すれば得られる分子間相互作用による大きな安定化自由エネルギーが，表面では得られないからである．つまり，内部にいれば得られる自由エネルギーが大きいほど，表面にいるがゆえに損をする自由エネルギーも大きいわけである．表2.1には代表的な金属の，表2.2には溶剤の表面張力の値を示した．金属の表面張力は溶剤に比べて桁違いに大きい．それは，金属原子間には金属結合という非常に大きな相互作用が働いているからである．溶剤の中では水の表面張力が際立って大きいが，それは水素結合に由来する凝集エネルギーが大きいためである．

表面張力は，温度の上昇にともなって小さくなる．それは，熱運動によって平均の分子間距離が大きくなり，分子間の凝集エネルギーが小さくなるからである．図2.9に，クロロホルムの表面張力と温度の関係を示す．温度の上昇とともに表面張力は小さくなり，ついには0となる．これは，その温度で凝集エネルギーがなくなるからである．

表2.1 各種金属の表面張力(カッコ内は液体の値)

金属	温度/°C	状態	表面張力/mN m^{-1}
金	700(1120)	固体(液体)	1205(1128)
銀	900(995)	固体(液体)	1140(923)
銅	1050(1140)	固体(液体)	1430または1670(1120)
鉄	1400(1530)	固体(液体)	1670(1700*)
スズ	150(700)	固体(液体)	704(538)
アルミニウム	(700)	(液体)	(900)
水銀	(20)	(液体)	(476)

*鋼鉄(steel)のデータから合金の炭素濃度を0に外挿して求めた値で，誤差は大きい．
液体および固体のデータは，それぞれA. Bondi, *Chem. Rev.*, **52**, 417–458(1953)，H. Udin, *Metal Interfaces*, American Society of Metals(1952), p.114から引用した．ただし，金の固体のデータは，日本化学会 編，実験化学講座7：界面化学，丸善出版(1956), p. 32から引用した．

表2.2 代表的な溶剤の表面張力およびそれらと水との界面張力

溶剤	温度/°C	表面張力/mN m^{-1}	水との界面張力/mN m^{-1}
水	20	72.8	—
水	25	72.0	—
ブロモベンゼン	25	35.75	38.1
ベンゼン	20	28.88	35.0
ベンゼン	25	28.22	34.71
トルエン	20	28.43	
n-オクタノール	20	27.53	8.5
クロロホルム	20	27.14	
四塩化炭素	20	26.9	45.1
n-オクタン	20	21.8	50.8
ジエチルエーテル	20	17.01	10.7

データは，J. T. Davies and E. K. Rideal, *Interfacial Phenomena*, Academic Press(1963), Chapter 1から引用した．空欄はデータが示されていないことを意味する．

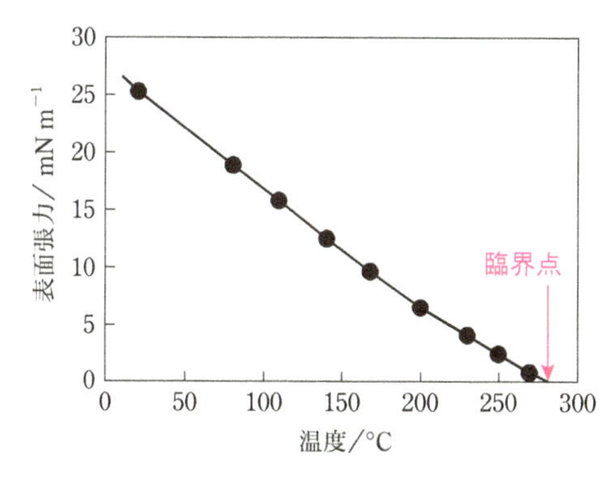

図2.9 クロロホルムの表面張力の温度依存性
温度の上昇とともに表面張力は小さくなり，臨界点で消滅する．

コラム2.1　表面張力とフックの法則

ばねや輪ゴムを引っ張ったときに元に戻ろうとする力(＝張力)は，引っ張った距離(＝歪み)に比例して大きくなる．この関係をフックの法則とよぶことはよくご存知であろう．しかし，図2.8で説明したように，表面張力は引っ張った距離xに依存しない．これはどうしてだろうか．

なぜ表面張力は引っ張った距離に依存しないのかを考察する前に，ばねや輪ゴムはどうしてフックの法則に従うのかを考えてみよう．ばねを構成しているのは，金属の結晶である．ばねを引き伸ばしたとき，この結晶中の金属の原子間距離が伸びる．もともともっとも安定な位置にいた金属原子は，この伸びによってポテンシャルエネルギーの高い位置に移動させられる．このポテンシャルエネルギーは，概ね原子間距離の二乗に比例する．ばねが引き戻す力は，ポテンシャルエネルギーを距離で微分したものであるから，距離の一乗に比例することになる．これがフックの法則である．ゴムの張力の原因は，ゴムを構成する高分子のコンホメーション・エントロピーである．ゴムが引っ張られたとき，高分子は引っ張られた方向に対していくらか平行に並び，もっとも安定な(エントロピーの大きい)コンホメーションからずれる．この状態をもう一度もっともエントロピーの大きな状態に戻そうとするときに，引き戻す張力が発生する．

以上の説明から，ばねやゴムの張力が引っ張った距離に依存するのは，引っ張られることによって内部の状態が変化するからであると理解できるであろう．逆に考えれば，表面張力が距離に依存しないのは，引っ張られても表面の状態が変化しないからであるとわかるであろう．図2.8で，可動枠が右に引っ張られても，新しくできる表面にはこれまでと同じ組成になるように，溶液内部から分子が供給される．これが，表面張力が引っ張られた距離に依存しない理由である．

2.1.3　固体の表面張力

固体にも当然，表面張力がある．そしてその値は，一般に液体よりも大きい(表2.1参照)．なぜなら，固体は液体より大きな凝集エネルギーを有しているからである．液体より大きな凝集エネルギーを有しているからこそ，液体より分子運動が遅く，規則性の高い固体(結晶)状態で存在できる．

固体であっても，ポリエチレン，ポリプロピレン，テフロンなどの高分子の固体の表面張力は小さい．単位体積あたりの凝集エネルギーが小さいからである．ところが，分子サイズが非常に大きいため，部分間の相互作用は小さくても分子全体の相互作用エネルギーは大きくなり，熱エネルギーによって分子がばらばらになることはない．そのために，表面張力は小さいが，固体で存在することができるのである．

もうお気づきだと思うが，気体には表面張力がない．分子間の引力が熱運動に負けてしまい，凝集エネルギーが存在しないからである．

2.2　界面張力

水と油のような溶け合わない2つの液体が接しているとき，その界面にも界面張力が存在する．界面に存在する分子の自由エネルギーは，やはり内部に存在する分子の自由エネルギーよりも高い．そのため，界面の面積を小さくしようとして，張力が働く．界面張力の起源について図2.10に模式的に示す．表面張力の起源(図2.7)と比べて違うところは，空気(蒸気)相が油相に代わっていることである．水分子と空気との間には相互作用はない(無視できるほどに小さい)が，水分子と油分子との間には引力相互作用が存在する．そのため，相手がいなくて相互作用できず，損をしていた凝集エネルギーが，油分子との引力相互作用でいく分か補償される．つまり，この引力の分だけ，水と油の表面における凝集エネルギーの不足分が解消される．したがって，水/油間の界面張力γ_{AB}は，2つの液体の表面張力γ_Aとγ_Bの和より小さい．つまり，単位面積あたりの水と油の分子間凝集エネルギーをσ_{AB}と書けば，界面張力γ_{AB}は次式で表される．

$$\gamma_{AB} = \gamma_A + \gamma_B - 2\sigma_{AB} \tag{2.3}$$

σ_{AB}の前に2がかかっているのは，Aの側からもBの側からも凝集エネルギーの不

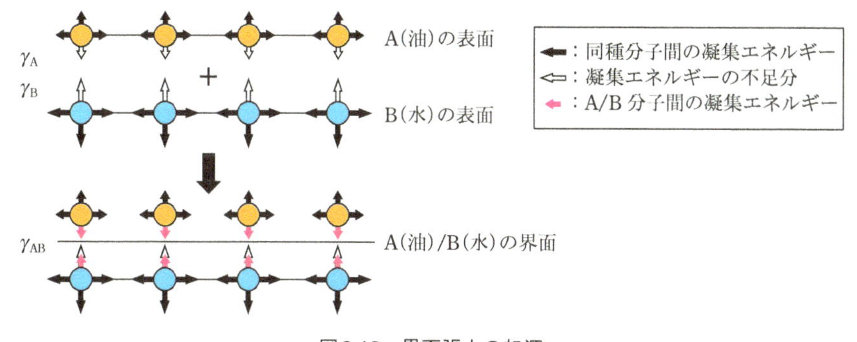

図2.10　界面張力の起源

足分が補われるからである．もし，A分子同士とB分子同士の相互作用が同じ種類(例えば，ファンデルワールス力)であれば，σ_{AB}は$\sqrt{\gamma_A \gamma_B}$と表せる．つまり，式(2.3)は次式のようになる．

$$\gamma_{AB} = \gamma_A + \gamma_B - 2\sqrt{\gamma_A \gamma_B} \tag{2.4}$$

このような場合には，界面張力の値がそれぞれの表面張力の値から計算できる．

界面張力は擬人的に表現するとわかりやすく，人間関係における緊張感のようなものである．仲良しの二人の間では緊張感は小さいが，仲が悪い二人の間では大きい．2種類の物質間にこの擬人的な関係を適用すると，仲良しの関係とは相互作用エネルギーが大きいことを意味し，仲が悪い関係とは相互作用エネルギーが小さいことを意味する．式(2.3)から，相互作用エネルギーが大きいと界面張力は小さくなり，その逆も成り立つことがわかる．この擬人的な比喩は，今後も有効に使われるので記憶しておいていただきたい．

2.3　界面活性

2.3.1　界面活性とは

液体，例えば水の表面張力は，水中に何らかの物質が溶けると変化する．図2.11は，水に各種の物質が溶けたときの，溶液の表面張力と溶質濃度の関係を示したものである．無機化合物が溶解すると表面張力は増大し，メタノールやアンモニア(水酸化アンモニウム)が溶解すると表面張力が低下することがわかる．ある物質が少量溶けたときに表面の性質が著しく変化する場合，その現象を**界面活性**(surface activity)とよぶ．表面張力の低下は，もっとも典型的な界面活性の例である．また，界面活性を示す物質を**界面活性物質**(界面活性化合物，surface active subtance またはsurface active compound)とよぶ．界面活性剤(surfactant)とは，界面活性物質の中でももっとも強力な界面活性を示す物質の総称であり，通常は水に溶けて表面張力などの性質を著しく変化させると同時に，水中でミセルなどの会合体を形成する化合物と定義されている．

2.3.2　界面活性と吸着

物質の溶解により表面張力が変化する原因は，溶質の溶液表面への吸着である．その関係は，次の**ギブズの吸着式**(Gibbs adsorption isotherm)で表される．

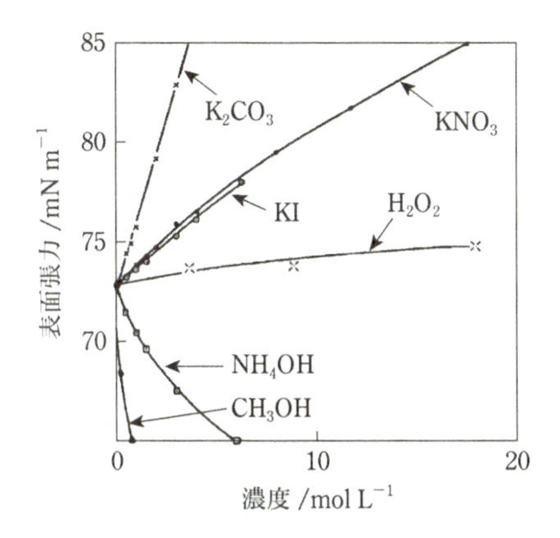

図2.11　界面活性を表す現象
水の表面張力は溶質が溶けると変化する.

$$\Gamma = -\frac{1}{RT}\frac{\mathrm{d}\gamma}{\mathrm{d}\ln C} \tag{2.5}$$

ここで，Γは表面吸着量，γは溶液の表面張力，Cは溶液中の物質の濃度，Rは気体定数，Tは絶対温度である．この式は，より少ない濃度変化(つまり小さな$\mathrm{d}\ln C$)でより大きな表面張力変化(つまり大きな$\mathrm{d}\gamma$)を与える物質ほど，吸着量が大きいことを表している．その意味では，ギブズの吸着式は界面活性の定量的表現であるといえる．またこの式は，吸着が起こる原因は表面張力の低下である，と読むこともできる．表面張力の低下とはすなわち自由エネルギーの減少であり，吸着によって自由エネルギーが減少するからこそ吸着が起こるという，熱力学第2法則を表している．

ギブズの吸着式では，濃度の増加とともに表面張力を低下させる物質の吸着量は正であるが，逆に濃度の増加とともに表面張力を増大させる物質の吸着量は負となる．吸着量とは，単位表面積あたりに存在する物質の量である．その値が負とはどういう意味か，不思議に思われるのではないだろうか．これを理解するために，以下ではギブズの吸着式に現れる吸着量Γの意味を明らかにすることにしよう．

図2.12の横軸は，溶液表面に垂直な方向への溶液側から蒸気側への距離を表し(挿入図参照)，縦軸はその位置における溶媒と溶質の濃度を表している．溶液の表面で，溶媒の濃度は図のように連続的に変化するであろう．このとき，仮想的な幾何学的表面として，溶液相と蒸気相での溶媒の物質収支が合う面を定義す

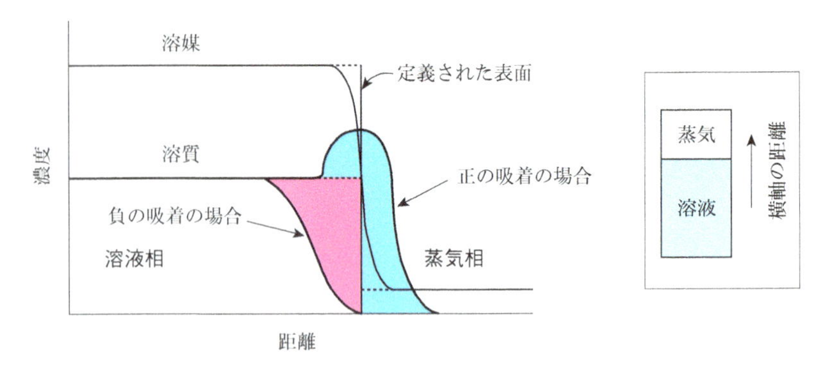

図2.12　溶液表面における溶媒と溶質の濃度分布の模式図
表面は，溶媒量の物質収支の合う面として定義される．溶媒および溶質の濃度は，破線のようにこの表面まで一定であると仮定する．この表面の定義の下で溶質量は一般的には過不足を生じる．この過不足量(図の青色あるいはピンク色部分)を吸着量(表面過剰量)と定義する．

る．そして両相での溶媒の濃度は，この仮想的表面まで同じ値を維持すると仮定する．一方，溶質の濃度分布は，一般的に溶媒とは異なっている．したがって，このように幾何学的表面を定義し，その面まで溶質濃度も一定であるとすると，この濃度に体積を乗じて計算した溶質量と実際の溶質量の間に差が生じることになる．単位表面積あたりのこの差を表面過剰量とよび，これがギブズの吸着式における吸着量Γの定義である．この定義により，図2.12に示すように，表面付近で濃度が高くなる物質(例えば，界面活性剤)の場合は正の吸着量となり，逆に表面で濃度が低くなる物質(例えば，無機塩類)では負の吸着量となる．

2.3.3　界面活性剤の基本的性質

界面活性剤は，先述のように，もっとも強力な界面活性物質である．そして今後，本書の各所(特に第7章)に登場する．ここでまとめて，その基本的な性質について述べておこう．

界面活性剤は，1つの分子の中に水によく溶ける部分と，溶けない部分をあわせもつ，二重人格的な性質を有する．図2.13に，その典型的な分子の1つであるステアリン酸(オクタデカン酸)ナトリウム(石鹸の主成分)の分子構造を示した．界面活性剤分子の模型図を描くときは，図のようにマッチ棒に似た形にすることが多い．マッチ棒の頭が水になじむ部分で，親水基とよばれる．ステアリン酸ナ

コラム2.2　負の吸着と逆浸透膜

ギブズの吸着式(2.5)は，溶解することによって表面張力が増加する物質は，どのようなものでも負の吸着をすることを示している．実際，無機塩類は水の表面張力を増大させるので，負の吸着現象を示し，表面における濃度がバルク(溶液内部)よりも低いであろう．この様子は図2.12と同様である．この結果から，我々は次のように想像を逞しくすることができる．すなわち，「表面に近づくほど濃度が低いのであれば，表面からほんの2, 3層の水分子は純水に違いない」と．それなら，もし表面から2, 3層の水分子を削り取ることができれば，海水からでも純水が取れるであろう！

このとてつもないアイデアは実際に試みられたが，当然のことながら，実験上の困難さから成功しなかった．逆浸透膜の発明者であるSourirajan博士は，このアイデアを別の方法で解決した．塩溶液と空気の界面で負の吸着が起こるのならば，高分子との界面でも起こるであろう．塩溶液/高分子界面で負の吸着が起こり，高分子表面から2, 3層の水分子が純水であるなら，その高分子に2, 3層の水分子しか通らないくらい小さな孔を開けて，高分子膜の裏側から取り出せば，純粋な水が得られるに違いない．Sourirajan博士は，高分子として酢酸セルロースを使って実験をし，有望な結果を得た．その後の改良研究によって逆浸透膜が完成し，今や海水の淡水化，液体食品の濃縮，排水の処理などに広く実用化されていることは周知のとおりである．

ギブズの吸着式は1878年に与えられ，140年以上もの間あらゆる人々に同じ意味を提出してきた．しかし，逆浸透膜に結びつけたのは，Sourirajan博士ただ一人であった．何か新しいことをやりたいと強く願う人だけが，ごく一般的なよく知られた理論から，新しい重要な科学や技術を開拓できるのである．

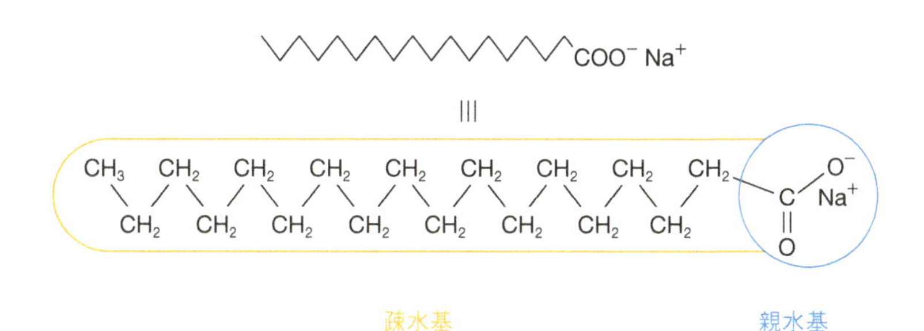

図2.13　界面活性剤(ステアリン酸ナトリウム)分子の模式図
水になじむ部分(親水基)となじまない部分(疎水基)をあわせもつ．

トリウムの場合，カルボン酸ナトリウム($-COO^{-}Na^{+}$)部分が親水基である．マッチ棒の軸に相当する部分は疎水基とよばれ，水に溶けない性質を有している．疎水基は炭化水素基であることが多く，油と同じ成分であるので，親油基ともよばれる．

A.　吸着と会合

界面活性剤分子の中の水になじまない疎水基が，親水基の存在によって無理やり水に溶かされる．界面活性剤水溶液の性質は，すべてこの事実からの帰結である．無理やり水に溶かされた疎水基は，水との接触を避けようとする．水溶液表面においては，疎水基は空気の方に向かって，水との接触を避けようとするであろう．また，水中に油や煤(スス)のような疎水性の固体粒子が存在すると，界面活性剤は疎水基をそれらの方向に向けて，水を避けようとする．これが界面活性剤の吸着の特徴である．

さて，水中で界面活性剤が吸着できる部分がすべて覆われた後，さらに界面活性剤の濃度が増加したら，何が起こるであろうか．界面活性剤の疎水基は，自ら集まって水との接触を避ける以外に方法がなくなる．このようにして，界面活性剤の会合が起こる．界面活性剤の示す種々の特徴的な性質や機能は，すべて吸着と会合という2つの現象に帰することができる．界面活性剤の基本的性質に関する以上の説明を，図2.14に模式的に示した．

B.　疎水性相互作用

「疎水基が水との接触を避けようとする」という表現は，実は誤解を招きやすい．疎水基と水との間に，反発力が働いているかのような印象を与えかねないからである．実際にはそうではなく，疎水基が水との接触を避けようとする原因は，水分子同士の強い凝集力にある．

水分子同士には，水素結合という強い凝集力(引力)が働く．したがって，ある水分子にとって，隣に炭化水素のような水素結合をつくれない相手が来るよりも，同じ仲間の水分子が来てくれる方が安定化できる．界面活性剤が水に溶けている場合には，水分子同士が集まって疎水基を排除し，排除された疎水基は溶液や他の物質表面に吸着したり，会合によって水との接触を避けようとする．この現象を**疎水性相互作用**(hydrophobic interaction)という．図2.15に疎水性相互作用について模式的に示した．

さて，疎水性相互作用を疎水基の側から見ると，どういうことになるであろうか．疎水基同士の相互作用はファンデルワールス力で，この力は炭化水素基と水

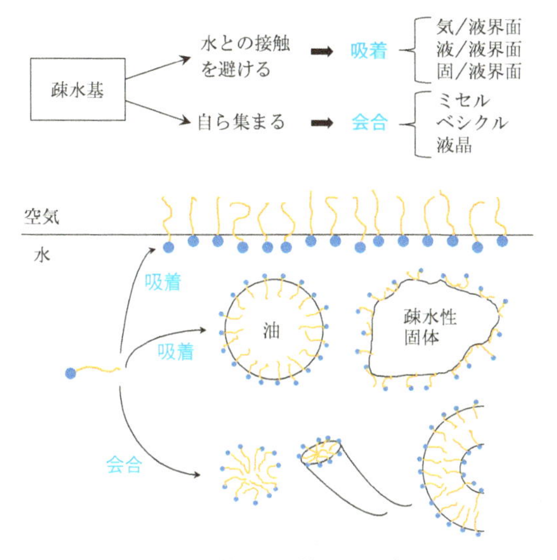

図2.14　界面活性剤の示す基本的性質：吸着と会合

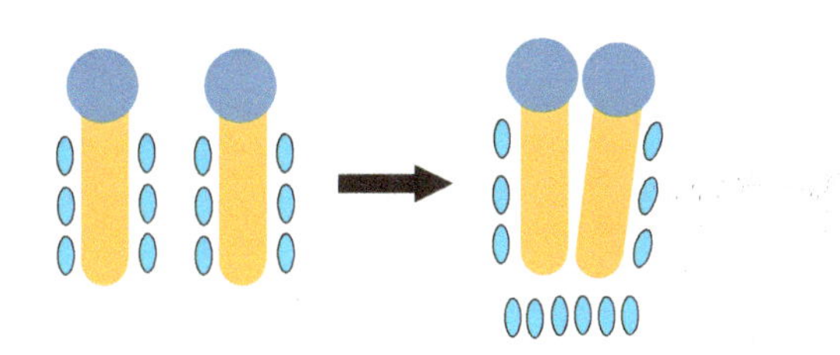

図2.15　疎水性相互作用
疎水基と接していた水分子は，そこから離れて水分子同士が接した方が安定になる．その結果，疎水基が疎外されて集まる．

分子との間でも同程度に働く．したがって，疎水基にとっては，隣に疎水基が来ようが，水分子が来ようがその安定性(居心地のよさ)に変わりはない．つまり，疎水基の側から見れば，疎水基同士が集まる理由は何もないことになる．界面活性剤の会合現象は，一見すると界面活性剤の分子(疎水基)間に引力相互作用が働いているかのように見える．しかし，実際はそうではなく，水分子間の主として水素結合による凝集力の強さのために，疎水基が水から疎外されて，吸着したり，会合したりしているのである．

2.3.4 界面活性剤の吸着による表面および界面張力の低下

界面活性剤のもっとも特徴的な性質の1つは，水の表面張力を低下させる能力である．界面活性剤を溶かすことによって，なぜ水の表面張力が低下するのであろうか．表面張力とは，先述のように，分子が液体(または固体)内部に存在していれば得られるはずの自由エネルギーの安定化分(凝集エネルギー)に対する，表面に存在しているがゆえに得られない凝集エネルギーの損失分(過剰の自由エネルギー)のことである．

水は，水素結合を形成するため，特に凝集エネルギーが大きく，大きな表面張力(72 mN/m，25℃)をもっている．界面活性剤が水に溶けると，炭化水素基からなる疎水基を水溶液表面に向けて吸着する．界面活性剤分子が水溶液表面に吸着して疎水基を表面に出すと，もともとそこにいた水分子は表面から内部へ移ることができる．水溶液内部へ入った水分子は，表面に存在していたときには形成できない水素結合を形成することができ，その分だけ安定化できる．また，表面の界面活性剤分子層と水との相互作用は，通常は水素結合が可能な親水基と水との相互作用となり，これは水分子同士の相互作用と同程度に大きい．界面活性剤の濃度が増し，水溶液表面における吸着量が飽和に達すると，水の表面は界面活性剤分子で覆われ，疎水基である炭化水素の薄い膜ができたのと類似の状態になる．疎水基同士の相互作用は弱く，飽和吸着量に達した界面活性剤水溶液の表面張力は30～35 mN/mとなる．これが，界面活性剤分子の吸着による水の表面張力低下の理由である(図2.16)．

界面活性剤は，水と油の界面にも吸着して，その界面張力を低下させる．その

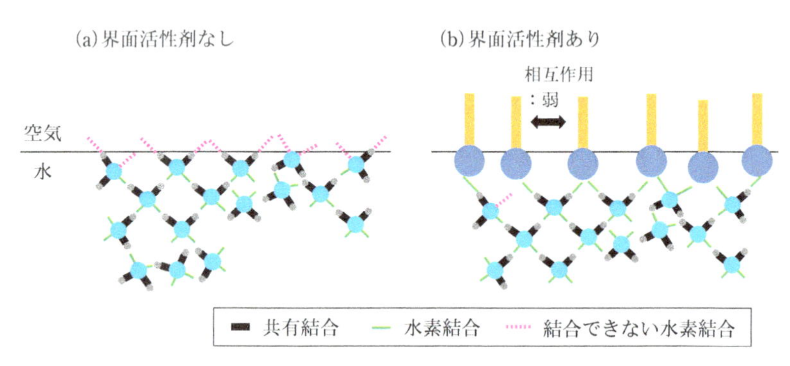

図2.16　界面活性剤の吸着によって水の表面張力が低下する理由

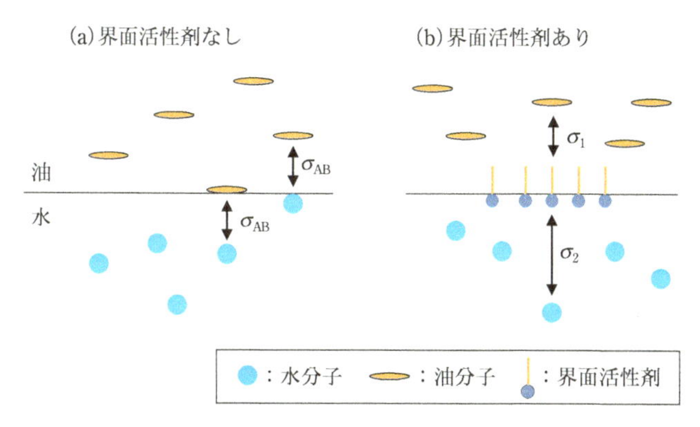

図2.17　界面活性剤の吸着によって水と油の界面張力が低下する理由

理由についても説明しよう．図2.17(a)は，前節で説明した界面張力について分子レベルで模式的に表した図である．さて，この界面に界面活性剤が吸着すると，油/水間の直接の相互作用が，油と界面活性剤の疎水基との相互作用，および，水と界面活性剤の親水基との相互作用に分かれる(図2.17(b))．つまり，式(2.3)は次式となる．

$$\gamma_{AB} = \gamma_A + \gamma_B - (\sigma_1 + \sigma_2) \tag{2.6}$$

ここで，σ_1は油と疎水基間の，σ_2は水と親水基間の相互作用エネルギーである．油と疎水基の相互作用は，油と水の相互作用とほぼ同じであるが($\sigma_1 \approx \sigma_{AB}$)，水と親水基の相互作用は，油との相互作用よりは大きい($\sigma_2 > \sigma_{AB}$)．これが，界面活性剤による界面張力低下の理由である．つまり，この場合も水と親水基との間の強い相互作用により，界面張力が低下するのである．

2.4　水面単分子膜の熱力学

本節では，単分子膜の熱力学的な側面に限って記載する．本節の内容は，第6章(特に6.1節)と密接に関係している．いわば，第6章への導入部的な性格をもっている．

2.4.1　単分子膜の形成

雨の降った後の水たまりなどに，車の油がこぼれて，水の表面がきれいな虹色に輝いていることがある．この現象は，油が水面上で拡がり，光の波長程度の厚さ(サブμm)にまで薄くなり，油の表面と油／水界面で反射した光が干渉するために起こるということはよく知られている．水たまりは有限の面積しかもたないために，油はその面積以上に拡がれないが，もし水たまりの表面積をどんどん拡げていったらどうなるであろうか．水面上の油膜の厚さはどんどん薄くなり，ついには1分子の厚さにまでたどり着くであろう．このようにして，水面上の単分子膜が得られる．

実験室で単分子膜を得るためには，シクロヘキサンのような揮発性の溶媒に，ステアリン酸(オクタデカン酸)のような水に溶けない界面活性物質を溶かし，その溶液をきれいな水面に垂らす．溶液は水面上を拡がり，その後シクロヘキサンは蒸発して，ステアリン酸のみの単分子膜が残る．このようにしてできる単分子膜は，この研究のパイオニアであるラングミュア(図1.12参照)の名に因んで**ラングミュア膜**(Langmuir film)ともよばれる．

シクロヘキサンの溶液が水面上を拡がるためには，油相の表面張力$\gamma_{\rm O}$および油／水界面の界面張力$\gamma_{\rm WO}$の和よりも，水の表面張力$\gamma_{\rm W}$が大きいことが必要である(図2.18)．ステアリン酸分子は親水基を水側に向けて吸着し，油／水界面の界

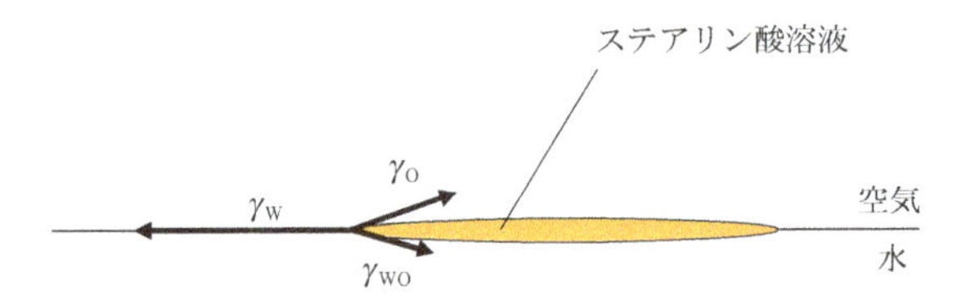

図2.18　単分子膜の形成
油相の表面張力$\gamma_{\rm O}$および油／水界面の界面張力$\gamma_{\rm WO}$の和よりも，水の表面張力$\gamma_{\rm W}$の方が大きいときに，水面上をステアリン酸のシクロヘキサン溶液が拡がり，その後にシクロヘキサンが蒸発して単分子膜が残る．

面張力の低下に寄与する．

これまでは水面上に単分子膜を拡げることについてだけ述べてきたが，図2.18からわかるように，基板となる液体（上の例では水）の表面張力が大きいほど，その表面に膜を拡げやすいことは言うまでもない．有機溶媒に溶けない水溶性の物質（例えばタンパク質や核酸のような生体高分子など）の単分子膜を得たいと思っても，水面上にその膜を作ることは困難である．このようなとき，水銀が有効であることが知られている．水銀の表面張力は400 mN/m以上もあり，水（約72 mN/m）に比べてたいへん大きいことから予想されるように，水銀表面上では水溶液も容易に展開できる．しかしこの事実は同時に，水銀表面がたいへん汚れやすいことも意味し，実際の測定を行うにあたっては種々の工夫が必要である．

2.4.2　表面張力と表面圧

水面上に残された単分子膜は，もし表面積を制限するものが何もなければ，どこまでも拡がろうとする．それは，単分子膜の表面張力が水のそれよりも小さいために，大きい水の表面張力に引っ張られるからである（図2.19）．つまり，水の表面張力γ_Wと単分子膜の表面張力γ_Mの差が，あたかも二次元の圧力のように働き，単分子膜を拡張させる．この意味で，水と単分子膜の表面張力の差を**表面圧**（surface pressure）とよぶ．表面圧は通常，記号πで表す．

$$\gamma_W - \gamma_M = \pi \tag{2.7}$$

表面圧πは，単分子膜が存在する面積を変えると変化する．表面積を大きくすれば小さくなり，逆に表面積を小さくすれば大きくなる．この関係は，三次元における体積と圧力の関係に類似している．

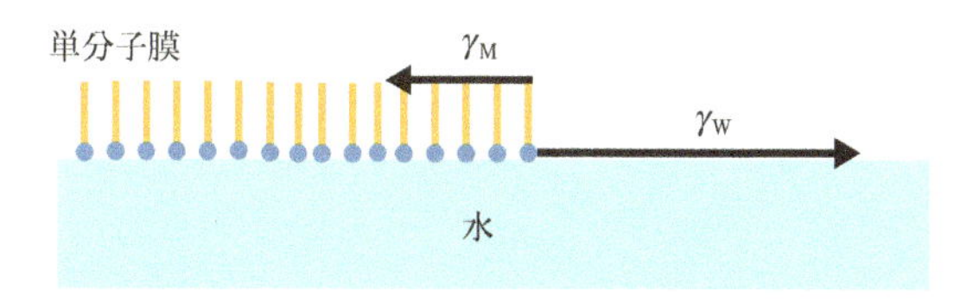

図2.19　表面圧πの定義
表面圧πは水の表面張力γ_Wと単分子膜の表面張力γ_Mの差で定義される．

2.4.3　二次元における物質の三態

水面上に残された単分子膜は，きわめて興味深い挙動を示す．図2.20を見ていただきたい．図の横軸Aは，単分子膜が水面上で占めている面積（通常1分子あたりの占有面積で表す），縦軸は表面圧である．図2.20のような曲線を表面圧－面積曲線またはもっと簡単にπ−A曲線とよぶが，π−A曲線の測定には図2.21のような装置を使う．トラフ（trough，ラングミュアトラフともよぶ）とよばれる底の浅い水槽に純水を満たし，その表面を可動式の仕切り（バリヤー：図の「圧縮棒」）で2つの部分に仕切る．その片方に単分子膜を拡げ，可動式のバリヤーを

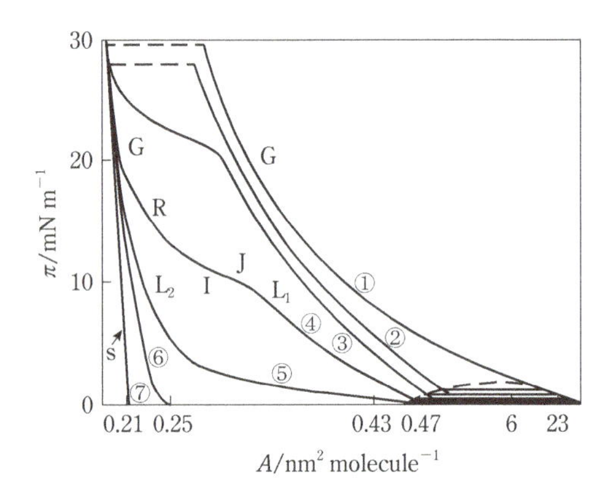

図2.20　水面単分子膜の表面積Aと表面圧πの関係
［A. W. Adamson, *Physical Chemistry of Surfaces, 4th Edition*, John Wiley & Sons (1990), p. 125を改変］

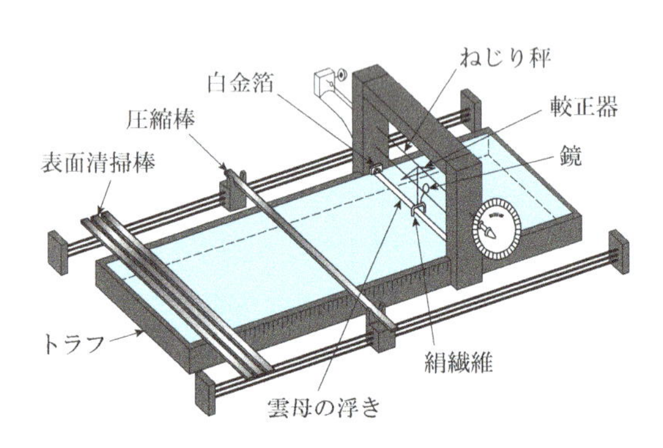

図2.21　π−A曲線を測定する装置の例

移動することによって単分子膜表面の面積を変化させながら，両側の表面張力の差(表面圧)を測定する．水面に展開した分子の数は，展開した溶液の濃度と体積から計算できる．表面圧の測定方法や仕切りの移動の仕方が異なる数多くの装置が作られているが，原理的には同じである(図6.3参照)．

さてもう一度図2.20に戻り，この図の意味するところを説明しよう．図中の①～⑦の曲線はいずれも，水面上の単分子膜の面積を縮めていくと，表面圧が増加していくことを示している．これはちょうど，三次元物質を圧縮していく(体積を小さくしていく)と圧力が増加するのと同じ現象である．この面積の変化にともなう表面圧の変化には，物質や温度によっていろいろなパターンがある．例えば曲線④を見てみよう．まず，表面積の大きい図の右端のところでは曲線①に一致する．その左側には表面積が小さくなっているにもかかわらず，表面圧が変化しない領域がある．その領域が終わると，再び表面圧は増加し始める．表面積の変化にともなう表面圧の変化(圧縮率：曲線の傾き)が異なる2つの領域を経て，やがて圧縮率のたいへん小さい状態sに一致する．表面積が変化しているにもかかわらず表面圧が変化しない領域は，三次元の物質で体積が変化しているのに圧力が変化しない領域と同様に，2つの相が共存する相転移領域があることを思い起こさせる．実際この領域では，水面上で単分子膜を形成する分子(例えば脂肪酸分子)が二次元の気体状態から液体状態(図中のL_1と書かれた状態)に相変化している部分であると考えられている．

三次元の物質であれば，もう一度(固/液共存の)相転移領域を経て，固体状態に変化する．単分子膜の場合は三次元物質とは異なり，別の液体状態を経て固体状態に移る．曲線④上のR～Gの部分が第2の液体状態で，Iと書かれたJ～Rの部分は第1の液体状態から第2の液体状態に移る中間状態である．第1の液体状態(L_1)は液体膨張膜，第2の液体状態(L_2)は液体凝縮膜とよばれる．液体凝縮膜をさらに圧縮すると，やがて固体状態(s)を示す曲線⑦に一致する．曲線⑦を表面圧0に外挿したときの分子占有面積は0.20～0.22 nm^2/moleculeで，三次元結晶状態の分子占有面積(0.185～0.20 nm^2/molecule)にかなり近い．条件によっては，液体膨張膜のみが現れる場合(曲線②)や液体凝縮膜のみが現れる場合(曲線⑤)もある．単分子膜において液体状態が2種類現れる理由は，通常の三次元物質と異なり，単分子膜中の分子間相互作用のほかに，分子と水相との相互作用が新たに加わるためである．液体膨張膜では，本質的に分子は水面上で横に寝ており，圧縮するにつれて立ってくる．一方，液体凝縮膜では，分子はほぼ最密充填に近い状態ですべて垂直に立っているが，表面積の圧縮とともに親水基部分の水和状態の変化を含めた分子の再配列が起こる．両液体膜の構造の違いから容易に理解できるように，液体膨張膜の圧縮率は液体凝縮膜のそれよりも大きく，また表面圧を0に外挿したときの分子占有面積も液体膨張膜(0.40〜0.70 nm^2/molecule)の方が液体凝縮膜(0.22〜0.30 nm^2/molecule)よりずっと大きい．以上の説明からわかるように，水面上の単分子膜は，三次元の物質がたどる状態変化と類似の相変化を，二次元で実現している．

次元が1つ減って単純化されると，物質の凝集(集合)状態の研究は行いやすくなる．また界面活性物質による吸着を解析するための理想的な系として，この単分子膜の方法は有効である．

三次元の物質であれば，圧力の増加に従って気体→液体→固体のすべての状態をたどるとは限らない．例えば，ヘリウムはいくら圧力を加えても常温では液体にならず，銅や鉄のような金属はいくら圧力を小さくしても液体や気体にはならない．二次元上の単分子膜でも同じで，分子間相互作用の小さいものでは気体→液体の変化のみで，固体膜にならないものもあり，逆に相互作用の強いものでは初めから固体状態をとるものもある．図2.20には，こうしたさまざまな状態を経由する表面圧−面積曲線を示してある．初めから固体状態をとるような分子の単分子膜は，表面圧が低い領域では，水面上で固体状態の島を作る．表面積の変化は，島と島の間隔を変化させるだけであり，表面圧の変化に何ら寄与しない．表面圧の変化が現れ出すのは，島同士がぶつかり合いだしたときである．いったんぶつかると，島は初めから固体状態であるから，その後は急に圧力が増加する．図2.20の曲線⑥や⑦はそのような例を表す．このようにしてできた単分子膜は，当然のことながら多数の島の集合体であり，したがって多結晶体である．そのため，大きな面積をもつ単結晶状の単分子膜を得たい場合には，この作り方は不適当である．

水面単分子膜は，固体表面に移し取られて，ラングミュア・ブロジェット膜(LB膜)となり，いろいろな応用が試みられている．また化学結合を利用した自己組織化単分子膜への変形もある．これら単分子膜の展開については第6章で学んでいただきたい．

❖演習問題

2.1　図2.8を使って，力で表現された表面張力$f/2l$が，自由エネルギー（仕事：w）で表現された表面張力を面積Sで微分したものと同等であることを示しなさい．

2.2　図2.8の枠の長さlが10 cmのときの力fを計算しなさい．ただし，石鹸膜の表面張力は35 mN/mとする．また，この力と1円玉1個（1 g）を持ち上げる力を比較しなさい．

2.3　液体が自由な形をとると，球になる理由を考察しなさい．

2.4　凝集エネルギーの大きな物質ほど，表面張力が大きくなる理由を説明しなさい．また，その例をいくつかあげなさい．

2.5　純粋な固体や液体の表面張力は，温度が高くなるほど小さくなる理由を説明しなさい．なおこの法則は，2種類以上の物質を含む溶液では必ずしも正しくない理由も考察しなさい．

2.6　式（2.3）および図2.10において，A/B分子間の相互作用エネルギーσ_{AB}が大きいとき，界面張力γ_{AB}は負になることもある．そのような場合には，何が起こるか，考えなさい．

第3章　液体中のコロイドの挙動

本章では液体中のコロイドに特徴的な挙動として，2種類の現象を解説する．1つはブラウン運動から導かれる諸現象であり，もう1つは界面電気現象である．

液体中のコロイドには，コロイド溶液とコロイド分散液がある．第1章で述べたように，コロイドとは1 nmから0.1 μm程度の大きさを有する物質のことであるが，このコロイドが液体(例えば水)の中に存在するとき，真の溶液である場合と熱力学的には不安定な分散液である場合がある．溶液である場合とは，例えば水溶性の高分子が水に溶けている状態である．高分子は分子として水に溶けているので，熱力学的に安定な系(真の溶液)であるが，分子そのものの大きさがコロイドサイズなのである．一方，金属や無機物の微粒子が水中に分散している場合には，熱力学的には凝集した方が安定であるから，遅かれ早かれ凝集して沈殿する運命にある．このように，熱力学的観点からは両者はまったく違う系であるが，コロイドとしての挙動は共通なので，ここでは特に区別せずに扱うことにする．

3.1　ブラウン運動から導かれる現象

3.1.1　ブラウン運動

A.　ブラウン運動の特徴

1827年に，イギリスの植物学者ブラウン(Robert Brown，図3.1)は，水面に浮かべた花粉が水を吸って破裂し，中から出てきた微粒子が不規則に動き回る現象を発見した．ブラウン以前にもこの運動を観察した学者はいたが，ブラウンがもっとも詳細な記録を残したことから，この運動は**ブラウン運動**(Brownian motion)とよばれるようになった．ブラウンははじめ，この現象を花粉の中の生命に由来する運動だと考えた．しかし後に，鉱物の粉や煙の粒子など微細な粒子であれば生物に由来しなくてもこの運動が生じることを発見した．

1850年代には，ブラウン運動の特徴として，次のような事柄がわかっていた．

(1) ブラウン運動は完全に不規則で，粒子の軌道の接線を描くことができない．現代風の表現をすれば，軌道はいたるところが微分不可能な「フラクタル

コラム3.1　ブラウン運動は花粉で見出された？

本文に記したように，ブラウン運動の発見のきっかけとなったのは，花粉が浸透圧によって水を吸って破裂し，中から出てきた微粒子(tiny particles from the pollen grains of flowers)が不規則に動き回る現象である．動き回るのは花粉そのものではない．花粉の大きさは，通常直径30～50 μm，小さいものでも10 μm程度はある．このような大きな粒子が，水分子の熱運動によって揺り動かされることはありえない．

ところが，いろいろな教科書や講演録などで，ブラウンが花粉の運動を顕微鏡で観察してブラウン運動を見つけたという，誤った記述が見られる．その中には，たいへん著名な科学者(長岡半太郎，湯川秀樹，坂田昌一ら)の名前も含まれる．1953年刊『理科辞典』(平凡社)，1971年刊『岩波理化学辞典　第3版』(岩波書店)などの辞典類にも誤った記述が見られる．このような誤った記述がいかにしてもたらされたのかについての詳細は不明だが，研究結果を伝達または翻訳する過程で起こった間違いに気づかないまま，流布してしまったのだと推測できる．この誤解の経緯については，フリー百科事典ウィキペディアにおける「ブラウン運動にまつわる誤解」に詳しい．

図形」(第11章コラム11.3参照)であるということになろう．

（2）粒径が小さいほど，運動は活発である．

（3）粒子を分散している液体の粘度が低いほど，運動は活発である．

（4）温度が高いほど，運動は活発である．

（5）ブラウン運動は，時間が経過しても変化することはない．

これらの特徴がなぜ現れるのかについては，ブラウン運動の原因がアインシュタイン(Albert Einstein，図3.2)によって解明されるまで不明であった．

B.　アインシュタインによるブラウン運動の原因の解明

ブラウン運動の原因を解明するアインシュタインの論文が報告されたのは1905年のことである．しかし面白いことに，アインシュタイン自身はブラウン運動そのものを知らなかったという説もある．いずれにせよ，彼の興味は，原子・分子と巨視的物体との間をつなぐ微粒子(当時はまだコロイドという概念は確立されていなかったが，結果的にはコロイド粒子がそれに相当する)の液体中での挙動を理論的に解明し，原子・分子の存在を証明することにあった．なぜなら，当時はまだ，原子や分子の存在を実証する直接的な証拠は提出されていなかった

図3.1 Robert Brown(1773〜1858)

図3.2 Albert Einstein(1879〜1955)

からである．この目的のために，アインシュタインが採用した方法(仮定)は次のようなものである．

(i) 微粒子と媒体分子は，熱力学的な平衡状態にあり，平衡状態にある原子・分子に対して成り立つ関係式は，微粒子に対しても成り立つ．具体的には，ファント・ホッフの式(van't Hoff equation)，エネルギー等分配則，フィックの法則(Fick's law of diffusion)が成り立つとした．

(ii) 微粒子が媒体中を運動するときは，巨視的粒子が動くときと同じ関係式が成り立つ．具体的には，ストークスの式(Stokes equation)を微粒子に適用する．

アインシュタインは，微粒子は原子・分子と巨視的物体の両方に類似の挙動をするというこのような仮定の下に，議論を展開した．以後の説明には，かなり数式を使う．数式の意味をわかりやすく解説しながら進めるので，フォローしていただきたい．

アインシュタインの理論を理解するために，図3.3のような微粒子の沈降平衡(記述は前後するが，3.1.3項で詳しく説明する)を考える．試験管中に分散した微粒子には重力が働いているため，下へ沈もうとする．その結果，底に近いほど濃度が高くなり，この濃度差を解消しようとする拡散(これも記述は前後するが，3.1.2項で詳しく説明する)によって逆に上へ動こうとする．これらの2つの動きがつり合い，平衡状態が出現する．この平衡状態において，試験管のある高さxから$x+\Delta x$の狭い領域内に存在する微粒子を考える．この領域内の微粒子には，上下から他の微粒子が衝突し，圧力(浸透圧：3.1.3項参照)が及ぼされる．ただし，下からの衝突数の方が多いため，浸透圧は上向きに働く．平衡状態ではこの浸透

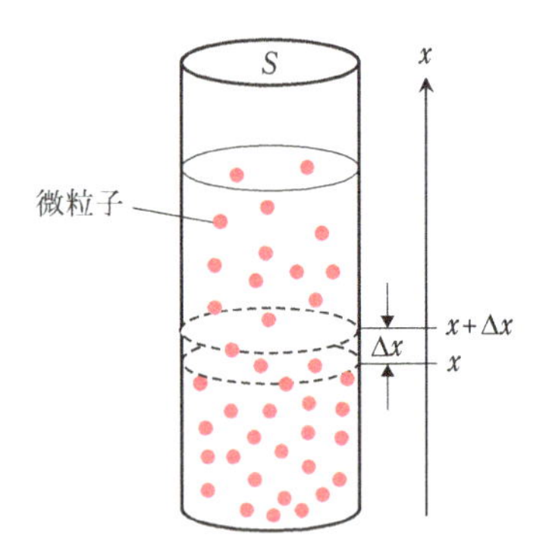

図3.3　アインシュタインの理論を理解するための図(微粒子の沈降平衡)

圧差ΔPによる力と，重力による下向きの力(力を一般化してfと記す)はつり合っているはずであるため，次式が成り立つ．

$$S\Delta P = S\Delta x n(x) f \tag{3.1}$$

ここで，Sは試験管の断面積，$n(x)$はいま問題にしている高さxにおける微粒子の数密度である．この式は，微小体積$S\Delta x$中のすべての微粒子$S\Delta x n(x)$に働く力f(いまの場合は重力)の合計(右辺)が，下から働く浸透圧による力(左辺)とつり合っていることを示している．式(3.1)を変形し，距離Δxを無限に小さくとれば，次式が得られる．

$$\frac{\mathrm{d}p}{\mathrm{d}x} = n(x) f \tag{3.2}$$

さて先に仮定したように，微粒子は原子・分子と同様にふるまい，浸透圧に関してファント・ホッフの式が成り立つ．

$$PV = zRT \tag{3.3}$$

ここで，Vは微粒子が分散している液体の体積，zは体積V中に存在する微粒子のモル数，Rは気体定数，Tは絶対温度である．式(3.3)を変形すると，

$$P = \frac{zRT}{V} = \frac{n(x)RT}{N_A} \tag{3.4}$$

となる．ここで，N_Aはアボガドロ定数である．この式をxで微分して式(3.2)とあわせると

$$f=\frac{RT}{N_{\mathrm{A}}}\frac{\mathrm{d}n(x)/\mathrm{d}x}{n(x)} \tag{3.5}$$

が得られる．

ここまで微小領域にある微粒子に働く力のつり合いについて考察してきたが，次に試験管のある断面を横切る粒子数の動的なつり合いについて考えよう．半径aの球状微粒子に力fが働き，粘性係数ηの媒体中を移動させた場合，定常状態では次式が成り立つ．

$$f=6\pi\eta av \qquad \text{または} \qquad v=\frac{f}{6\pi\eta a} \tag{3.6}$$

ここで，vは定常状態に達したときの微粒子の速度である．式(3.6)の導出には巨視的な微粒子に関して成り立つストークスの式を使っている．この運動によって高さxの断面を横切る微粒子の数は，単位時間，単位面積あたり$n(x)v$である．一方，媒体中の拡散によって逆方向に(いまの場合は下から上へ)動く微粒子の数Jは，高さxにおける微粒子の数濃度の勾配に比例する(フィックの法則)．

$$J=-D\frac{\mathrm{d}n(x)}{\mathrm{d}x} \tag{3.7}$$

ここで，Dは拡散係数である．式(3.6)と式(3.7)で表される微粒子の運動がつり合うので，$n(x)v+J=0$，つまり，

$$\frac{fn(x)}{6\pi\eta a}-D\frac{\mathrm{d}n(x)}{\mathrm{d}x}=0 \tag{3.8}$$

が成り立つ．この式に，式(3.5)のfを代入すると，次式が得られる．

$$D=\frac{RT}{N_{\mathrm{A}}}\frac{1}{6\pi\eta a} \tag{3.9}$$

この式は，巨視的な物体に対して成り立つ流体力学的な量ηと，原子・分子を特徴づける量Dの関係を示した画期的な式である．この式によって，先に示したブラウン運動の特徴(2)～(4)が，見事に説明されることがわかる．微粒子が球形でない場合は，粘性係数ηの代わりに摩擦係数ζか移動度μを用いた次式となる．

$$D=\frac{RT}{N_{\mathrm{A}}}\frac{1}{\zeta}=\mu\frac{RT}{N_{\mathrm{A}}} \tag{3.10}$$

式(3.9)と式(3.10)は，**アインシュタインの関係式**(Einstein's relation)とよばれている．

上記のように，アインシュタインの理論においては，微粒子と媒体分子は熱力

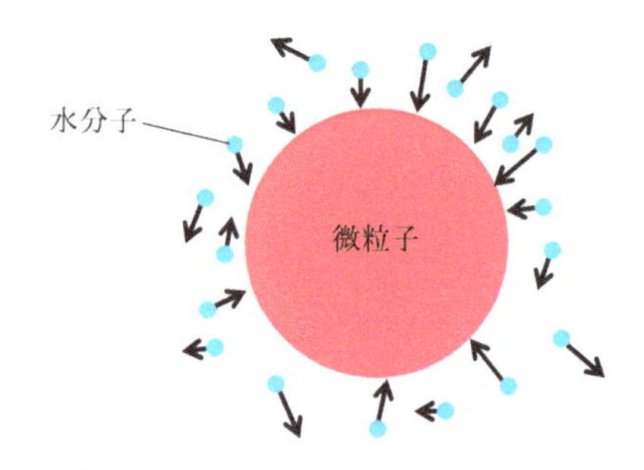

図3.4　ブラウン運動の原因
周囲から水分子が不規則に衝突した結果，微粒子はランダムな方向に動かされる．

学的な平衡状態にあると仮定されている．つまり，液体や気体中の分子が熱運動で互いに頻繁に衝突を繰り返しているのと同様に，微粒子と媒体分子も衝突を繰り返していることを仮定している．その媒体分子の微粒子への不規則な衝突が，ブラウン運動を引き起こす原因である．例えば水中に存在する微粒子には，まわりから不規則に水分子が衝突する．衝突する水分子の数や速度は，1つの微粒子でも微粒子表面の位置によって異なるであろう(図3.4)．その結果，微粒子は時々刻々とランダムに動かされる．粒子が大きければ，媒体分子の不規則な衝突も平均化され，前後・左右・上下からの力はそれぞれ打ち消し合って粒子に力を与えない．しかし微粒子が十分に小さければ，力の不均衡が残る．アインシュタインの理論が発表された時点では，まだコロイドの定義が定まってはいなかったが(1.4.1項参照)，コロイド粒子はその力の不均衡が残る大きさであり，ブラウン運動をする微粒子の典型である．その意味で，コロイド粒子は，原子・分子と巨視的物質を橋渡しする大きさであるといえるであろう．さらには，分子の動きを間接的に見ることのできる大きさともいえよう．

C.　酔歩(ランダムウォーク)理論によるブラウン運動の説明

先にあげた特徴(1)にあるように，ブラウン運動を顕微鏡で観察すると，連続的に滑らかには動かず，小刻みにステップを踏んでいるように見える．ブラウン運動の原因が，微粒子の表面に周囲の媒体分子が衝突するためであることを考えれば，この動きは納得できるであろう．分子の衝突は完全に不規則であり，そのために微粒子に働く力も不規則で，次にどちらに動くかはまったく予測不可能である．このような動きに対して酔歩理論(コラム3.2参照)を適用するのは，理に適っていると思われる．話をわかりやすくするために以下の議論は一次元で行う

コラム 3.2 酔歩理論

完全に酔っ払った人が道を歩くと，右に行ったり左に行ったり，時には前後にふらついたり，次にどちらに動くかまったく予測ができないであろう．このような完全にランダムな現象を扱う理論が，酔歩(ランダム・ウォーク)理論である．もっとも身近な例の1つは，サイコロの目であろう．次に振るサイコロの目が何か，誰にもまったく予測できない．わかっていることは，どの目も同じ確率(1/6)で出るということだけである．

このようなまったくランダムな現象も，多数の試験例の平均を問題にすると法則が現れる．先のサイコロの目の場合でも，多数のサイコロを同時に(あるいは，1つのサイコロを何度も)振ったときの平均をとると，その平均の目の出る確率は正規分布に従うことがわかっている．このように，ランダムな現象に対して多数の測定を行ったときに成り立つ法則を取り扱う理論の1つが酔歩理論である．

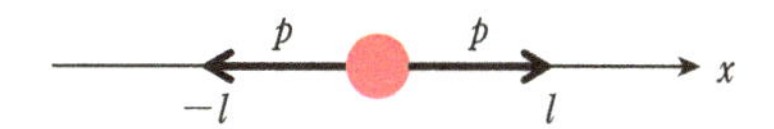

図3.5 酔歩理論によりブラウン運動を説明するための図
微粒子はx軸上をまったく同じ確率pで右に動いたり左に動いたりする．

が，その結論は三次元に何の問題もなく拡張できることをあらかじめ断っておく．

いま，微粒子がx軸上でランダムに動くとする(図3.5)．この場合，微粒子が右(x軸の正方向)に動く確率も，左(x軸の負方向)に動く確率も，まったく同じはずであり，その確率をpとしよう．したがって，どちらにも動かない確率は$1-2p$である．また，微粒子はある時間間隔τで1ステップ進むとし，1ステップの距離をlとしよう．このとき，1ステップ進んだ後の微粒子の位置x_1は，次式のように表される．

$$x_1 = \begin{cases} pl & \text{（右に動いた場合）} \\ -pl & \text{（左に動いた場合）} \\ (1-2p)\times 0 & \text{（動かなかった場合）} \end{cases} \tag{3.11}$$

同様に，$i-1$ステップからiステップに進むときの位置の変化は

$$x_i = x_{i-1} + \begin{cases} pl & （右に動いた場合）\\ -pl & （左に動いた場合）\\ (1-2p)\times 0 & （動かなかった場合）\end{cases} \tag{3.12}$$

となる．多数の微粒子に対する（あるいは同じ微粒子に対して何度も測定した場合の）x_1の平均値$\langle x_1 \rangle$は，次式で与えられる．

$$\langle x_1 \rangle = pl + (-pl) + (1-2p)\times 0 = 0 \tag{3.13}$$

iステップ進んだ後の微粒子の位置の平均値も，同じように求められる．

$$\langle x_i \rangle = \langle x_{i-1} \rangle + pl + (-pl) + (1-2p)\times 0 = \langle x_{i-1} \rangle \tag{3.14}$$

ここで，$\langle x_1 \rangle$は式(3.13)から0であることがわかっているから，順々に計算していくと，$\langle x_i \rangle$も0であることがわかる．この結果は，右に動く確率と左に動く確率は同じであるから，平均的には微粒子は原点から動かないという自明のことを表しているにすぎない．つまり，酔歩理論に従うブラウン運動では，何ステップ進もうとも（どれだけ時間が経過しようとも），平均的な微粒子の位置は常に原点であることになる．

　微粒子の平均的な位置を問題にする限り，常に0（原点）になり，ブラウン運動に関する情報は何も得られない．そこで，左右の動きが打ち消されない（平均をとっても0にはならない）位置の二乗x^2を問題にしよう．x^2に関しても式(3.11)，式(3.12)と同様の関係式が成り立つ．

$$x_1{}^2 = \begin{cases} pl^2 \\ p(-l)^2 \\ (1-2p)\times 0 \end{cases}, \quad x_i{}^2 = x_{i-1}{}^2 + \begin{cases} pl^2 \\ p(-l)^2 \\ (1-2p)\times 0 \end{cases} \tag{3.15),(3.16}$$

これらの平均値をとると，式(3.13)，式(3.14)に相当する式として，次式が成り立つ．

$$\langle x_1{}^2 \rangle = pl^2 + p(-l)^2 + (1-2p)\times 0 = 2pl^2 \tag{3.17}$$

$$\langle x_i{}^2 \rangle = \langle x_{i-1}{}^2 \rangle + pl^2 + p(-l)^2 + (1-2p)\times 0 = 2ipl^2 \tag{3.18}$$

この式は，微粒子の位置の二乗の平均値がステップの数iに比例して大きくなる

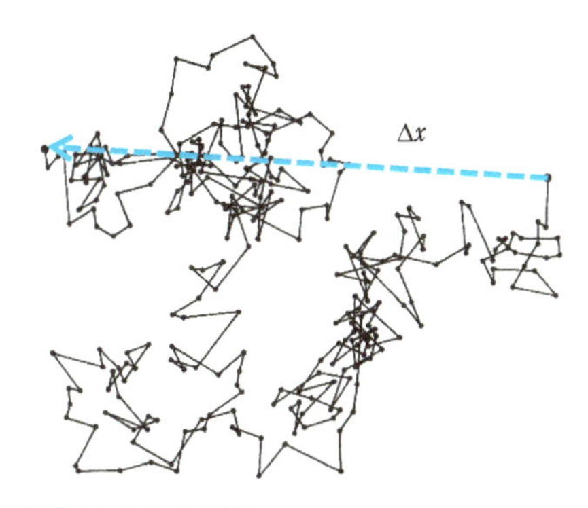

図3.6 ブラウン運動を説明するための図
ある時間間隔τごとに追跡した微粒子の軌跡および一定時間Δt経過後の微粒子の位置の変化Δxを表している.

ことを示している. また, ステップの数iはすなわち時間($t=i\tau$)であるから, 時間とともに大きくなることも示している. つまり, 図3.6に示すような, τよりも十分に長い時間Δtとその間に動く微粒子の位置の変化Δxの間には, 次の関係式が成り立つ.

$$\langle(\Delta x)^2\rangle = 2D\Delta t \tag{3.19}$$

ここで, $D=pl^2/\tau$である. この式は, ブラウン運動をする時間が長くなれば, 右(左)にばかり動いて原点から離れる機会も増えることを示している.

もし微粒子が一定速度で運動していれば, いうまでもなく, 移動距離Δxは時間Δtに比例する. また, 真空中を落下する微粒子のように常に一定の力を受け続ける場合には, Δxは$(\Delta t)^2$に比例する. これら2つの場合に比べ, 式(3.19)で表される移動速度はきわめて遅く, Δxは$\sqrt{\Delta t}$に比例する. これが, ブラウン運動に特徴的な性質である.

D. 運動方程式(ランジュバン方程式)による説明

前項では, 酔歩理論によってブラウン運動の特徴を説明した. そこには, 運動方程式はまったく現れない. またアインシュタインの理論においても, 定常運動は想定しているものの運動方程式は扱わない. しかし, ブラウン運動をする微粒子も運動方程式に従っているはずである. そこで本項では, ランジュバン方程式(Langevin equation)からブラウン運動の特徴を説明しよう. ランジュバン方程式は微粒子を動かす力と微粒子の動きを抑える媒体の摩擦力の両方が働く場合に成立し，次式のように表される．

$$m\frac{\mathrm{d}^2x}{\mathrm{d}t^2}=F-\zeta\frac{\mathrm{d}x}{\mathrm{d}t} \tag{3.20}$$

ここで，mは微粒子の質量，Fは微粒子に作用する力，ζは微粒子と媒体との摩擦係数である．また，$\mathrm{d}x/\mathrm{d}t$が微粒子の速度であることはいうまでもない．いま，力Fは媒体分子の不規則な衝突によってもたらされるので，時々刻々変化するランダムな力である．

まず，式(3.20)の両辺にxを乗じて次式のように変形する．

$$mx\frac{\mathrm{d}^2x}{\mathrm{d}t^2}=xF-\zeta x\frac{\mathrm{d}x}{\mathrm{d}t}=xF-\frac{\zeta}{2}\frac{\mathrm{d}(x^2)}{\mathrm{d}t} \tag{3.21}$$

ここで，次に示すちょっとした数学的な技巧を使う．

$$x\frac{\mathrm{d}^2x}{\mathrm{d}t^2}=\frac{\mathrm{d}}{\mathrm{d}t}\left(x\frac{\mathrm{d}x}{\mathrm{d}t}\right)-\left(\frac{\mathrm{d}x}{\mathrm{d}t}\right)^2 \tag{3.22}$$

式(3.22)を式(3.21)に代入すれば，

$$\frac{\mathrm{d}}{\mathrm{d}t}\left(mx\frac{\mathrm{d}x}{\mathrm{d}t}\right)-m\left(\frac{\mathrm{d}x}{\mathrm{d}t}\right)^2\equiv\frac{\mathrm{d}}{\mathrm{d}t}\left(\frac{m}{2}\frac{\mathrm{d}x^2}{\mathrm{d}t}\right)-m\left(\frac{\mathrm{d}x}{\mathrm{d}t}\right)^2=xF-\frac{\zeta}{2}\frac{\mathrm{d}x^2}{\mathrm{d}t} \tag{3.23}$$

となる．ここでまた，多数の微粒子に対する(あるいは同じ微粒子に対して何度も測定した場合の)平均値をとる．

$$\frac{\mathrm{d}}{\mathrm{d}t}\left(\frac{m}{2}\frac{\mathrm{d}\langle x^2\rangle}{\mathrm{d}t}\right)-m\left\langle\left(\frac{\mathrm{d}x}{\mathrm{d}t}\right)^2\right\rangle=\langle xF\rangle-\frac{\zeta}{2}\frac{\mathrm{d}\langle x^2\rangle}{\mathrm{d}t} \tag{3.24}$$

さてここで，いま我々が取り上げている状況を思い出そう．微粒子に働く力Fは，周囲の媒体分子の衝突による不規則な力である．また，その力は微粒子がどの位置xにいるかに依存しない．したがって，式(3.24)中の右辺第1項は$\langle xF\rangle=\langle x\rangle\langle F\rangle=0$である．また，左辺第2項は

$$m\left\langle\left(\frac{\mathrm{d}x}{\mathrm{d}t}\right)^2\right\rangle\equiv m\langle v^2\rangle=k_{\mathrm{B}}T \tag{3.25}$$

である．ここで，vは微粒子の速度，k_{B}はボルツマン定数，Tは絶対温度である．この式は，微粒子の運動エネルギーの平均値($m\langle v^2\rangle/2$)がエネルギー等分配則に従うというアインシュタインの仮定からの帰結である．$\mathrm{d}\langle x^2\rangle/\mathrm{d}t\equiv y$とおいて式(3.24)を書き直すと，

コラム3.3　微分方程式(3.26)の解き方

まず，式(3.26)を次のように変形する．

$$\frac{\mathrm{d}y}{\mathrm{d}t}=-\frac{\zeta}{m}y+\frac{2k_{\mathrm{B}}T}{m} \tag{i}$$

$-\dfrac{\zeta}{m}y+\dfrac{2k_{\mathrm{B}}T}{m}=x$ とおくと，$\dfrac{\mathrm{d}x}{\mathrm{d}t}=-\dfrac{\zeta}{m}\dfrac{\mathrm{d}y}{\mathrm{d}t}$．つまり，$\dfrac{\mathrm{d}y}{\mathrm{d}t}=-\dfrac{m}{\zeta}\dfrac{\mathrm{d}x}{\mathrm{d}t}$ となる．これを式(i)に代入する．

$$-\frac{m}{\zeta}\frac{\mathrm{d}x}{\mathrm{d}t}=x \quad \text{つまり} \quad \frac{\mathrm{d}x}{x}=-\frac{\zeta}{m}\mathrm{d}t \tag{ii}$$

両辺を積分すると，

$$\ln x=-\frac{\zeta}{m}t+C$$

となり，これを書き直すと

$$x=A\exp\left(-\frac{\zeta}{m}t\right) \tag{iii}$$

となる．ここで，xを再びyの変数に戻すと，

$$-\frac{\zeta}{m}y+\frac{2k_{\mathrm{B}}T}{m}=A\exp\left(-\frac{\zeta}{m}t\right) \quad \text{つまり} \quad y=\frac{2k_{\mathrm{B}}T}{\zeta}-A\exp\left(-\frac{\zeta}{m}t\right) \tag{iv}$$

$-A$を新しい定数に置き換えれば，求める解である．

$$\frac{m}{2}\frac{\mathrm{d}y}{\mathrm{d}t}+\frac{\zeta}{2}y=k_{\mathrm{B}}T \tag{3.26}$$

となる．この微分方程式の一般解は次式で与えられる(解き方はコラム3.3を参照)．

$$y=\frac{2k_{\mathrm{B}}T}{\zeta}+C\exp\left(-\frac{\zeta}{m}t\right) \tag{3.27}$$

ここで，Cは積分定数である．上式の第2項は，微粒子の運動のうち媒体との摩擦のために減衰する成分を表しており，その時定数$(=m/\zeta)$は10^{-7} s程度である．これは，ランダムな力によって引き起こされた微粒子の運動は，その程度の時間で失われることを意味している．したがって，それより十分に長い時間にわたる通常のブラウン運動の観察に対しては，第2項は無視できる．つまり，

$$y \equiv \frac{\mathrm{d}\langle x \rangle^2}{\mathrm{d}t} = \frac{2k_\mathrm{B}T}{\zeta} \tag{3.28}$$

となり，この式を積分すると，

$$\langle x \rangle^2 = \frac{2k_\mathrm{B}T}{\zeta} t \tag{3.29}$$

が得られる．こうして，ブラウン運動による微粒子の位置の変化量の二乗が時間に比例するという式(3.19)の結果が再び得られた．もし微粒子が球形であれば，摩擦係数ζは$6\pi\eta a$と書ける(ストークスの式：ηは媒体の粘性係数，aは微粒子の半径)．また，位置xと時間tをそれぞれ0からの間隔と理解すれば，

$$\left\langle (\Delta x)^2 \right\rangle = \frac{k_\mathrm{B}T}{3\pi\eta a} \Delta t \tag{3.30}$$

となる．式(3.30)と式(3.19)を比較すると，

$$D = \frac{k_\mathrm{B}T}{6\pi\eta a} \tag{3.31}$$

となり，$k_\mathrm{B} = R/N_\mathrm{A}$であるから，再びアインシュタインの関係式(3.9)が得られたことになる．

E.　ペランによるアインシュタインの理論の実験的証明

アインシュタインの理論はあくまで理論であり，その結果が真実であるかどうかには，実験的証明が必要である．特に，微粒子(コロイド粒子)は媒体分子と平衡状態になりえて原子・分子と類似の挙動をするという仮定と，それと同時に微粒子は巨視的粒子と流体力学的に同様の挙動をとる(＝ストークスの式に従う)という仮定は本当に正しいのか．この問題に対する実験的回答は，ペラン(Jean Baptiste Perrin，図3.7)によって1908年に与えられた．

図3.7　Jean Baptiste Perrin (1870～1942)

ペランはこの証明を行うにあたり数々の工夫をした．まず実験に使う微粒子の作製とその評価(キャラクタリゼーション)を以下のようにていねいに行った．

①単分散微粒子(コロイド粒子)の作製

植物の樹脂から得られるガンボージ(gamboge)とよばれる黄色顔料の球状微粒子を作製し，遠心分離によって粒径ごとに分別した．実験には0.3～0.5 μm程度

の微粒子を用いた．ガンボージ・コロイドの分散液から水を蒸発させるとき，蒸発の最後の段階で，微粒子間の水によってもたらされる毛管圧力により微粒子は並ぶが，その中から直線的に並んだ部分を探し，その長さと微粒子の個数を顕微鏡で測定することによって，1個の微粒子の粒径を計算した．この方法によって，1個1個の粒径を個別に測定することにより，精度の良い値を得た．

②微粒子の密度の測定

ピクノメーター（比重瓶）法，ガンボージを巨視的な大きさに固めて直接測定する方法，臭化カリウム水溶液に分散して浮きも沈みのしない濃度の密度を測定する方法（アルキメデス法）によって測定した．これらの測定法による誤差が0.01％以内で互いに一致することを確認した．

③微粒子の体積の測定

微粒子は球状であるので，粒径から計算により求めた．

「微粒子の運動がストークスの式に従うか」については，次のような実験で検証された．長い鉛直の試験管にコロイド分散液を入れて静置すると，コロイド粒子は重力によって沈降し，上部に透明な液体部分が出現する．コロイド粒子で濁った部分と透明な液体部分の境界は，ブラウン運動のためにぼやけてはいるが，その移動速度（1日に数mm程度）を観測できるほどには明瞭である．このようにして求めたコロイド粒子の落下速度は，重力と媒体との摩擦力のつり合いで決まっているはずである．この摩擦力に対してストークスの式が成り立つとすれば，次式を満たすはずである．

$$6\pi\eta av=\frac{4}{3}\pi a^{3}(\rho-\rho_{0})g \tag{3.32}$$

ここで，ρとρ_0はそれぞれコロイド粒子と媒体の密度である．この式のvに上記の沈降速度を代入すると，粒径aが求まる．このようにして求めた粒径は，先に顕微鏡観測から計算した粒径と誤差1％以内の精度で一致していた．こうして，微粒子に巨視的な物体と同じ関係（ストークスの式）を適用してよいことが確認された．

次に確認すべき事柄は，「微粒子（コロイド粒子）は媒体分子と平衡状態になりえて，原子・分子と類似のふるまいをするか」である．この問題の確認は，微粒子がボルツマンの測高公式に従うことの検証によってなされた．ボルツマンの測高公式とは，高山に登れば空気が薄くなるという，よく知られた現象を表す式のことであり，次に示す気体の圧力pと高度hの関係式である．

$$\frac{p}{p_0}=\frac{n}{n_0}=\exp\left(-\frac{Mgh}{RT}\right) \tag{3.33}$$

ここで，nは気体分子の数濃度（密度），Mは気体分子1 molの質量（分子量），gは重力加速度である．また下付きの添え字0は，高度0での値であることを示す．この式は，重力によるポテンシャルエネルギーの高いところにいる気体分子の数は少なく，その減少は指数関数的であることを示している．つまり，ボルツマン分布則を重力下の気体に適用した式になっている．また，気体が十分希薄で理想気体の式が成り立つと仮定し，$p/p_0=n/n_0$としている．

ペランは，媒体中に分散した微粒子（コロイド粒子）に対して，上記と同様のボルツマンの測高公式が成り立つかどうかを検証した．半径0.2 μm程度の微粒子を100 μmの深さの液体に分散し，顕微鏡の焦点距離を変えることによって，種々の深さでの粒子数密度を測定した．その結果，粒子数密度はボルツマンの測高公式に従うことが確認された．これは，微粒子間に働く浸透圧が，気体の圧力とまったく同じふるまいをしていることを意味し，微粒子が原子・分子と類似の挙動をする，つまり気体分子運動論（エネルギー等分配則）が微粒子の運動にも適用できることが証明された．（しかし，微粒子間の衝突を前提とした浸透圧が，なぜに「媒体分子との平衡状態」の証明になるのか，筆者は十分には納得できていない．）これら一連の実験によって，ついに原子や分子の存在は誰にも疑えないものとなった．この業績により，ペランは1926年のノーベル物理学賞を受賞している．

3.1.2　拡散：多粒子系のブラウン運動

ブラウン運動に関する議論は，1個の微粒子のふるまいを対象にしている．これを多数の微粒子に拡張すれば，拡散を取り扱うことになる．拡散とは，「多数の微粒子のブラウン運動」なのである．この表現には，次の意味が含まれている．まず，「多数の微粒子を扱うが，個々の微粒子の運動は独立である」ことである．つまり，微粒子間に相互作用はないことが暗に仮定されている．次いで，「拡散で取り扱う微粒子もブラウン運動の場合と同様に，媒体分子と平衡状態にある」ことである．つまり，アインシュタインの仮定がここでも生きているのである．

拡散の問題を，3.1.1項Cで採用した一次元の酔歩理論によって取り扱おう．再び図3.5の状況を仮定しているが，今回は中心に多数の微粒子がある状態からスタートする．時間t（$=i\tau$）経過したときに，位置xにいる微粒子数の（一次元の）密度を$n(t, x)$とする．この密度$n(t, x)$が時間とともにどう変化するかを調べよう．

位置xの周囲の幅lの中には$ln(t, x)$個の微粒子が存在する．その後1ステップの時間τだけ経過したときに，位置xから出ていく微粒子の数は$2pln(t, x)$個である．なぜなら，この位置から右に飛び出す微粒子の数も左に飛び出す微粒子の数も同じ確率pだからである．同じ時間内に右からこの位置に飛び込んでくる微粒子の数は$pln(t, x+l)$個で，左から飛び込んでくる微粒子の数は$pln(t, x-l)$個である．上記の出入りを式で表すと，次式のようになる．

$$ln(t+\tau, x) = (1-2p)ln(t, x) + pln(t, x+l) + pln(t, x-l) \tag{3.34}$$

ここで，τとlは十分に小さいと仮定して，テイラー展開を行う．

$$n(t+\tau, x) \approx n(t, x) + \tau \frac{\partial n(t, x)}{\partial t}, \quad n(t, x \pm l) \approx n(t, x) \pm l \frac{\partial n(t, x)}{\partial x} + \frac{l^2}{2} \frac{\partial^2 n(t, x)}{\partial x^2} \tag{3.35}$$

これらの式を式(3.34)に代入し，τとlが無限小の極限をとると，次式が得られる．

$$\frac{\partial n(t, x)}{\partial t} = D \frac{\partial^2 n(t, x)}{\partial x^2} \tag{3.36}$$

これは，拡散方程式としてよく知られた式である．また，$D(=pl^2/\tau)$は拡散係数である．この説明で，拡散が多数の微粒子のブラウン運動であることを理解していただけたであろうか．拡散方程式(3.36)の解は，次式で与えられる．

$$n(t, x) = \frac{1}{\sqrt{4\pi Dt}} \exp\left(-\frac{x^2}{4Dt}\right) \tag{3.37}$$

これは，標準偏差σが$\sqrt{2Dt}$である場合の正規分布関数である．この関数のグラフを描けば，図3.8のようになる．この曲線の特徴は，(1)変曲点のxがσに等しいこと，(2)中心から2σの範囲内に70%近い微粒子が存在していること，(3)ほとんどすべての微粒子が3σの範囲内に存在すること，である．拡散方程式の解である式(3.37)の場合，$\sigma = \sqrt{2Dt}$であるから，図3.9のように時間経過とともに分布は広がる．つまり，ブラウン運動をする微粒子が，時間経過とともに遠くまでいくチャンスが増え，位置の変位の二乗が時間に比例する(式(3.19)および式(3.29))という関係を思い出せば，拡散による微粒子分布の拡がりは容易に納得できよう．

ここでもう一度，コロイドという語が水溶液中における拡散の異常に遅い物質群を指す概念として導入されたことを思い出していただきたい(1.3.1項)．拡散現象を理解した今，この最初のコロイドの定義が何を意味するかは明らかであろ

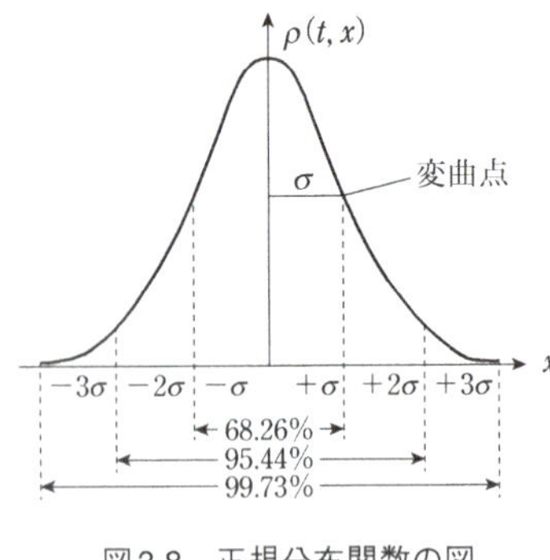

図3.8　正規分布関数の図

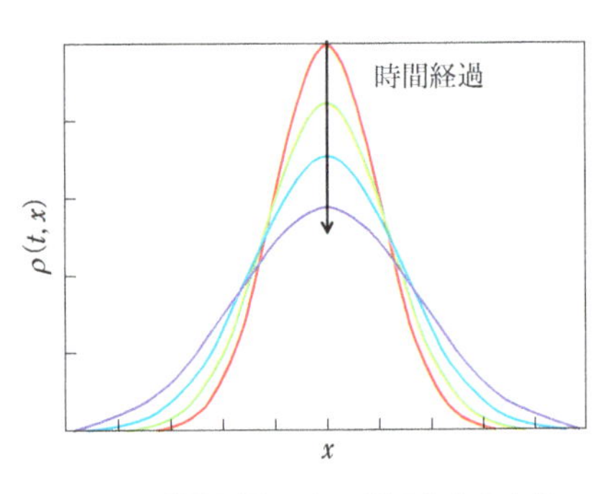

図3.9　時間経過による粒子分布の変化

う．拡散係数Dは$6\pi\eta a$に反比例する（アインシュタインの関係：式(3.9)）から，一般の分子に比べて圧倒的に大きい半径aを有するコロイド粒子は，拡散が遅いのである．

3.1.3　沈降と沈降平衡：外力下でのブラウン運動

ブラウン運動をする微粒子に働く力は，周囲の媒体分子の衝突による不規則な力のみであった．この状況において，微粒子にさらに一定の外力がかかったときには，微粒子はどのようなふるまいをするであろうか．一定の外力として重力を扱うのが沈降である．そこで，ランジュバン方程式(3.20)に一定の力fの項を追加する．

$$m\frac{\mathrm{d}^2x}{\mathrm{d}t^2}=(F+f)-\zeta\frac{\mathrm{d}x}{\mathrm{d}t} \tag{3.38}$$

Fが媒体分子の衝突から受ける不規則な力であり，fが一定の外力である．沈降現象は，移動速度が１日に数mm程度の微粒子の運動を問題にする（3.1.1項E参照）．このように長い時間の運動に対しては，上式の左辺（加速度の項：$\mathrm{d}^2x/\mathrm{d}t^2$）は無視できる．なぜなら，微粒子の加速度運動は$10^{-7}$秒程度で減衰するからである（3.1.1項D参照）．また，このような長時間にわたる平均では，不規則な力Fも０となる．したがって，式(3.38)から次式が得られる．

$$f=\zeta\frac{\mathrm{d}x}{\mathrm{d}t}\equiv\zeta v \qquad \text{または} \qquad v=\frac{f}{\zeta} \tag{3.39}$$

この式は，一定の力fと媒体から受ける摩擦力がつり合い，微粒子が一定の速度vで動くことを示している．沈降の場合の一定の力は重力（正確には重力から媒

体中の浮力を引いたもの)であるから,

$$f=mg-\frac{4}{3}\pi a^3\rho_0 g=\frac{4}{3}\pi a^3(\rho-\rho_0)g \tag{3.40}$$

となる. ここで, mは微粒子の質量, aは微粒子の半径, ρは微粒子の密度, ρ_0は媒体の密度, gは重力加速度である. また, 微粒子に対してもストークスの式が成り立つことがわかっているので(3.1.1項E参照), $\zeta=6\pi\eta a$となる. 式(3.39)にこれらを代入すると, 沈降速度の式が次式のように得られる.

$$v=\frac{4\pi a^3(\rho-\rho_0)g/3}{6\pi\eta a}=\frac{2a^2(\rho-\rho_0)g}{9\eta} \tag{3.41}$$

さてここまで, 1個の微粒子の外力下でのブラウン運動について考えてきた. 系に微粒子が多数存在する場合には, 状況が異なってくる. なぜなら, 沈降によって容器の底に微粒子が溜まってくるからである. 微粒子の濃度が場所によって異なると, 前項で取り上げたように, 拡散が始まる. つまり多粒子系の場合には, 重力によって沈む微粒子と, 拡散によって上昇する微粒子の両方が存在することになる. 微粒子濃度がある適当な分布をすると, 沈降する微粒子と上昇する微粒子がつり合い, 濃度分布が変化しない平衡状態(沈降平衡)が出現する. この平衡状態の分布を求めよう. そのために, 拡散方程式(3.36)を次式のように変形する.

$$\frac{\partial n(t,x)}{\partial t}=v\frac{\partial n(t,x)}{\partial x}+D\frac{\partial^2 n(t,x)}{\partial x^2} \tag{3.42}$$

右辺の第1項は, 沈降により一定速度vで移動する微粒子の効果である(コラム3.4参照). 平衡状態に達すると時間による微粒子濃度の変化はなくなるので, $\partial n(t, x)/\partial t=0$である. よって, 式(3.42)は次式のようになる.

$$v\frac{\partial n(t,x)}{\partial x}+D\frac{\partial^2 n(t,x)}{\partial x^2}=0 \tag{3.43}$$

◎コラム3.4　式(3.42)右辺第1項の導出

位置xに左側から流れ込んでくる微粒子の数は, Δxを小さい距離として$vn(t, x-\Delta x)$であり, 右側に流れ出る微粒子の数は$vn(t, x)$である. したがって, 位置xにおける微粒子濃度$n(t, x)$の変化速度は, $\{vn(t, x-\Delta x)-vn(t, x)\}/\Delta x$である. Δxが無限小の極限では, $v\partial n(t, x)/\partial x$となる.

この微分方程式を，$n(x)=\alpha\exp(-\beta x)$とおいて解き，$x=0$のときの$n$を$n_0$と書けば，

$$n(x)=n_0\exp\left(-\frac{vx}{D}\right)=n_0\exp\left[-\frac{4\pi a^3(\rho-\rho_0)gx}{18\pi\eta aD}\right]=n_0\exp\left[-\frac{2a^2(\rho-\rho_0)gx}{9\eta D}\right] \tag{3.44}$$

が得られる．ここで，微粒子の沈降による一定速度としては式(3.41)を用いた．また，拡散係数Dに対してアインシュタインの関係式を使うと，

$$n(x)=n_0\exp\left[-\frac{4\pi a^3(\rho-\rho_0)gx}{3k_BT}\right] \tag{3.45}$$

が得られる．この式は式(3.33)と同じ内容であり，高い位置(xが大きい)においてポテンシャルエネルギーが大きい微粒子ほど，その数が少ないというボルツマン分布を表している．式(3.44)は速度論をもとに導いたが，平衡状態に達してしまえば速度は関係しなくなり，ポテンシャルエネルギーと熱エネルギー(k_BT)の比によって分布が決まることを示している．

3.1.4　浸透と透析：半透膜を隔てたブラウン運動

半透膜とよばれる面白い性質を有する膜がある．溶液中のある成分は通過させるが，他の成分は通さない膜，つまり選択透過膜である．もっとも一般的なものは，溶媒分子は通すが大きな溶質分子(高分子)や微粒子は通さない，サイズで選別する膜(限外ろ過膜)である．しかしより広義に解釈すれば，イオンは通すが非電解質の溶質は通さない膜(イオン交換膜やモザイク荷電膜)や，水は通すが塩は通さない膜(逆浸透膜)なども半透膜と考えられる．これらの半透膜を隔てて微粒子や媒体分子がブラウン運動をするとき，浸透と透析の現象が起こる．

図3.10のように，半透膜を隔てて片方(左側)の管に溶媒を，他方(右側)の管に高分子溶液や微粒子分散液を入れると，溶液もしくは分散液側の溶媒濃度が低いので溶媒は右側に移動する．この溶媒が移動する現象を**浸透**(permeation)とよぶ．浸透の結果，右側の管の液柱が左側より高くなり，圧力差が発生する．溶媒の移動がなくなった平衡状態におけるこの圧力差が，溶質分子もしくは微粒子がもたらす浸透圧である．この浸透圧Πは次式で表される．

$$\Pi=\frac{nRT}{V}=CRT \tag{3.46}$$

ここで，nは右側の管の中の溶質分子もしくは微粒子の数，Vは右側の管中の溶

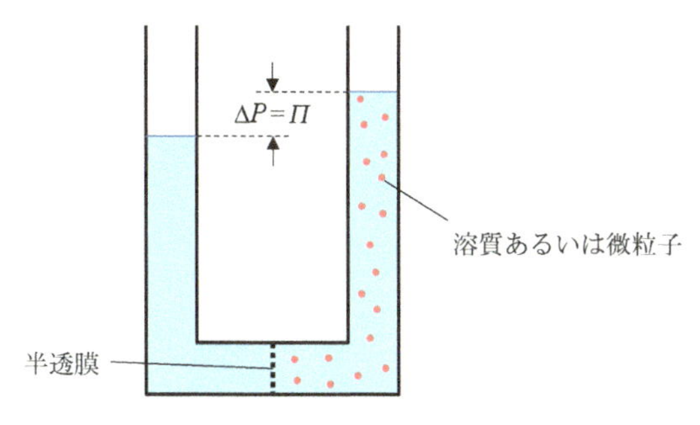

図3.10 浸透現象と浸透圧

液の体積，Cは溶質分子もしくは微粒子の数濃度，Rは気体定数，Tは絶対温度である．この式(ファント・ホッフの式)は，理想気体の状態方程式とまったく同じであり，溶媒中の(希薄な)溶質分子や微粒子が理想気体のようにふるまうことを意味している．ブラウン運動を説明したときのアインシュタインの仮定，すなわち「微粒子(コロイド粒子)は周囲の媒体分子と熱平衡状態にありエネルギー等分配則が成り立つこと，つまり分子と同じ挙動をすること」および「希薄な微粒子間に相互作用はないこと」を考慮すれば，納得できる結果である．

上述のように，溶液と溶媒が半透膜を隔てて接していると，溶媒が溶液側に動く．その溶媒の移動は，溶質の浸透圧に原因がある．それならば，浸透圧に相当する圧力を溶液側にかければ溶媒の移動は止まり，浸透圧より大きな圧力をかければ，逆に溶液側から溶媒側に溶媒分子は移動するであろう．これが，逆浸透といわれる現象である．イオンは通さず溶媒である水だけを通す半透膜を開発して，この逆浸透現象を応用したのが逆浸透膜である(コラム2.2参照)．

浸透現象が溶質は移動せずに溶媒のみが半透膜を通して動く現象であるのに対して，2種類以上の混合溶質から特定の溶質を選択透過させる手法が**透析**(dialysis)である．もっともよく使われるのは，高分子と低分子の混ざった溶液(例えば，タンパク質と塩の混合溶液)から，低分子溶質のみを取り除く場合である．この場合に使われる半透膜は，溶質のサイズによって透過性が決まる限外ろ過膜である．また，目的が高分子溶質の精製なので，外液として大量の溶媒を使用することになる．時として，水道水を外液としてゆっくり流しながら実験することもある．

3.2　界面電気現象

物質を水の中に浸すと，たいていの場合，その表面(水との界面)に電荷が発生する．正(プラス)の電荷が発生するか，負(マイナス)の電荷が発生するかは，物質によって異なる．界面に発生した電荷がもたらす各種の現象を界面電気現象とよぶ．この界面電気現象は，コロイド・界面化学のさまざまな分野で重要な働きをする．特に，乳化，分散，泡の安定性の理解には必須の概念である．本節の説明は，第5章5.3節の基礎となるので，よく理解していただきたい．

3.2.1　界面における電荷の発生

水中で，物質の表面(水との界面)に電荷が発生する原因にはいくつかある．図3.11にその例を示した．1つは，物質表面にある解離基の解離である．例えば，タンパク質はカルボキシ基やアミノ基(あるいはその塩)を有しているが，それらは水中でカルボキシレートイオンに解離したり，プロトン(H^+)が付加してアンモニウムイオンとなる．前者の場合は表面に負の電荷を与え，後者の場合は正の電荷を与える．また金属酸化物の場合には，表面にOH基が存在しているが(図3.11のM−OH)，溶液のpHによってはプロトンが解離して表面が負に帯電する．2つめの原因は，イオンの選択的吸着である．水溶液中に溶けているイオンのうち，正か負のイオンのどちらかがより表面に吸着しやすいとき，そのイオンの電荷が表面に与えられる．この場合，吸着するイオンと物質表面の間には，引力相互作用が働いていなければならない．その引力相互作用として疎水性相互作用が働く場合の典型例が，イオン性界面活性剤の吸着である．陰イオン界面活性剤が吸着すれば負の,陽イオン界面活性剤が吸着すれば正の電荷が表面に付与される．3つめの原因は，イオンの選択的溶解である．ヨウ化銀や水酸化鉄のような難溶性の塩も，少しは水に溶解する．そして，一般的には，正負のどちらかのイオンの方がより水に溶けやすい．その場合には，固体側に残ったイオンの電荷が表面電荷となる．

以上の説明からは，物質表面が水中でもつ電荷は，正であっても負であってもよいように思える．しかし不思議なことに，水中で負に帯電する物質の方が圧倒的に多い．正に帯電する物質もあるが，それは稀である．なぜそうなのか，現在もまだ説明されていない．

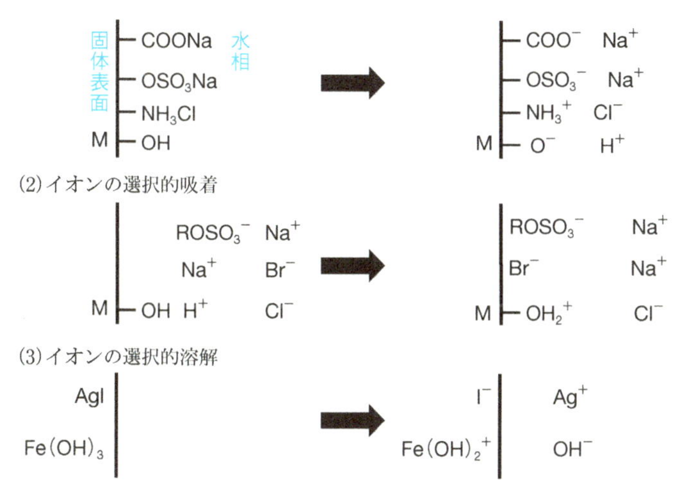

図3.11 水中で固体表面に電荷が発生する理由

3.2.2 表面電位と界面電気二重層

先述のように，ほとんどの物質の表面は水中で電荷を帯びる．水溶液中にはその表面の電荷を打ち消すだけの反対符号のイオン(対イオンとよばれる)が必ず存在する．全体として，電気的に中性であることが必要だからである．正負の電荷が分離して存在すると，たいへんエネルギーの高い状態になる．したがって，正のイオンと負のイオンが存在する溶液では，普通は両イオンがランダムに混ざり合う．しかし界面では，物質表面上に片方の電荷(例えば負イオン)が偏在し，その反対符号の電荷は水溶液中に存在する．このように界面では，正負のイオンがランダムに混ざり合わず，厳密にいえば電気的中性条件が破れている．界面電気現象とは，電気的中性条件が破れる珍しい現象であるといえる．そして，当然のことながら，界面に電荷が存在しない場合に比べて静電エネルギーの高い状態にある．

物質表面の電荷と反対の符号をもつ水中の対イオンは，表面の電荷に引き寄せられる．この力だけが働くのであれば，対イオンはすべて物質表面に付着するであろう．もっとも単純なこのモデルは，ヘルムホルツのコンデンサーモデルとよばれる(図1.14参照)．しかしながら，対イオンは水中に溶けているため，熱運動によって水側に拡散しようとする．その結果として，ある分布(ボルツマン分布)

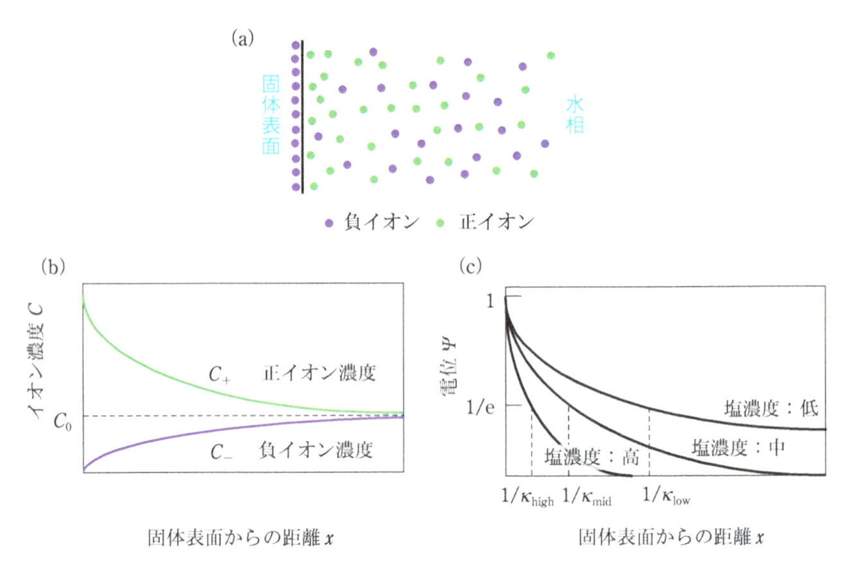

図3.12　拡散電気二重層の模式図
(a)正負イオンの分布，(b)正負イオン濃度の変化，(c)界面電位の変化．

をとって平衡になる．このようにして，**拡散電気二重層**(diffuse electrical double layer，グイ・チャップマンモデルともよばれる)が形成される．この2つの中間のモデル，つまり一部の対イオンが表面に吸着し，残りが溶液中に分布したシュテルンのモデル(Stern model)もある．いずれにせよ，先述のように，界面のごく近傍においては，電気的中性条件が破れ，電荷の分離が起こるのである．

図3.12(a)に，物質表面近傍に形成された拡散電気二重層におけるイオンの分布の様子を示す．この図の例では，物質表面が負の電荷を有している．また，水溶液中には濃度C_0の塩が添加されている．図3.12(b)には，水溶液中の対イオン(正イオン)と負イオンの濃度変化を模式的に示す．表面近傍では反対符号の対イオン濃度が高くなるが，表面から離れるに従ってその傾向は小さくなる．十分に表面から離れた場所では，当然正負のイオンの濃度は等しくなり，添加した塩の濃度C_0となる．対イオン濃度が高い領域は，物質表面から1〜100 nm程度の距離にまで及ぶ．この距離のことを電気二重層の厚さとよぶが，詳細は後述する．

さて，拡散電気二重層を定量的に扱おう．水中の物質表面(水との界面)に電荷が存在するのであるから，その周囲に電位(静電ポテンシャル)が存在するのは当然である．その電位のことを**表面電位**(surface potential)という．表面近傍の対イオンは，表面電位によって表面側に引き寄せられ，熱運動とのつり合いによって平衡分布(ボルツマン分布)をとる．一方，水相に存在するイオン(電荷)自身も電位を生み出す．表面電位がイオンの分布を決め，イオン自身も電位を発生するという構図である．この2つの現象のいずれに対しても整合性のある(「自己無撞着な」と表現される)解が，拡散電気二重層の定量的な表現である．

電荷が電位を生み出すことを表す定量的な表現として，ポアソンの式(Poisson's equation)が知られている．物質表面から距離xだけ離れた位置における電位をΨとすると，ポアソンの式は次式で表される．

$$\frac{\mathrm{d}^2\Psi}{\mathrm{d}x^2}=-\frac{\rho}{\varepsilon_\mathrm{r}\varepsilon_0} \tag{3.47}$$

ここで，ρは位置xにおける電荷(イオン)密度，ε_0は真空の誘電率，ε_rは水溶液の比誘電率である．一方，電位がΨの場所におけるイオン種iの濃度C_iは次式で表される．

$$C_i(x)=C_i^0\exp\left(-\frac{z_i e\Psi}{k_\mathrm{B}T}\right) \tag{3.48}$$

ここで，C_i^0は物質表面から十分遠い(純理論的には無限遠の)位置におけるイオン種iの濃度であり，z_iはイオン種iの価数，eは電気素量，k_Bはボルツマン定数，Tは絶対温度である．この式(3.48)がボルツマン分布の式であることはいうまでもない．また，位置xにおける電荷密度ρは，その位置にあるすべてのイオンによる電荷の合計であるから，次式で表される．

$$\rho=\sum_i z_i e C_i^0\exp\left(-\frac{z_i e\Psi}{k_\mathrm{B}T}\right) \tag{3.49}$$

ポアソンの式(3.47)のρに式(3.49)を代入すれば，有名なポアソン・ボルツマン方程式(Poisson–Boltzmann equation)が得られる．

$$\frac{\mathrm{d}^2\Psi}{\mathrm{d}x^2}=-\frac{1}{\varepsilon_\mathrm{r}\varepsilon_0}\sum_i z_i e C_i^0\exp\left(-\frac{z_i e\Psi}{k_\mathrm{B}T}\right) \tag{3.50}$$

正電荷と負電荷の価数が同じであるz–z型電解質($z_+=-z_-=z$，$C_+^0=C_-^0=C^0$)の場合には，式(3.50)は次の形に変形できる．

$$\frac{\mathrm{d}^2\Psi}{\mathrm{d}x^2}=\frac{zeC^0}{\varepsilon_\mathrm{r}\varepsilon_0}\left\{\exp\left(\frac{ze\Psi}{k_\mathrm{B}T}\right)-\exp\left(-\frac{ze\Psi}{k_\mathrm{B}T}\right)\right\} \tag{3.51}$$

この微分方程式を解くには種々の数学的技巧を使う必要があって容易ではなく，本書のレベルを超える．そこで解き方に関しては参考書に譲り，ここでは

$ze\Psi/(k_B T) \ll 1$ の場合に限って，解を近似的に求めよう．これを**デバイ・ヒュッケル近似**(Debye-Hückel approximation)という．デバイ・ヒュッケル近似の下では，式(3.51)は次式のように簡単になる．

$$\frac{d^2\Psi}{dx^2} = \kappa^2\Psi \tag{3.52}$$

ここで，κ は次式で与えられ，逆数 $1/\kappa$ は**デバイ長**(Debye length)とよばれる．デバイ長は，表面電位の大きさが 1/e(e は自然対数の底)に低下する表面からの距離で，しばしば拡散電気二重層の厚さともよばれる．

$$\kappa = \sqrt{\frac{2z^2e^2C^0}{\varepsilon_r\varepsilon_0 k_B T}} \tag{3.53}$$

微分方程式(3.52)の解は，次式で与えられる．

$$\Psi = \Psi_0 \exp(-\kappa x) \tag{3.54}$$

ここで，Ψ_0 は $x=0$ の位置での物質表面の電位 Ψ を表している．図3.12(c)には，表面電位を物質表面からの距離の関数として表したグラフを示す．

式(3.53)は z-z 型電解質溶液という特殊な場合の κ を表す式であるが，一般的には次式となる．

$$\kappa = \sqrt{\frac{e^2}{\varepsilon_r\varepsilon_0 k_B T}\sum_i z_i^2 C_i^0} \tag{3.55}$$

この式からわかるように，κ は塩濃度 C_i^0 が高いほど，またイオンの価数 z_i が大きいほど大きくなる．式(3.54)から κ が大きいということは，表面電位が距離とともに急速に低下することを意味する．これは，表面電位の影響が，塩の濃度が増加すると遠くまで及ばなくなることを示しており，コロイドの分散安定性に重要な性質である．塩の濃度が高くなると，表面電荷と逆符号のイオンが表面近傍に多く集まり，そのために表面の電位が遮蔽されてしまうからである．

3.2.3　界面動電現象

先に述べたように，物質表面と水との界面では，正負の電荷が空間的に偏在しており，そこに電場などの外力による(イオン溶液や微粒子の)運動が起こると，さまざまな電気現象が発生する．こうした現象をまとめて界面動電現象という．界面動電現象は，水溶液側に注目するか物質表面(微粒子)側に注目するかによって，同じ現象の異なる側面を対象にする．その点に留意しながら，それぞれの現象を説明しよう．

A.　電気浸透

毛管や多孔体に水溶液を満たし，その両端に電場をかけると，内部の水溶液がどちらかの電極へ動き出す(図3.13)．この現象を**電気浸透**(electro-osmosis)という．溶質の濃度差によって引き起こされる浸透と類似の現象が電気的に引き起こされるので，この名称が付けられている．

毛管や多孔体の表面は帯電しており，その反対符号の電荷を有するイオンが表面近傍の水相に集まる．ここに外部から電場がかかると，物質表面(毛管や多孔体)側は動けないので，イオンが動き出すことになる．イオンは当然，まわりの水分子を一緒に引き連れて動く．その結果，毛管内の溶液全体が動き，電気浸透現象が生じるのである．

図3.14を使って，電気浸透現象の原理を説明しよう．図3.14(a)は，いま考えている固体/水溶液界面近傍の状態を表している．物質表面は負の電荷を有しているとしよう．このとき，当然，物質表面近くの水相には正のイオンが過剰に存在する．そのイオンに外部から上が正で下が負の電場が作用すると，瞬間的に定常状態が出現し，図3.14(b)のような力が溶液にかかる．界面から(電気二重層の厚さより小さい)距離xだけ離れたところに，極薄い厚さdxの層を考えると，この層は下向きに単位面積あたり$\rho dx \cdot E$の電気的な力を受ける．ここで，ρは位置xにおける電荷密度，Eは外部電場である．電気的な力を受けると同時に，溶液の粘性による摩擦力が反対方向に働き，定常状態ではこの2つの力がつり合っているはずである．この摩擦力は，厚さdxの層より内側(物質表面側)では上向きに，

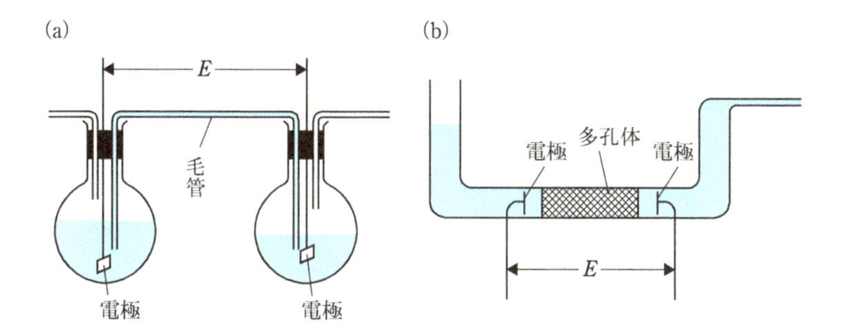

図3.13　電気浸透実験装置の模式図
(a)毛管を使った場合，(b)多孔体を使った場合．Eは電極間にかかる外部電場である．

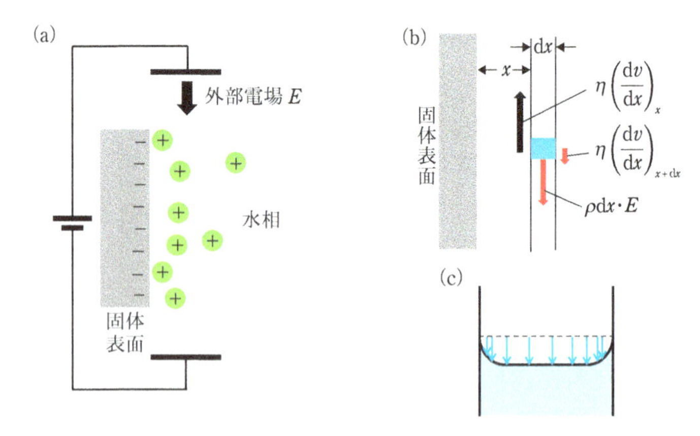

図3.14　電気浸透現象の原理
(a)界面近傍の状態，(b)界面近傍のイオン(溶液)にかかる力，(c)毛管中の溶液の流れ．

外側では下向きに働く．なぜなら，内側の流速はこの層より遅く，外側では速いからである．この摩擦力の差は結果的に上向きの力となり，それが電気的な下向きの力とつり合う．したがって，次式が成立する．

$$E \cdot \rho \mathrm{d}x = \eta\left(\frac{\mathrm{d}v}{\mathrm{d}x}\right)_{x+\mathrm{d}x} - \eta\left(\frac{\mathrm{d}v}{\mathrm{d}x}\right)_{x} \equiv \eta\left(\frac{\mathrm{d}^2 v}{\mathrm{d}x^2}\right)_{x} \mathrm{d}x \tag{3.56}$$

ここで，vは位置xにおける層の速度，ηは溶液の粘性係数である．

式(3.56)にポアソンの式(3.47)を代入すると，次式のようになる．

$$-\varepsilon_{\mathrm{r}}\varepsilon_0 E\frac{\mathrm{d}^2\Psi}{\mathrm{d}x^2} = \eta\left(\frac{\mathrm{d}^2 v}{\mathrm{d}x^2}\right) \tag{3.57}$$

この式を溶液が運動している全領域にわたって積分する．まず一度積分すると，

$$-\varepsilon_{\mathrm{r}}\varepsilon_0 E\frac{\mathrm{d}\Psi}{\mathrm{d}x} + C_1 = \eta\left(\frac{\mathrm{d}v}{\mathrm{d}x}\right) \tag{3.58}$$

となる．$x \to \infty$のとき(毛管の中央付近は電気二重層の厚さに比べれば十分に遠方であるから，この条件は妥当である)，$\mathrm{d}\Psi/\mathrm{d}x = 0$，$\mathrm{d}v/\mathrm{d}x = 0$であるので，積分定数$C_1$は0となる．式(3.58)をもう一度積分すると，

$$-\varepsilon_{\mathrm{r}}\varepsilon_0 E\Psi + C_2 = \eta v \tag{3.59}$$

となる．$x=0$で，$v=0$，$\Psi=\Psi_0$(Ψ_0は$x=0$における表面電位)であるので，$C_2 = \varepsilon_{\mathrm{r}}\varepsilon_0 E\Psi_0$となる．これを代入して整理すると，

$$\eta v = \varepsilon_r \varepsilon_0 E(\Psi_0 - \Psi) \tag{3.60}$$

が得られる．これまでの議論からわかるように，$x=0$とは溶液が電場によって動き始める面の位置である．この面をすべり面(slipping plane)という．一般にすべり面は，厳密には固体の表面ではなく，その少し外側にある．すべり面における電位を**ゼータ電位**(zeta-potential)とよび，ζで表す．実験的に測定できる電位はこのゼータ電位である．ゼータ電位は表面電位とほぼ等しいために，しばしば表面電位の代わりに使われる．ここでも，表面電位Ψ_0の代わりにゼータ電位ζを使うことにしよう．すなわち，式(3.60)を

$$\eta v = \varepsilon_r \varepsilon_0 E(\zeta - \Psi) \tag{3.61}$$

と表す．さらに，$x \to \infty$で$v = v_\infty$，$\Psi = 0$であることを考慮して，次式を得る．

$$\eta v_\infty = \varepsilon_r \varepsilon_0 E \zeta \tag{3.62}$$

ここで，v_∞は，図3.14(c)に示すように，毛管中の電気二重層を超えた位置(毛管の中心付近)での流速である．毛管が電気二重層の厚さに比べて十分に太ければ，毛管中ではほぼ全域にわたってこの流速で流れていると考えて差し支えない．以上の説明からわかるように，電気浸透とは，界面の電気二重層がポンプのように働いて，毛管中の溶液を移動させる現象であるとみなすことができる．

毛管内部の溶液が，ほぼ全域にわたって同じ流速v_∞で流れているとすると，単位時間あたりに流れる液量(体積)は次式で与えられる．

$$V = Sv_\infty = \frac{S\varepsilon_r \varepsilon_0 E \zeta}{\eta} \tag{3.63}$$

ここで，Sは毛管の断面積である．上式のVを，図3.13に示したような装置を使って測定することになる．流れる液量は少ないが，それでもその動きが十分に見えるように，内径1 mm以下の目盛り付きの毛管を装置に設置して測定する．例えば，図3.13(b)の右側は，この毛管の模式図である．

B. 電気泳動

電気泳動は，コロイド・界面化学でもっともよく行われる実験の1つであろう．特に，コロイドの分散安定性を議論するときに使われるゼータ電位ζは，電気泳動の実験から求められる場合がもっとも多い．

前項で説明したように，電荷が分離した界面に電場がかかったときに，液体側

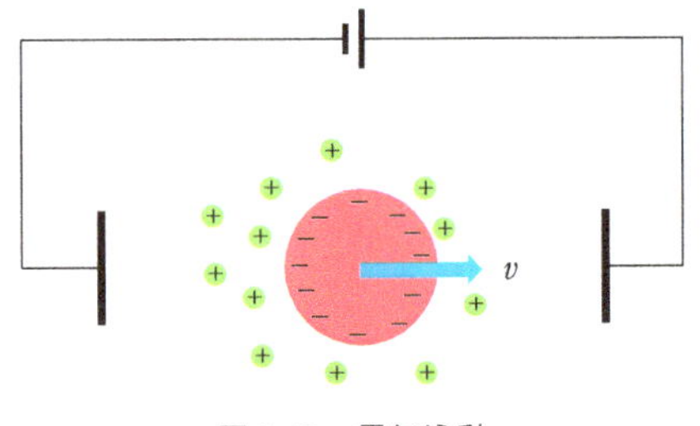

図3.15　電気泳動

が動くのが電気浸透である．一方，水相は動かず，物質(微粒子)側が動くのが電気泳動である．本項では，その観点から電気泳動現象について説明しよう．

式(3.62)中の速度v_∞は，物質表面に対する水相の相対速度である．したがって，もし水相が動かずに固定された場合には，物質表面(微粒子)側が同じ速度で動くことになる．つまり，電場Eの下での微粒子の速度vは，次式で与えられる．

$$v = \frac{\varepsilon_r \varepsilon_0 E \zeta}{\eta} \tag{3.64}$$

ここで，ζは微粒子表面のゼータ電位である．この式(3.64)は，スモルコフスキーの式(Smoluchowski's equation)とよばれる．

電気泳動の速度を求める方法に，もう1つの考え方がある．図3.15のように負電荷$-Q$を有する微粒子が電場Eの中に置かれているとする．このとき，微粒子は静電的な力QEで陽極側に引きつけられる．定常状態では，この力は溶液から受ける粘性抵抗の力とつり合う．つまり，次式が成り立つ．

$$QE = 6\pi\eta a v \qquad \text{または} \qquad v = \frac{QE}{6\pi\eta a} \tag{3.65}$$

ここで，aは微粒子の半径，vは微粒子の速度である．また，粘性抵抗力に関してはストークスの式を使った．電荷Qを有する半径aの微粒子の表面電位(ゼータ電位)は$Q/(4\pi\varepsilon_r\varepsilon_0 a)$で表されるので，式(3.65)は次式のように変形できる．

$$v = \frac{2\varepsilon_r \varepsilon_0 E \zeta}{3\eta} \tag{3.66}$$

この式はヒュッケルの式とよばれる．ヒュッケルの式とスモルコフスキーの式(3.64)は同じ形をしているが，係数が異なる．この係数の違いは，微粒子の大きさと電気二重層の厚さの相対的な関係に関わっている．

スモルコフスキーの式が電気浸透の逆現象として導かれたことからわかるよう

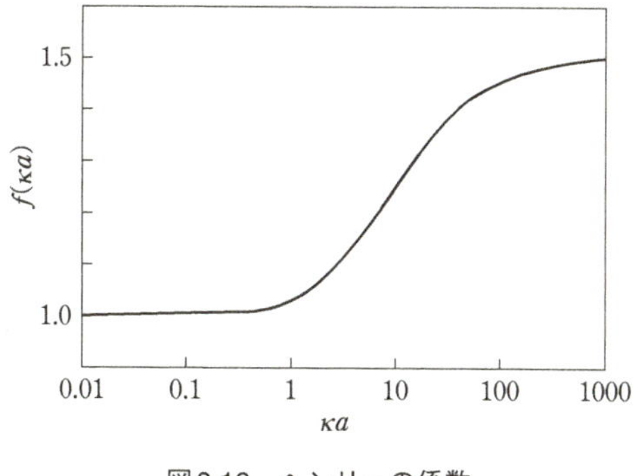

図3.16　ヘンリーの係数

に，ここでは物質表面を平面として扱っている．つまり，電気二重層の厚さに比べて，微粒子半径は十分に大きいことになる．一方，ヒュッケルの式の導出では，微粒子の周囲には均一な電場が働いていると仮定されている．これは，微粒子が外部電場の影響を受けないことを意味しており，電気二重層の厚さに比べて微粒子半径が十分に小さい場合に相当する．この微粒子の大きさと電気二重層の厚さの相対的な関係は，κa（κは式(3.55)参照）の大きさで比較できる．3.2.2項で説明したように，$1/\kappa$が電気二重層の厚さ（デバイ長）であるから，微粒子半径に比べて電気二重層が薄い場合にはκaが大きい．したがって，式(3.64)と式(3.66)の係数は，κaを変数とする関数$f(\kappa a)$になっている．この関数をヘンリー(Henry)の係数といい，グラフを図3.16に示した．扱っている系のκaの大きさに応じて，式(3.66)にヘンリーの係数を乗じた値を使えばよい．

C.　流動電位の発生

水溶液で満たされた毛管や多孔体の両端に圧力差を与え，内部の溶液を片端から流すと，溶液中の対イオンもこの流れに乗って動き，管孔の先端から流れ出る．反対側の先端では，逆に対イオンの欠乏が発生する（図3.17）．その結果，毛管や多孔体の両端に電位が発生する．この電位を**流動電位**(streaming potential)とよぶ．流動電位が発生すると，対イオンは電場により逆の方向に流れようとし（電流），圧力差による流れとつり合い，対イオンの分布に関する定常状態が出現する．つまり，電気浸透が電場をかけて溶液が動く現象であるのに対し，逆に溶液を動かして発生する電位が流動電位である．乱流が発生しない程度の比較的穏やかな条件では，作用する圧力差Pと流動電位Eは比例する．つまり，次式が成り立つ．

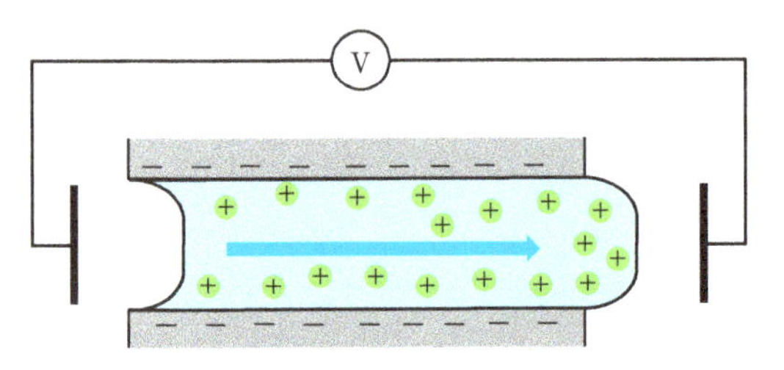

図3.17　流動電位が発生する理由

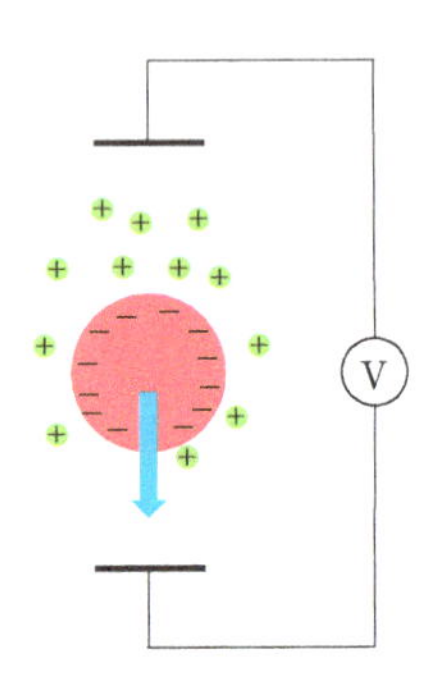

図3.18　沈降電位が発生する理由

$$\frac{E}{P}=\frac{\varepsilon_{\mathrm{r}}\varepsilon_0\zeta}{\eta\lambda} \tag{3.67}$$

ここで，λは溶液の比電導度である．

D.　沈降電位の発生

流動電位の場合とは逆に，物質表面（微粒子）側が動くことで発生する電位が**沈降電位**（sedimentation potential）である．図3.18のように，溶液の中で微粒子が重力によって沈降すると，対イオンは重力の影響を受けないため，微粒子の後ろに取り残される．図のように，微粒子が負の表面電荷を有している場合には，下方に負，上方に正の電位が発生する．一方，後方の対イオンは微粒子を引っ張るので，荷電粒子は非荷電粒子より沈降が遅くなる．これらを合計した電位差が沈降電位Eであり，Eは次式で表される．

$$E=\frac{\varepsilon_{\mathrm{r}}\varepsilon_0\zeta g\Delta dna^3}{3\lambda\eta} \tag{3.68}$$

ここで，gは重力加速度，Δdは微粒子と媒体の比重差，nは単位体積中の微粒子数，

aは微粒子を球としたときの半径である．なお，微粒子の比重が媒体より小さく浮揚する場合には，電位の正負が逆になることはいうまでもない．

3.2.4 ドナン平衡とドナン電位

高分子電解質と低分子電解質の水溶液について，半透膜を隔てた平衡を取り扱うのが**ドナン平衡**(Donnan equilibrium)である．図3.19に示すような半透膜によって隔てられた容器の片方(I)に高分子電解質水溶液が，他方(II)に塩化ナトリウム水溶液が入っている状況を考える．この半透膜は，低分子のイオン(いまの場合はNa^+とCl^-)は通すが，高分子のイオンは通過させないものとする．このとき，II側の塩化ナトリウムはI側に移動しようとするが，その一部だけしか移動できず，両側で同じ濃度にはならない．なぜなら，I側にはすでに高分子イオンの対イオンであるNa^+が多数存在するので，同じNa^+イオンの浸入が阻害されるからである．では，II側の塩化ナトリウムのどれくらいの量が移動できるのであろうか．それを計算してみよう．

いま，I側の高分子に結合したイオンの濃度(＝この高分子電解質の対イオンの濃度)をC_0，II側の塩化ナトリウムの初期(仕込み)濃度をC_1とする．塩化ナトリウムの一部がI側に移動した結果，II側の濃度がC_1からC_1-xに減少して平衡状態に達したとしよう．もし容器のI側とII側の体積が同じであれば，I側の塩化ナトリウム濃度の増加もxである．半透膜の両側で塩化ナトリウムが平衡になっているので，次式が成り立つ．

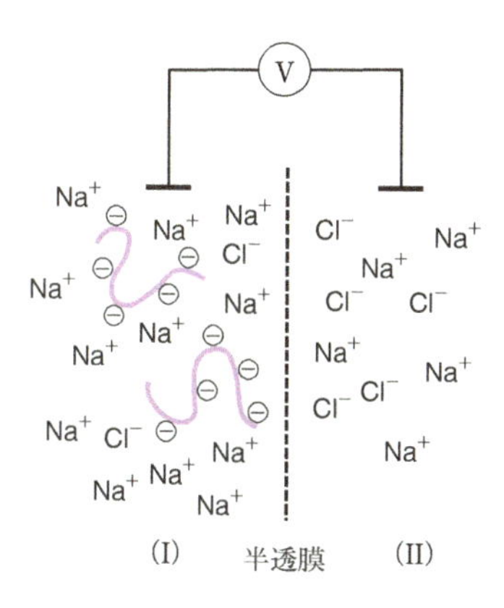

図3.19　ドナン平衡およびドナン電位が発生する理由

$$a_{\mathrm{NaCl}}^{\mathrm{I}} = a_{\mathrm{NaCl}}^{\mathrm{II}} \tag{3.69}$$

ここで，a_{NaCl}は塩化ナトリウムの活量を表し，上付きの添え字は容器のI側とII側を示す．解離した塩の活量は，定義により

$$a_{\mathrm{NaCl}} = a_{\mathrm{Na^+}} a_{\mathrm{Cl^-}} \tag{3.70}$$

である．塩化ナトリウム濃度が十分に希薄であるとして，活量を濃度で表せば，

$$[\mathrm{Na^+}]^{\mathrm{I}}[\mathrm{Cl^-}]^{\mathrm{I}} = [\mathrm{Na^+}]^{\mathrm{II}}[\mathrm{Cl^-}]^{\mathrm{II}} \tag{3.71}$$

となる．つまり，いま考えている系では

$$(C_0 + x)x = (C_1 - x)^2 \tag{3.72}$$

が成り立つ．この式からxを求めると，$x = C_1^2/(C_0 + 2C_1)$となる．このxを使ってI側とII側の塩化ナトリウム濃度の比を計算すると，

$$\frac{C^{\mathrm{II}}}{C^{\mathrm{I}}} = \frac{C_1 - x}{x} = 1 + \frac{C_0}{C_1} \tag{3.73}$$

となる．この式から，高分子電解質の(イオンの)濃度が十分に高い場合には，塩化ナトリウムはわずかしかI側に移動しないことがわかる．

平衡状態では，$\mathrm{Na^+}$と$\mathrm{Cl^-}$の濃度が半透膜の両側で異なる．そのため，I側とII側の間に電位差が発生する．I側の$\mathrm{Na^+}$イオン濃度が高いので，半透膜を通ってII側に移動しようとするが，少し流れ出ると逆向きに引き戻す電位差が発生するので移動は止まる．逆に，$\mathrm{Cl^-}$イオンはI側に流れ出て止まる．その結果，II側が正の，I側が負の電位を有することになる．この電位差が，それ以上の$\mathrm{Na^+}$イオンと$\mathrm{Cl^-}$イオンの移動を阻止しているのである．つまり，電気化学ポテンシャルがつり合ったところで平衡になっている．この電位差を**ドナン電位**(Donnan potential)という．ドナン電位$\Delta\Psi(\equiv \Psi^{\mathrm{II}} - \Psi^{\mathrm{I}})$は，$\mathrm{Na^+}$イオンと$\mathrm{Cl^-}$イオンの濃度比で決まり，次式で与えられる．

$$\Delta\Psi = \Psi^{\mathrm{II}} - \Psi^{\mathrm{I}} = \frac{RT}{F} \ln\left(\frac{C_{\mathrm{Na}}^{\mathrm{I}}}{C_{\mathrm{Na}}^{\mathrm{II}}}\right) = \frac{RT}{F} \ln\left(\frac{C_{\mathrm{Cl}}^{\mathrm{II}}}{C_{\mathrm{Cl}}^{\mathrm{I}}}\right) \tag{3.74}$$

ここで，Fはファラデー定数，$C_{\mathrm{Na}}^{\mathrm{I}}$，$C_{\mathrm{Na}}^{\mathrm{II}}$，$C_{\mathrm{Cl}}^{\mathrm{II}}$，$C_{\mathrm{Cl}}^{\mathrm{I}}$の下付きの添え字は$\mathrm{Na^+}$イオンと$\mathrm{Cl^-}$イオンを，上付きの添え字は容器のI側とII側を表す．

半透膜を使わなくても，高分子電解質のゲル(第9章参照)やポリマーブラシ(多

数のポリマー分子の片側が物質表面に結合し，ポリマー鎖が溶液中にブラシの毛のように出ている系)などには，ゲル中やポリマーブラシ層から高分子イオンの対イオンは逃げられないために，ドナン平衡が成立し，ドナン電位が存在する．対イオンは，ゲルの表面やポリマーブラシ層の外側に少し流れ出ることはできるが，自由に外側に溶け出すことはできない．この事情は，半透膜が存在する場合と同じである．

❖演習問題

3.1　式(3.51)が，デバイ・ヒュッケル近似の下では式(3.52)となることを示しなさい．

3.2　25℃におけるz−z型電解質水溶液では，デバイ長(＝$1/\kappa$)は次式で与えられることを示しなさい．ただし，C^0はmol/Lの単位で表してある．

$$\frac{1}{\kappa}=0.3\times\frac{1}{z\sqrt{C^0}}\ \ \text{nm}$$

上記の計算に式(3.53)を使用するに際して，必要な定数は次のとおりである．

電気素量$e=1.60\times10^{-19}$ C(クーロン)，水の比誘電率$\varepsilon_r=78.3$，真空の誘電率$\varepsilon_0=8.85\times10^{-12}$ F/m(ファラッド/メートル：または同等の単位としてC/V･m(クーロン/ボルト・メートル))，ボルツマン定数$k_B=1.38\times10^{-23}$ J/K(ジュール/ケルビン)．

また，上式を使って次の塩水溶液のデバイ長を計算しなさい．

(i)NaCl　1 mmol/L　(ii)NaCl　10 mmol/L　(iii)NaCl　100 mmol/L

(iv)$MgSO_4$　1 mmol/L　(v)$MgSO_4$　10 mmol/L　(vi)$MgSO_4$　100 mmol/L

3.3　図3.19で表される容器のI側にポリアクリル酸ナトリウムの2 wt％の水溶液が，II側に2 wt％の塩化ナトリウム水溶液が入っている．ドナン平衡が成立した後の，I側とII側の塩化ナトリウムの濃度比を求めなさい．また，そのときのドナン電位を計算しなさい．ただし，これらの水溶液の比重は1と仮定し，25℃で計算しなさい．ファラデー定数には9.649×10^4 C/molを用いなさい．

3.4　コロイド溶液が，熱力学的に安定な真の溶液である場合と，不安定な分散系である場合の違いは何かを考察しなさい．また，それらの系の例をあげなさい．

3.5　拡散電気二重層を有する2つの表面が近づいてくると，水溶液中の対イオンが重なり始める．そのときに何が起こるかを定性的に考察しなさい．

3.6　金属酸化物の表面には，多数のヒドロキシ基(−OH)が存在する．水中に存在する金属酸化物の表面電荷が溶液のpHによってどのように変わるか，定性的に説明しなさい(4.2.3項A参照)．

第4章　吸　着

冷蔵庫の中の嫌な臭いを消すために脱臭剤を使用したり，水道水を美味しくするために浄水器を取り付けたりした経験のある読者の方は多いであろう．こうした脱臭剤や浄水器の中には，活性炭とよばれる炭の一種が入っている．活性炭には，たいへん小さな孔がたくさん空いていて，比表面積が非常に大きいという特徴がある．この広い表面に，冷蔵庫の臭い物質や水道水中の異物質がくっついて除去されるのである．その結果，活性炭表面での臭い物質や異物質の濃度は，空気中や水中での濃度よりずっと高くなっている．

このような吸着現象の発現は，表面(界面)張力と密接に関係している．まずは，そこから話を始めよう．

4.1　吸着と表面(界面)張力

上で述べた活性炭の例のように，ある成分の濃度が表面(界面)付近とバルク相とで異なっているとき，その成分の吸着が起こっているという．そして，吸着される成分のことを**吸着質**(adsorbate)，吸着する基板のことを**吸着媒**もしくは**吸着剤**(adsorbent)とよぶ．一般的に吸着は界面付近の濃度が高くなっている場合を指すことが多いが，学問的には，逆に低くなっている場合も吸着とよぶ．濃度が高くなる場合を**正吸着**(positive adsorption)，低くなる場合を**負吸着**(negative adsorption)という．

4.1.1　吸着現象はなぜ起こるのか

脱臭剤や浄水器の中の活性炭は，なぜ臭い物質などを吸着するのであろうか．それは，臭い物質などが吸着することによって，活性炭の表面張力が低下するからである．表面張力とは，2.1.2項で述べたように，表面の過剰な自由エネルギーのことである．したがって，「吸着によって表面張力が低下する」ことは，吸着により系の自由エネルギーが低下することにほかならない．このことは，2.3.2項において，ギブズの吸着式を例にとってすでに記したとおりである．すなわち，吸着は熱力学第2法則に従って，自由エネルギー(表面張力)が小さくなる方向に進む現象なのである．

では，もし，表面にある物質が来ることによって，表面張力が増大する場合はどうなるであろうか．表面に来ることによって自由エネルギーが増大するのであるから，その物質は可能な限り表面近傍には集まらないであろう．バルク中より表面近傍の濃度が低い状態，つまり負吸着が起こる．現実に負吸着が起こる場合は，無機塩類の水溶液表面への吸着くらいしか知られていないが，これについては4.2.2項Cで詳しく述べる．

4.1.2 物理吸着と化学吸着

物質が表面に来ることによって表面張力が低下し，(正)吸着を生じる場合には2つある．1つはファンデルワールス力や水素結合のような弱い相互作用(引力)によって吸着する場合で，もう1つは化学結合により強く吸着する場合である．前者の吸着を**物理吸着**(physisorption)，後者の吸着を**化学吸着**(chemisorption)とよぶ．化学吸着を生じる強い相互作用には，共有結合，イオン結合，配位結合，電荷移動相互作用などがある．

図4.1は，酸素分子のAg(110)表面への吸着を例として，物理吸着と化学吸着の違いを示したものである．O_2と記した曲線は，酸素分子が物理吸着した場合のポテンシャルエネルギー曲線で，$O_{2,ad}$と記した反応座標の位置(銀表面と酸素分子間の距離におよそ等しい)で極小になる．その位置での安定化エネルギーが$\Delta H_{ad,O_2}$である．一方，O＋Oと記した曲線は，2つの水素原子が吸着した場合のポテンシャルエネルギー曲線である．したがって，両曲線の右端におけるポテンシャルエネルギーの差は，酸素分子の酸素原子への解離エネルギーになる．酸素分子に比べ,酸素原子の吸着の方がより銀表面の近くで生じ(2O_{ad}と記した位置)，より深いポテンシャルエネルギーの極小値($\Delta H_{ad,O}$)に達する．これが化学吸着に相当する．温度が低い場合には，物理吸着した酸素分子はそのままの位置に準安定状態で存在しているが，温度が高い場合には，活性化エネルギーE_a^{dis}を越えて酸素原子として化学吸着する.物理吸着が起こるためのエネルギー障壁はないが,化学吸着では活性化エネルギーを越えなければならないため，吸着速度は遅くなる．

上記の例でもわかるように，化学吸着では，吸着質分子と固体(吸着媒)表面との間でしばしば電子の移動が起こる．また，吸着質分子の解離が起こる場合もあ

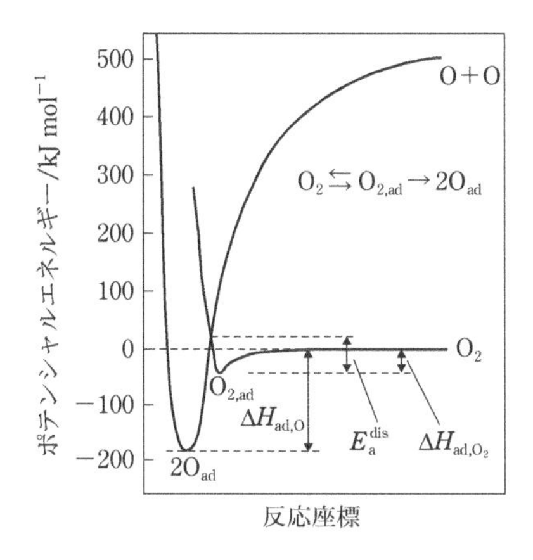

図4.1 物理吸着と化学吸着を理解するための図
酸素のAg(110)表面への吸着の例.
[A. W. Adamson and A. P. Gast, *Physical Chemisty of Surfaces, 6th Edition*, John Wiley & Sons(1997), p.704の図を改変]

る.この電子移動をともなう吸着が,触媒作用と関係する.

4.1.3 吸着熱

気体分子が固体表面に吸着する場合を考えてみよう.吸着前の気体分子は自由に空間を飛び回っているが,吸着すると固体の表面に束縛される.これは,吸着することによって,気体分子の自由度が下がり,エントロピーが減少することを意味する.エントロピーの減少は熱力学的に不利な現象であり,これを上回るエンタルピー的に有利な変化(エンタルピーの減少)がなければその現象は起こらない.つまり,気体分子が固体表面に吸着するためには,必ずエンタルピーの減少,すなわち発熱をともなうのである.この事情は,何も気体分子の固体表面への吸着だけにとどまらない.ある溶質が,溶液や固体表面に吸着する場合も同様である.これはバルク溶液中で自由に動いていた溶質分子が,二次元の表面に束縛されるためである.

吸着現象は必ず発熱(吸着熱:heat of adsorption)をともなうが,その大きさは物理吸着と化学吸着で異なる.物理吸着では吸着熱が小さく(およそ40 kJ/mol以下),化学吸着では大きい(40〜400 kJ/mol程度)ことはいうまでもない.典型的な水素結合のエネルギーは8〜30 kJ/molであるから,水素結合による吸着は物理吸着に含まれる.

4.2　吸着等温線

一定温度の下で，吸着質の活量を変えて，吸着量を測定したグラフを**吸着等温線**(adsorption isotherm)とよぶ．吸着量は通常，吸着媒表面の単位面積あたりに存在する吸着質の量(モル数や質量)で表す．また活量は，吸着質が気体の場合は圧力を採用する(蒸気の場合は飽和蒸気圧に対する分圧，後述する超臨界流体の場合は圧力そのもの)．溶液中の溶質の活量は，希薄溶液の場合には濃度である．

4.2.1　気体分子の固体表面への吸着

A.　吸着等温線の型

気体分子が固体表面に吸着する場合の吸着等温線には5つの型がある．それらを図4.2に示す．これら吸着等温線の型は，気体分子と固体表面との相互作用の大きさ，吸着質分子間の相互作用の大きさ(凝縮エネルギー)に依存して決まる．これら5つの型以外に，人名の付いた吸着等温式(ヘンリー式，フロイントリッヒ式など)がいくつか知られているが，限られた条件の場合に成り立つものであ

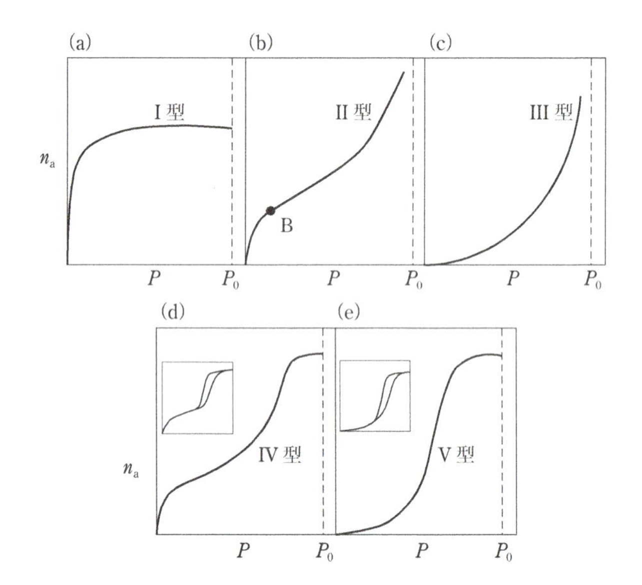

図4.2　気体分子の固体表面への吸着の5つの型
IVおよびV型内の挿入図は，ヒステリシス(履歴)のある場合の吸着等温線.
[A. W. Adamson and A. P. Gast, *Physical Chemisty of Surfaces, 6th Edition*, John Wiley & Sons(1997), p.617の図を改変]

るので，説明は他の成書に譲る．以下に，5つの型について，その意味を説明しよう．

・I型吸着等温線（ラングミュア型吸着等温線）：図4.2(a)

吸着質（気体分子）と吸着媒（表面）との間の相互作用が強く，吸着が1層だけで飽和する場合の吸着等温線である．化学吸着ではこの型がよく見られる．I型の吸着では，気体分子と固体表面との相互作用が強いために，圧力が低い段階から吸着量は急激に増加する．そして，相互作用（化学吸着では化学結合）する箇所（サイト）がすべて満たされたところで吸着量は飽和する．吸着した分子の上に吸着質がさらに吸着して2層以上に吸着することはない．I型の吸着等温線は，次式で表される．

$$\theta = \frac{KP}{1+KP} \tag{4.1}$$

ここで，θは吸着率（固体表面上の全吸着サイトのうち，すでに吸着している割合；図4.3(a)参照），Pは気体の圧力，Kは吸着平衡定数である．この式の特徴は，(1)圧力Pが十分小さいとき（$KP \ll 1$）にはθはPに比例すること，(2)Pが大きくなると（$KP \gg 1$）θは1になることである．また，Kが大きい（気体分子と固体表面との相互作用が強い）ことから，θがPの小さい領域で急激に増大することも理解できる．

I型は代表的な吸着等温線の1つであるので，式(4.1)を導いておこう．気体分子が固体表面に吸着する速度v_{ad}は，まだ吸着していないサイトの割合$1-\theta$と気体の圧力Pに比例すると考えられる．つまり，次式が成り立つ．

$$v_{\mathrm{ad}} = aP(1-\theta) \tag{4.2}$$

ここで，aは吸着速度定数である．一方，一旦吸着した分子が気相に戻る（脱着する）速度をv_{dis}とすれば，それはすでに吸着しているサイトの割合に比例するはずであるから，次式が成り立つ．

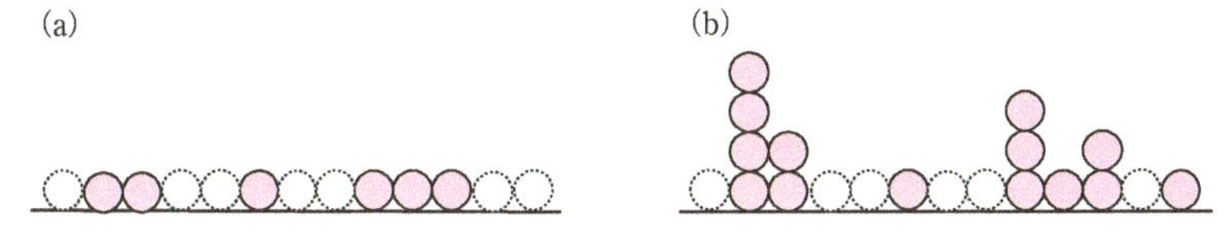

図4.3　I型（ラングミュア型）吸着(a)とII型（BET型）吸着(b)のモデル図
赤丸：吸着分子，白丸：未吸着サイト．

$$v_{\mathrm{dis}} = b\theta \tag{4.3}$$

ここで，bは脱着速度定数である．吸着が平衡に達したときには吸着速度と脱着速度は等しいから，次式が得られる．

$$aP(1-\theta) = b\theta \tag{4.4}$$

この式をθについて解くと，$\theta = aP/(aP+b)$となる．ここでa/bをKとおけば，式(4.1)が得られる．

・II型吸着等温線(BET型吸着等温線)：図4.2(b)

気体分子と固体表面との相互作用がそれほど強くなく，分子が何層でも吸着できる場合の吸着等温線である(図4.3(b))．この吸着等温線の理論を構築した研究者3名Brunauer，Emmett，Tellerの頭文字をとって，**BET型吸着等温線**とよばれる．II型の吸着等温線は次式で表される．

$$\frac{n_{\mathrm{a}}}{n_{\mathrm{m}}} = \frac{cx}{(1-x)\{1+(c-1)x\}} \tag{4.5}$$

ここで，n_{a}は吸着量，n_{m}は単分子容量(第1層の吸着量)，xは気体(蒸気)の分圧($=P/P_0$)である．また，cは定数で，次式の内容を有している．

$$c = \exp\left(\frac{\Delta H_1 - \Delta H_{\mathrm{L}}}{RT}\right) \tag{4.6}$$

ここで，ΔH_1とΔH_{L}は，それぞれ第1層および第2層以上への吸着熱である．ΔH_{L}は通常，吸着質の凝縮熱(＝凝縮エネルギー)と同じ値とされる．

BETの吸着等温式(4.5)も代表的な吸着等温線であるので，ここで誘導しておこう．この理論では，吸着分子層の各層において，ラングミュア型吸着における平衡式(4.4)が成り立っていると仮定する．つまり，次の連立方程式が成り立つ．

第1層：$a_1PN_0 = b_1N_1\exp\left(-\dfrac{\Delta H_1}{RT}\right)$

第2層：$a_2PN_1 = b_2N_2\exp\left(-\dfrac{\Delta H_2}{RT}\right)$

第i層：$a_iPN_{i-1} = b_iN_i\exp\left(-\dfrac{\Delta H_i}{RT}\right)$

ここで，a_iは第i層が生成(つまり$i-1$層吸着のサイトにもう1層吸着)する速度定数，b_iは第i層から脱着する速度定数である．N_iはi層の分子が吸着しているサイトの数である．また，ΔH_iはi層目に吸着する分子の吸着熱である．吸着している分子が脱着する場合には，吸着熱に相当するエネルギーの障壁を越える必要があるので，$\exp(-\Delta H_i/RT)$の項が付いている．式(4.4)にこの項がないのは，定数bに含まれているからである．

上述のように，第2層以降の吸着熱ΔHはすべて同じ値で，蒸気の凝縮熱ΔH_Lになると仮定する．また，$a_1P\exp(\Delta H_1/RT)/b_1=y$，$a_iP\exp(\Delta H_L/RT)/b_i=x$とおくと，上記の連立方程式は次のように書き直せる．

第1層：$N_1=yN_0$

第2層：$N_2=xN_1$

第i層：$N_i=xN_{i-1}=x^{i-1}N_1=x^{i-1}yN_0=cx^iN_0$

ここで，$c=y/x=a_1b_i\exp[(\Delta H_1-\Delta H_L)/RT]/a_ib_1\approx\exp[(\Delta H_1-\Delta H_L)/RT]$である．第1層における吸脱着速度定数は，第2層以降のそれと近いという近似によって，最後の等式が得られる．

以上で準備が整ったので，式(4.5)を導くことにしよう．N_i個のサイトにはi層の分子が吸着しているから，そのサイトへの吸着量はiN_iである．したがって，全吸着量n_aは次式で表される．

$$n_a=\sum_{i=0}^{\infty}iN_i=cN_0\sum_{i=1}^{\infty}ix^i=cN_0\frac{x}{(1-x)^2} \tag{4.7}$$

また，第1層の吸着量n_mは吸着サイトの数に等しいので，次式となる．

$$n_m=\sum_{i=0}^{\infty}N_i=N_0+cN_0\sum_{i=1}^{\infty}x^i=N_0+cN_0\frac{x}{1-x} \tag{4.8}$$

式(4.7)と式(4.8)の最後の項は，等比級数の和の公式を適用することで得られる．これら2つの式の比n_a/n_mをとれば，式(4.5)となる．ただ，式(4.5)中のxは蒸気の分圧で，式(4.8)中のxは$a_iP\exp(\Delta H_L/RT)/b_i$であるので，これらが同じ量であることを示しておかなければならない．そのために，第i層での吸着平衡式$a_iPN_{i-1}=b_iN_i\exp(-\Delta H_i/RT)$を再考する必要がある．気体の圧力が飽和蒸気圧である($P=P_0$)場合には，すべてのサイトが同じ吸着量(∞)になっているので，$N_{i-1}=N_i$である．よって，吸着平衡式は$a_iP_0=b_i\exp(-\Delta H_i/RT)$となる．この式と$x=a_iP\exp(\Delta H_L/RT)/b_i$から，$x=P/P_0$が得られる．

式(4.5)がII型の吸着等温線を与えるためには，定数cが1より大きいことが必要である．典型的なII型の吸着等温線は，$c=20$〜500程度のときに得られる．これは，第1層への吸着熱が第2層以降の吸着熱(＝凝縮熱)よりも十分に大きい場合にあたる(式(4.6)参照). そのために, 吸着量が最初に急に立ち上がるのである. また, 図4.2(b)の点Bは, 第1層の吸着量(n_m)を与える吸着量を示す. 窒素の吸着等温線におけるこのn_mの値に, 窒素分子の分子断面積を乗じて吸着媒の表面積を求める方法が, もっとも一般的な比表面積の測定法である.

・III型吸着等温線：図4.2(c)

III型の吸着等温線もBETの吸着式(4.5)で表され, 式(4.5)のcが1より小さいとき, すなわち気体分子と固体表面との相互作用が弱いとき($\Delta H_1 < \Delta H_L$)に見られる. 気体分子は固体表面になかなか吸着しないが, いったん吸着した分子が現れるとその上に次々と吸着する場合に相当する.

・IV型吸着等温線：図4.2(d)

IV型と次に示すV型の吸着等温線は, 固体表面にメゾ孔とよばれる細孔が多数存在する場合に現れる. 孔径が2〜50 nmの孔がメゾ孔とよばれ, この孔の中には飽和蒸気圧より低い圧力で蒸気が凝縮される. この現象は**毛管凝縮**(capillary condensation)とよばれる. 毛管凝縮は, 毛管中の液体の圧力がメニスカスの曲率のために小さくなることにより生じる. これについては, 次のB項で詳しく説明する.

IV型の吸着では, まず気体分子と固体表面の相互作用によって吸着し, その後の急激な立ち上がりは毛管凝縮による. II型とは異なり, メゾ孔中への吸着(毛管凝縮)が飽和になれば吸着は完了し, 無限に吸着量が増えることはない. また, IV型の吸着等温線には, しばしばヒステリシス(履歴)が現れる(図4.2(d)の挿入図). それは, いったんメゾ孔中に凝縮した液体が気化しにくいことによる一種の過熱(superheat)現象で, 熱力学的に平衡な状態ではない.

・V型吸着等温線：図4.2(e)

気体分子と固体表面の相互作用が小さい場合における毛管凝縮型吸着等温線である. 気体分子は固体表面になかなか吸着しないが, 毛管凝縮の圧力に達したところで急激に吸着量が増加する. V型の吸着等温線にもヒステリシスが現れる(図4.2(e)の挿入図).

B. 毛管凝縮

IV型およびV型の吸着等温線では, 毛管凝縮とよばれる現象が大きな役割を演じている. ここで, その説明をしておこう. 2.1.1項ですでに述べたように, 液体の球の内側の圧力は外側より高い. 一般に液体が曲率を有するときには, 凸側の圧力が低くなるが, 図4.4を使ってその理由を考えよう. 図4.4(b)は, ある温

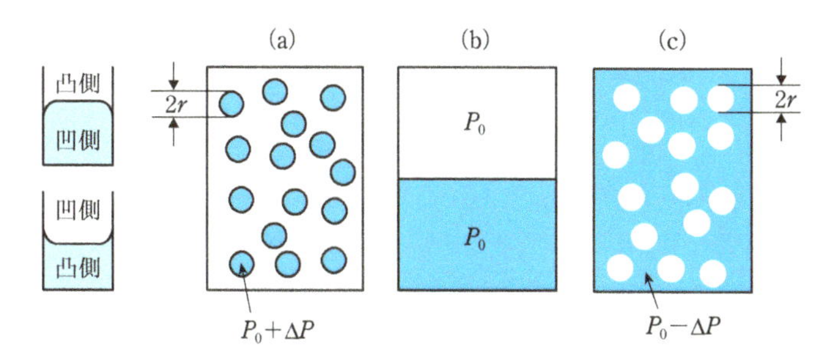

図4.4　毛管凝縮が生じる理由
液体が曲率を有していると，その凸側の圧力が$\Delta P=2\gamma/r$だけ低くなる．

度で液体が蒸気と平衡状態にあることを示している．このとき，蒸気相の圧力は飽和蒸気圧P_0である．図4.4(a)は，同じ温度で，液体が半径rの液滴となって蒸気相に分散した状態を示している．この場合の液滴内部の圧力は，液体の表面張力によって$\Delta P(=2\gamma/r,\ \gamma$：液体の表面張力，$r$：液滴の半径)だけ高くなる．蒸気相の圧力は，当然液体内部の圧力とつり合うので，$P_0+\Delta P$となる．

一方，逆に，液体内部に蒸気相が分散した状態(図4.4(c))を考える．このときも表面積を小さくするために，蒸気相が縮もうとするであろう．そうすると，今度は，液体相の圧力はΔPだけ低くなる．なぜなら，蒸気相が縮むと液体相の体積が増えるからである．このように，どちらの場合にも，界面の凸側の圧力が低くなることがわかる．

細孔(毛管)内に液体が存在する場合には，11.1.2項および図11.4に示すように，液体側が凸の状態になる．したがって，細孔内の液体の圧力はP_0より低くなり，液体表面が平らな場合の飽和蒸気圧より低い蒸気圧で平衡になる．つまり，飽和蒸気圧より低い圧力で凝縮が起こる．

C.　超臨界流体の吸着

気体分子の固体表面への吸着等温線の5つの型は，いずれも測定条件において気体と液体が共存することを前提にしている．つまり，蒸気を扱っている．このことは，図4.2のグラフが，いずれも横軸が飽和蒸気圧P_0のところで終わっていることからも理解できるであろう．しかし，室温で超臨界状態(臨界温度・臨界圧力を超えた状態：コラム4.1参照)であるものは少なくない．吸着実験でもっともよく使用される気体の1つである窒素も，室温で臨界温度を超えている．したがって，窒素の吸着による比表面積の測定(BET法)は，液体窒素温度(77 K)で

コラム4.1　超臨界流体

図に水の相図を示す．図中の気体と液体の間にある線は気/液の共存曲線で，この線を低温側から高温側に横切るとき，水は沸騰する．図からわかるように，水は1気圧下では100℃で沸騰するが，圧力が高くなると沸点が高くなる．そして，高温で沸騰してできる水蒸気の密度は，高圧であるがゆえに高くなる．もっと圧力が高くなると，もっと沸点は高くなり，水蒸気の密度ももっと高くなる．これを繰り返していると，ある圧力で沸騰して出現する蒸気の密度が液体の密度と同じになる．その圧力と沸点が臨界点である．したがって，それより高温・高圧の条件では，液体と気体の区別がつかなくなる．この状態になった流体は，超臨界流体とよばれる．気体でも液体でもないという意味で，流体とよんでいる．なお，臨界温度を超えていれば，どの圧力においても凝縮することはない．したがって，決して多重層に吸着が起こることはあり得ないのである．

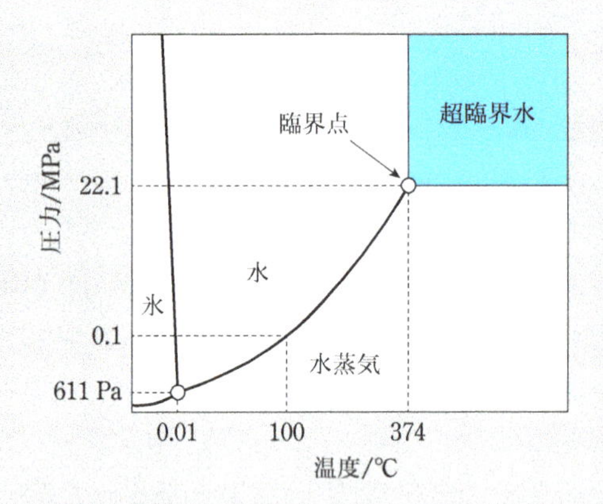

図　水の相図
臨界点を超える温度と圧力の条件では液体と気体の区別がなくなり超臨界流体となる．

行われる．

超臨界状態では，分子間相互作用が熱運動に負けている．したがって，分子間相互作用による多重吸着は起こりえない．また，一般的に固体表面との相互作用も小さいので，物理吸着も起こりにくい．このような超臨界流体の吸着が可能になるのは，固体表面と強く相互作用する化学吸着が起こる場合である．また細孔が非常に小さくなってミクロ孔(孔径が2 nm以下)になった場合には，1つの分子がまわりの孔壁全体から引力を受けるため，平面との相互作用よりはるかに大きな引力を受けて吸着するといわれている.

4.2.2 溶質の溶液表面への吸着

A. ギブズの吸着式

溶質の溶液表面への吸着を取り扱う一般論は，ギブズの吸着式(式(4.9))に尽きる.

$$\Gamma = -\frac{1}{RT}\frac{\mathrm{d}\gamma}{\mathrm{d}\ln C} \tag{4.9}$$

ここで，Γは吸着量，γは溶液の表面張力，Cは溶質濃度，Rは気体定数，Tは絶対温度である.溶質濃度を変化させて溶液の表面張力を測定し,その片対数プロットの勾配から，種々の濃度における吸着量を求める．その吸着量を濃度に対してプロットすれば，吸着等温線が得られる．溶液中の溶質が表面に来ることによって表面張力が低下すれば，表面の溶質濃度が高くなる．つまり，正吸着が生じる．逆に，表面張力が増大すれば，表面濃度が低くなる．つまり，負吸着が生じる．ギブズの吸着式については，すでに2.3.2項で詳しく述べたので，ここではこれくらいにとどめよう.

B. 界面活性剤の水溶液表面への吸着

溶質の溶液表面への吸着現象で，もっとも典型的でありかつ重要なものは，界面活性剤の水溶液表面への吸着であろう．界面活性剤が水溶液表面へ吸着することによって起こる現象は，水の表面張力の低下，水/油界面張力の低下，起泡と消泡，濡れの促進などである．これらのうち，表面および界面張力の低下については，すでに2.3.4項で説明した．また，濡れの促進については11.1.3項で扱うので，ここでは起泡と消泡について解説しよう.

純粋な水は泡立たないのに，洗剤やシャンプーなどの界面活性剤が溶けた水はよく泡立つ．この理由として，表面張力が低下するためであるという説明がよくなされる.「泡を立てると溶液の表面積が増える」→「表面積が増えれば表面自由エネルギーが高くなる」→「表面張力が低下すると表面自由エネルギーの増加が少なくてすむから，泡が立ちやすくなる」という論法である．論理そのものは正しいが，現実の泡立ちの説明としては誤りである．なぜなら，泡を立てるのに際し，それに必要なエネルギーは外部から十分に与えられることが前提になっているからである．例えば，洗濯時の泡なら洗濯機が，シャンプー時の泡なら人の手がそのエネルギーを与えている．しかも外部から与えているエネルギーは，起

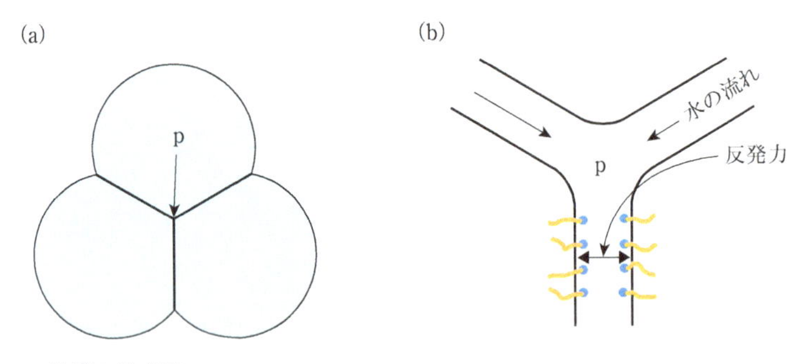

図4.5　泡膜の模式図
(a)のように3つの泡の接点にプラトーボーダー(p)ができる．(b)はプラトーボーダーの拡大図．

泡に必要なエネルギーに比べてはるかに大きいことは，ちょっと計算してみればすぐにわかる．また表面張力の低下で泡が安定になるならば，エタノールやヘキサンのような表面張力の小さな有機溶媒はよく泡立つはずであるが，これはまったく事実に反する．

表面張力の低下が起泡の原因でないならば，界面活性剤の水溶液が泡立ちやすいのはなぜであろうか．図4.5に泡膜の構造を模式的に示す．図4.5(a)は3つの気泡が接している部分を，図4.5(b)はその拡大図を示す．気泡の接している点pはプラトーボーダー(plateau's border)とよばれ，泡膜表面側が凸の状態であるので，泡膜両表面が平行になっている他の部分よりも圧力が低い(4.2.1項B参照)．そのため，泡膜中の液はプラトーボーダーの方へ流れ込むことになる．このようなプラトーボーダーが多数あれば，当然重力によって上方から下方へ液が流れる．これが「泡の排液」で，この現象によって泡膜には自然に薄くなろうとする性質がある．したがって，この薄くなろうとする力に抵抗する力が何も働かなければ，泡膜は薄くなる一方であり，ついには崩壊に至るであろう．純液体にはこの抵抗力が働かず，たとえ表面張力の小さい液体であっても泡は安定に存在し得ない．

一方，イオン性界面活性剤の水溶液では，泡膜の両表面に吸着した界面活性剤層によって2つの電気二重層が形成され，これによる静電反発力が泡膜の薄化に抵抗する(5.3.1項参照)．これが洗剤やシャンプーによって泡が安定化する理由である．非イオン性界面活性剤やタンパク質のような高分子による起泡については，立体反発力が泡膜の薄化に抵抗する力として働く(5.3.2項参照)．

泡の安定化機構が上述のようなものであるとすれば，泡を消す方法も自ずから

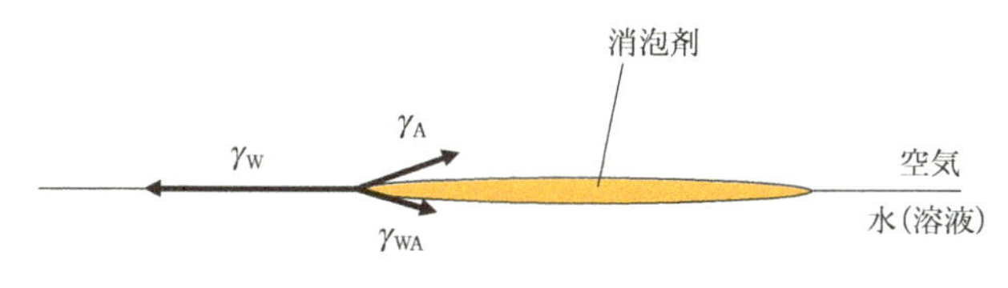

図4.6 消泡剤の作用機構

明らかになるであろう．すなわち，泡膜両表面に吸着して泡を安定化している原因物質を，泡膜(水溶液)表面から除去すればよい．消泡剤とは，泡膜の薄化に抵抗する反発力を付与する力はもたず，起泡の原因物質に代わって液体表面に位置する物質である．高級アルコール，脂肪酸エステル，リン酸エステル，ポリプロピレングリコール，シリコーン油エマルションなどが消泡剤としてよく利用されるが，これらの物質はいずれも水に溶けず，かつ水の表面によく拡がる性質がある．これらの物質が水の表面に拡がることによって，いわば分子の箒(ほうき)のように働き，起泡の原因物質を表面から追い出して消泡へと導くのである．消泡剤が水溶液表面に拡がるためには，水溶液の表面張力γ_Wが消泡剤の表面張力γ_Aと水溶液/消泡剤の界面張力γ_{WA}の和よりも大きいことが必要である(図4.6)．γ_{WA}が小さくなるためには，水と消泡剤は仲良しである必要がある．消泡剤が，水と強い相互作用のできるヒドロキシ基や極性基をもつ分子構造を有しているのはこのためである．

たいていの工業分野において泡は嫌われものであり，消泡剤がよく使われる．消泡が要求される分野としては，紙・パルプ工業，発酵工業，食品工業，ゴム・プラスチック工業，繊維工業など，数え上げればきりがない．例えば，製紙工程で泡が残れば紙に孔が空いてしまう．また，発酵タンク上部の泡は空気と発酵液を遮断し，微生物への空気の供給を妨げる．このように，産業における各種の工程には，消泡の要望が数多くある．

C. 水溶液表面への無機塩類の負吸着

溶質が表面に来ることによって表面張力が増大し，負吸着が生じる例はあまり知られていない．無機塩類の水溶液がほぼ唯一の例である．無機塩が溶解すると，なぜ水の表面張力が増大するのであろうか．その理由として提出されている理論は，現時点でただ1つである．それは，鏡像力による説明である[1)]．

鏡像力がどのような力であるのかについてはコラム4.2をご覧いただくとして，ここでは表面張力が増大する理由を考えてみよう．誘電率の異なる2つの相が接

コラム4.2　鏡像力とは？

鏡像力を理解するためには，金属を例にとるとわかりやすい．金属内には自由電子が存在するので，**図**のように，金属の外側に正電荷が存在すると電荷側の表面に電子が引き寄せられる．そして，正電荷と表面の電子の間に引力が働く．この引力の大きさは，表面から電荷までと同じ距離にある金属内の場所に，あたかも反対電荷(つまり負電荷)が存在するときと同じになる．金属の場合には自由電子が反対符号の電荷を誘導するが，誘電体の場合には，分極により同様の現象が生じる．このように，誘電率の異なる2つの相が接しているとき，その片方に電荷が存在することにより，電荷と他方の相の表面との間に働く力を**鏡像力**(image force)という．

さて，先の例では金属の外側に正電荷が存在した．これを一般化すれば，誘電率のより小さい方に電荷が存在する場合に相当する．この場合には，引力が働く．他方，誘電率の大きい方に電荷が存在すると斥力になる．電荷と界面に働く力が次式で表されるからである．

$$F = \frac{-Q^2}{(4\pi\varepsilon_0\varepsilon_1)(2D)^2}\frac{\varepsilon_2-\varepsilon_1}{\varepsilon_1+\varepsilon_2} \tag{4.10}$$

ここで，Fは電荷と界面との間に働く力(正の場合は斥力，負の場合は引力)，Qは電荷量，Dは電荷と界面までの距離，ε_0は真空の誘電率，ε_1は電荷の存在する方の相の誘電率，ε_2はその反対の相の誘電率である．水中に塩が溶けている場合には，電荷(イオン)は誘電率の大きい水相に存在するので，斥力が働くことになる．

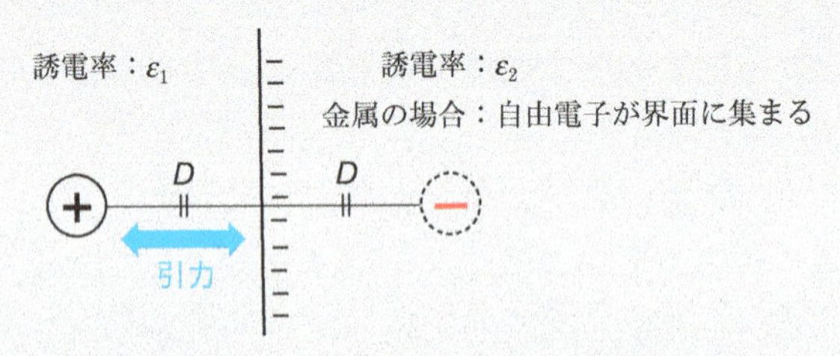

図　鏡像力
$\varepsilon_1>\varepsilon_2$のときは斥力，$\varepsilon_1<\varepsilon_2$のときは引力となる．

していて，その大きい方に電荷が存在する場合，もう一方の相に同じ符号の電荷が存在するかのような力(斥力)を受ける．塩水溶液の場合には，誘電率の大きい水相側に電荷(イオン)が存在するので，上記の条件を満たすことになる．つまり，水溶液中のイオンは空気中に同じ符号の電荷が存在するかのような斥力を受ける(図4.7)．その結果，イオンは表面から遠ざかろうとするので，表面の濃度は低

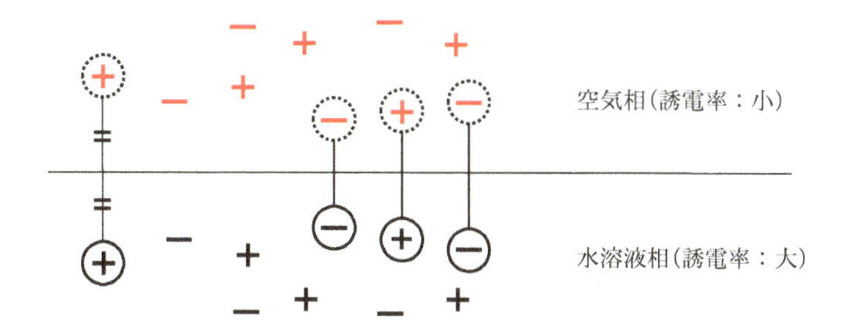

図4.7　無機塩類水溶液の表面張力が増大する理由
水溶液相のイオンによる鏡像力がその原因である．誘電率の大きい相に電荷が存在するとき，反対側の相に同じ符号の電荷が存在するかのような力を受ける．

くなり，負吸着が生じる．また，水溶液/空気界面を挟んで同じ符号の電荷が存在することから，静電エネルギーは高くなる．それが表面張力増大の理由である．

この理論による説明が，唯一であるかどうかはわからない．しかし現時点で，これ以外に無機塩類水溶液の表面張力増大の理由を説明する理論は知られていない．

4.2.3　溶質の溶液中に存在する物質界面への吸着

溶液中に固体や液体といった第3の物質が存在する場合，溶液/物質界面に溶質が吸着する．この吸着には，応用上重要な現象に関連するものが多い．以下，それらの現象について，応用例も含めて解説しよう．

A.　溶質の固体界面への吸着

(i) pHによる表面電荷の変化

水中において，たいていの固体の表面は電荷を帯びる（3.2.1項参照）．その電荷は，水溶液のpHによって変化する．pHは水素イオン（プロトン）濃度であるから，この現象はプロトンの吸脱着によって起こる．典型的な例は，金属酸化物の表面電荷の変化である．

金属酸化物の表面には多くのヒドロキシ基が存在するが，このヒドロキシ基は，図4.8に示したように，pHによってその荷電状態を変化させる．酸性側ではプロトンの（化学）吸着によって正の電荷を帯び，アルカリ性側ではプロトンの脱着によって負の電荷を帯びる．酸塩基滴定によって求めた二酸化チタンの表面電荷密度とpHの関係を図4.9に示す．pH＝6付近で電荷はゼロになるが，このpHの

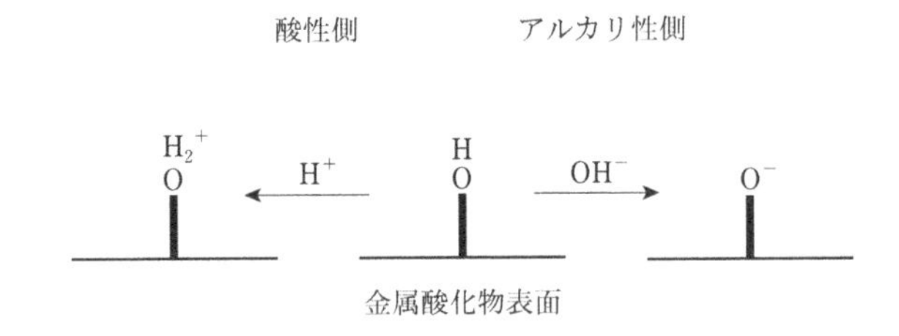

図4.8 金属酸化物表面のヒドロキシ基のpH変化による電荷の変化

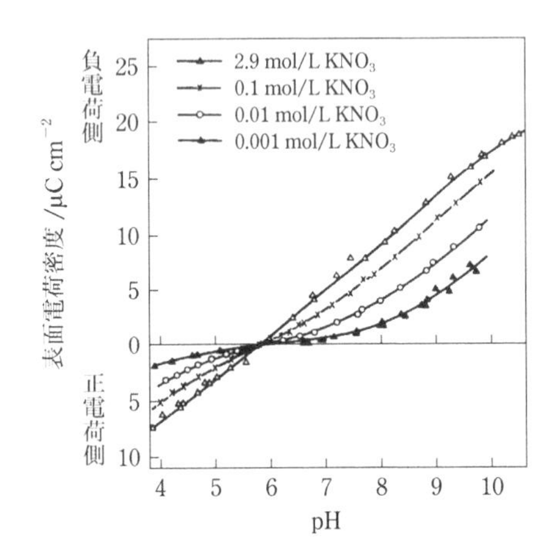

図4.9 二酸化チタンの表面電荷密度のpH依存性
［A. W. Adamson and A. P. Gast, *Physical Chemisty of Surfaces, 6th Edition*, John Wiley & Sons (1997), p.192の図を改変］

ことを**電荷零点**(point of zero charge)とよぶ．同様に，pHを変えて電気泳動易動度を測定すると，易動度がゼロになるpHが存在する．この場合は，ゼータ電位がゼロになっていることを意味し，しばしば**等電点**(isoelectric point)とよばれる．3.2.3項で述べたように，ゼータ電位は，粒子が動くときのすべり面での電位であり，等電点は固体表面における電荷零点とは厳密には異なる．

二酸化チタン(チタン白)，酸化第2鉄(ベンガラ)，二酸化ケイ素(シリカ)など，金属酸化物の微粒子は顔料として広く利用されている．これらの顔料を分散して使うとき，表面電荷は分散安定性を支配する重要な因子である(第5章参照)．その意味で，上記の現象は応用と深く関係している．

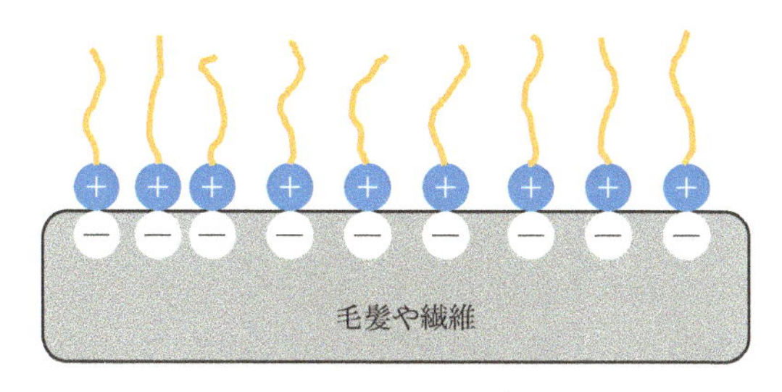

図4.10 ヘアーコンディショナーや繊維の柔軟剤の作用機構

(ii) 界面活性剤の吸着

界面活性剤水溶液中に疎水性固体の微粒子(例えば，煤や有機顔料など)が存在すると，その表面に界面活性剤分子が吸着する．その結果，表面が親水性になる，イオン性界面活性剤の場合には表面に電荷が付与されるなどの変化が生じる．前者は，濡れを促進して分散の初期過程に寄与する(11.1.3項参照)．また後者は，分散安定性の向上や，固体汚れの洗浄作用に寄与する．

陽イオン界面活性剤の毛髪や衣類表面への吸着は，ヘアーコンディショナーや柔軟剤としての効果を与える．毛髪や衣類が水中に存在すると，表面に負の電荷が発生する．そこに陽イオン界面活性剤が来ると，親水基を表面側に向けて吸着する(図4.10)．その結果，毛髪や衣類の繊維同士が直接触れ合わず，界面活性剤の疎水基同士が接するために摩擦が小さくなり，コンディショナーや柔軟剤としての効果が発揮されるといわれている．しかし最近，衣類の柔軟剤の効果発現機構として，まったく別の理論が提出されている[2)]．その理論によれば，洗濯後に(特に木綿の)繊維が固くなる原因は，セルロース繊維間に結合水を介した水素結合が形成され，繊維間のズレが妨げられるからであり，吸着した陽イオン界面活性剤がこの水素結合の形成を防ぎ，柔軟剤としての効果を発揮するとされている．

(iii) 高分子の吸着

微粒子を分散するために使用される分散剤には，高分子(オリゴマー)物質が多い．ポリアクリル酸ナトリウム，オレフィン−マレイン酸共重合体，カルボキシメチルセルロース，ナフタレンスルホン酸のホルマリン縮合物などである．これらの高分子電解質が微粒子に吸着すると，負電荷が付与されるので，静電反発力のために分散が安定化される(5.3.1項参照)．同時に，吸着高分子は微粒子間に立体反発力も与え，それによっても分散は安定化される(5.3.2項参照)．

一方，陽イオン性の高分子(カチオン化セルロース，カチオン化デンプンなど)は，凝集剤として利用される．水中の物質は負に帯電することが多いので，逆の符号を有する陽イオン性の高分子によって表面の電荷を消し，分散安定化の原因をなくして凝集させるのである．

B.　溶質の液体界面への吸着

溶液中に第3の物質として液体が存在する場合には，その液体表面に溶質が吸着する．このうちもっとも重要な現象は，水中の油や，油中の水に対する界面活性剤の吸着であり，吸着の結果，水中油滴(O/W)型エマルションや油中水滴(W/O)型エマルションが得られる．水/油界面に界面活性剤が吸着することによる界面張力の低下や(2.3.4項参照)，油滴や水滴への電荷の付与などが，乳化に寄与するからである．前者は乳化のしやすさに，後者は乳化の(合一に対する)安定性に貢献する．本章は乳化に関する章ではないので，乳化は吸着現象と深く結びついていることだけを指摘するにとどめる．

引用文献

1) L. Onsager and N. N. T. Samaras, "The surface tension of Debye - Hückel electrolytes", *J. Chem. Phys.*, **2**, 528–534 (1934)

2) T. Igarashi, N. Morita, Y. Okamoto, and K. Nakamura, "Elucidation of softening mechanism in rinse cycle fabric softeners. Part 1: Effect of hydrogen bonding", *J. Surfact. Deterg.*, **19**, 183–192 (2016) ; T. Igarashi, K. Nakamura, M. Hoshi, T. Hara, H. Kojima, M. Itou, R. Ikeda, and Y. Okamoto, "Elucidation of softening mechanism in rinse-cycle fabric softeners. Part 2: Uneven adsorption—the key phenomenon to the effect of fabric softeners", *J. Surfact. Deterg.*, **19**, 759–773 (2016) ; 五十嵐嵩子，中村浩一，"衣料用柔軟剤の効果発現メカニズム"，オレオサイエンス，**13**, 521–526 (2013)

❖演習問題

4.1 半径が10 nmの細孔があるとき，その中での水の毛管圧力ΔP（$=2\gamma/r$）を計算しなさい．毛管壁と水との接触角は0°と仮定する（11.1.2項参照）．また，水の表面張力は72 mN/mとする（4.2.1項B参照）．

4.2 一辺1 cmの立方体の界面活性剤水溶液（表面張力＝35 mN/m）を，厚さ1 μmの薄膜（泡）にするのに必要なエネルギーを計算しなさい．またそのエネルギーを，300 Wの電気洗濯機が1秒間に出力するエネルギーと比較しなさい．

4.3 物理吸着と化学吸着の違いを説明しなさい．また，それらの例をあげなさい．

4.4 BETの吸着等温式（式(4.5)）を導出しなさい．

4.5 等電点と電荷零点の違いを説明しなさい．

第5章　表面力測定と粒子の分散・凝集

表面力は物質表面の間に働く力の総称である．分子間力が分子間に働く相互作用であるのに対し，表面力は分子よりも大きなサイズである粒子や固体などの表面間に働く相互作用を指す．コロイド粒子間に斥力が働けば粒子は分散するが，引力の場合は凝集する．この分散・凝集を支配する相互作用は，表面力のもっとも一般的な例であり，表面力測定はコロイド・界面化学分野のもっとも基本的な測定の1つである．ミセルやベシクルなどを形成する界面活性剤の特性評価にも用いられてきた．

本章では表面力に関わる主な相互作用，測定法，そして代表的な測定例について述べ，さらに粒子の分散・凝集がどのように制御できるかを述べる．

5.1　表面力の分類

表面力は分子間力に比べかなり長距離にまで及ぶ．表面力と分子間力は同じ起源であるが，表面力は表面について働く相互作用が合計されたものであるために，分子間力とは異なる距離依存性を示す．例えば，分子間のファンデルワールス力は距離の6乗に反比例するが，平板の表面間のファンデルワールス力は距離の2乗に反比例するため，長距離にまで及ぶことになる．

液体中では，すべての表面に働くファンデルワールス力と電荷をもつ表面間に働く電気二重層力が重要である．通常，液体中の荷電表面間の表面力は，この2者の和で近似する**DLVO理論**(Derjaguin–Landau–Verwey–Overbeek：提唱者の名前)により取り扱われることが多い．そのほかに，表面近傍の液体の溶媒和あるいは構造化に起因する力(溶媒和力，solvation force)，表面にある分子の立体的相互作用による力(立体力，steric force)，疎水的な表面間に働く引力，表面に吸着する高分子の架橋(bridging)や逆に溶液中の高分子の浸透圧による枯渇力(depletion：2つの粒子が接近することにより高分子が粒子の間隙から排除され，バルク液体と浸透圧差が生じることによる引力)などの力がある．こうしたDLVO理論では考慮しない力を非DLVO力とよぶ．以下に代表的な表面力の特性について述べる．

5.1.1　ファンデルワールス力

電荷的に中性で，無極性な分子であっても，瞬間的には電荷の偏り（分極）が生じている．こうした分極により近くにある電気的に中性な分子の内部には双極子が誘起される．この誘起双極子間の相互作用を**分散力**（dispersion force）とよぶ．分散力は一般には引力である．ファンデルワールス力は狭義にはこの分散力を指すが，極性分子が有する永久双極子間の相互作用や誘起双極子－永久双極子間の相互作用による引力も含める場合がある．実際の測定において，これらを区別するのは容易ではないためでもある．

巨視的な物体間に働く分散力による相互作用エネルギー W_{vdW} は，表面間の距離 D に依存する．表面間距離 D が比較的小さい 2 枚の平行な平板 1 と 2 の間に働く相互作用エネルギーは，単位面積あたり

$$W_{\mathrm{vdW}}=-\frac{A}{12\pi D^2} \tag{5.1}$$

と表される．ここで，A はハマカー（Hamaker）定数とよばれ，エネルギーの次元をもち，相互作用の大きさを表す量である．表面間距離が大きい場合には遅延効果（表面が離れていると，第 1 の表面からの電場が第 2 の表面に達して戻るときには第 1 の表面の誘起双極子は変化していることによる効果を指す）が働き，W_{vdW} は表面間距離の 3 乗に反比例することが実験的に示されている（図 5.1）[1]．

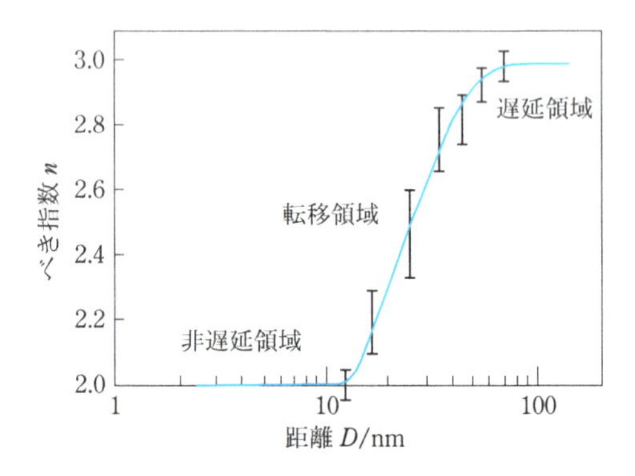

図5.1　ファンデルワールス力の表面間距離 D に対するべき指数 n の距離依存性
空気中の雲母間の相互作用．遅延領域では $n=3$，非遅延領域では $n=2$．

5.1.2 電気二重層力

電荷間の相互作用は非常に強いため，電荷をもつ表面近傍には電気的に中性な条件を満たすように対イオンが濃縮し，電気二重層を形成する（図3.12参照）．このように電荷をもつ表面の間に働く力を**電気二重層力**（double layer force）とよび，電気二重層に存在する対イオンの浸透圧として説明される．電解質溶液中の平行平板間に働く単位面積あたりの静電相互作用エネルギー W_{el} は次式のように表される．

$$W_{el} = \frac{64\rho k_B T \gamma^2}{\kappa} \exp(-\kappa D) \tag{5.2}$$

ここで，ρ はバルク溶液における対イオンの数密度，k_B はボルツマン定数，T は絶対温度，$1/\kappa$ は3.2.2項で述べたデバイ長である（式(3.53)参照）．また，γ は次式で表される．

$$\gamma = \frac{\exp(ze\Psi_0 / 2k_B T) - 1}{\exp(ze\Psi_0 / 2k_B T) + 1} \tag{5.3}$$

Ψ_0 は平板の表面電位である．3.2.2項でも述べたように，デバイ長は塩濃度が高いほど短く，塩濃度が低いほど長い．式(3.53)を用いると，例えばNaClのような1－1型電解質（$z=1$）の1 mM水溶液中ではデバイ長は9.6 nm，1 M水溶液中ではデバイ長は0.3 nmである．

5.1.3 DLVO理論

電荷をもつ表面間に働く力は，電気二重層力（斥力）とファンデルワールス力（引力）の和とするDLVO理論で説明される．すなわち，全相互作用エネルギーを W_{total} とすると，

$$W_{total} = W_{vdW} + W_{el} \tag{5.4}$$

と表される．

電解質水溶液中における雲母表面間の表面力の測定結果を図5.2に示す．遠距離側では電気二重層斥力が見られ，塩濃度の増加によりその及ぶ距離範囲は短くなる．塩濃度が低い場合には近距離での引力（ファンデルワールス力）が観測され，DLVO理論に従うことがわかる．塩濃度が高い場合には斥力のみが見られるが，この結果は，雲母のへき開面に吸着した対イオンの水和層による斥力（水和斥力）により，ファンデルワールス力が遮蔽されるためと考えられている．

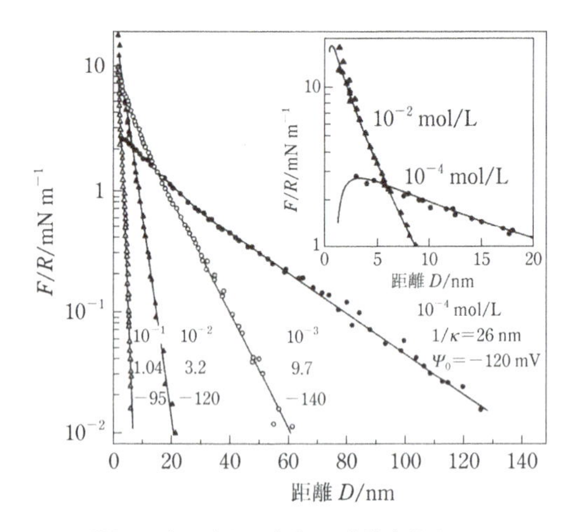

図5.2　水中の雲母間の電気二重層斥力の塩(NaBr)濃度依存性
挿入図はD＝0〜20 nmの領域の拡大図．縦軸のF/Rは相互作用の大きさを表す値．詳細は5.2節を参照．
［V. E. Shubin and P. Kékicheff, *J. Colloid Interface Sci.*, **155**, 108–123(1993)］

5.1.4　非DLVO力

実際にさまざまな表面間の相互作用を測定してみると，ファンデルワールス力が見られない場合が多くあり，DLVO理論に含まれる，電気二重層力(斥力)とファンデルワールス力(引力)ではすべての相互作用が説明できないことがわかる．これは，非DLVO力と総称される多くの相互作用が存在するためである．

A.　立体力

非DLVO力の中でもっともよく見られるものは立体力である．原子，分子はそれぞれ固有の大きさをもつため，それらが過度に接近すると大きな斥力が生じる．前項で述べた水和斥力も立体力の例である．

高分子が界面でとるさまざまな構造によっても立体斥力が見られ，その大きさから高分子鎖のとる形がわかる．高分子が吸着した層の間での相互作用は，溶媒の種類(良溶媒か貧溶媒か)や吸着密度により大きく変わる．高分子を表面にブラシ状に並べた(グラフトの)場合の良溶媒(高分子鎖と親和性の高い溶媒，よく溶ける溶媒)と貧溶媒(高分子鎖と親和性のない溶媒，溶けにくい溶媒)中の相互作用の例を図5.3に示す．図5.3(b)の横軸が小さい値において斥力が働くのは，高分子鎖が接近しすぎているためである．吸着の場合，吸着密度が高いときにはブラシと似た相互作用となり，吸着密度が低いときにはどちらの溶媒中でも高分子

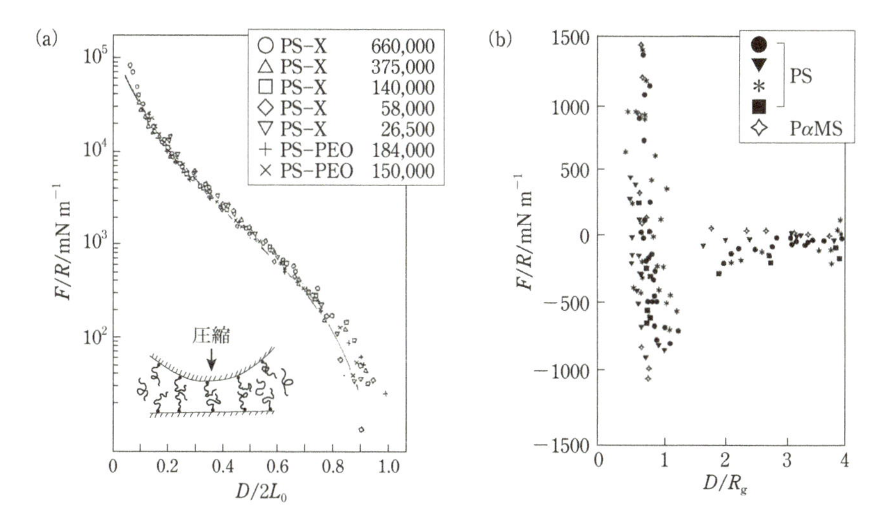

図5.3 良溶媒(トルエン)中のポリスチレンブラシ層の相互作用(a)と貧溶媒(シクロヘキサン)中のポリスチレン(またはポリ(α-メチルスチレン)ブラシ層の相互作用(b)

(a)の横軸$D/2L_0$および(b)の横軸D/R_gは，2つの面間の距離Dを高分子の長さ(L_0は高分子の鎖長で挿入図のように2本あるので2倍している．R_gは回転半径とよばれる高分子の鎖の重心からの広がりを示す値)で割って規格化した値．(a)のPS-Xはポリスチレンの一端を$-N^+(CH_3)_2(CH_2)_3SO_3^-$としたもの，PS-PEOはポリスチレンとPEO(ポリエチレンオキシド)の共重合体で，いずれも高分子を表面に固定化するために導入している．右側の数字は分子量．(b)のPSはポリスチレン，PαMSはポリ(α-メチルスチレン)．

[S. P. Patel and M. Tirrell, *Annu. Rev. Phys. Chem.*, **40**, 597-635(1989)およびH. J. Taunton *et al.*, *Macromolecules*, **23**, 571-580 (1990)を改変]

が表面をつなぐ架橋引力が見られることが多い．

B. 振動力

液体分子を挟んだ2つの表面間の距離を近づけていくと，図5.4のように斥力と引力が交互に現れる[2)]．これは層状に並んだ分子の立体力(斥力)と，垂直から加えられた負荷により分子が押し出された状態から最密充填状態に変わるときのファンデルワールス力(引力)による現象で，この力は振動力(oscillation force)とよばれる[2)]．振動力は2つの表面間に分子の層状配列が存在することを示す結果であり，表面力測定により見出された．最近では界面活性剤ミセル溶液やイオン液体についても報告されている．

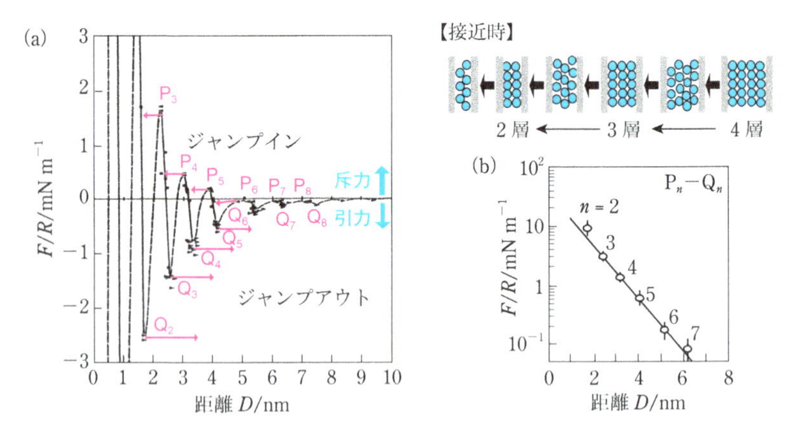

図5.4　OMCTS(オクタメチルシクロテトラシロキサン)中の雲母表面間に見られる振動力の例
図中のnは分子層の数.

C.　疎水性表面間に働く力

疎水性表面間に働く長距離引力の多くは，空気のナノバブルの接触によるものだと解釈されており，実際にナノバブルが表面間を橋渡ししている様子が観測されている[3]．しかし，水の接触角が90°より小さい場合(＝表面が親水的な場合：接触角については11.1.1項を参照)でも長距離引力が観察される場合があり，観察されている結果がすべて説明されているわけではなく，それらの起源の解明は課題である[3]．

5.2　表面力の測定方法

表面力は長く概念的なものとして取り扱われてきたが，直接表面力の距離依存性(相互作用ポテンシャル)を測定することが可能になり，その方法を表面力測定(surface forces measurement)という．浸透圧とX線回折測定の組み合わせ(浸透圧法)，石鹸膜の膜厚と平衡圧測定の組み合わせ(石鹸膜法)や，エバネッセント光の散乱測定によるもの(内部全反射顕微鏡(total internal reflection microscopy)法)，レーザー光の光圧を用いるレーザートラップ(光ピンセット)法などさまざまな方法があるが，もっとも一般的な方法は一方の表面をばねにつないで，2つの表面間の距離を変えていったときのばねのたわみから力を測定するばねばかり法である．

5.2.1　表面力装置(SFA)

表面力装置(surface force apparatus, SFA)は2つの表面の間に働く引力ならびに斥力を，分子レベルで表面間の距離を変化させて測定するための装置である(図5.5)．向かい合わせに置いた2つの表面の一方をばね(ばね定数K)につなぎ，その変位ΔDから2つの表面間に働く力$F(=K\Delta D)$を求める．引力の場合には，表面力の距離についての微分がばね定数Kをわずかでも超える($\mathrm{d}F/\mathrm{d}D \geq K$)と，表面は短距離側への飛び込み(ジャンプイン，jump-in)を起こす．そのため，ばね定数を変えて測定すると，ジャンプインの距離依存性を求めることもできる．また，接着している表面を引き離すときの飛び出し(ジャンプアウト，jump-out)の距離から接着力が求められる．

SFAでは通常，平均曲率がRである2つの円柱を直交させて，その距離を変化させて測定を行う．測定した力を曲率で割った量は，平板間の相互作用の自由エネルギーG_{f}と次のような関係にあることが示されている(デリャーギン(Derjaguin)近似)．

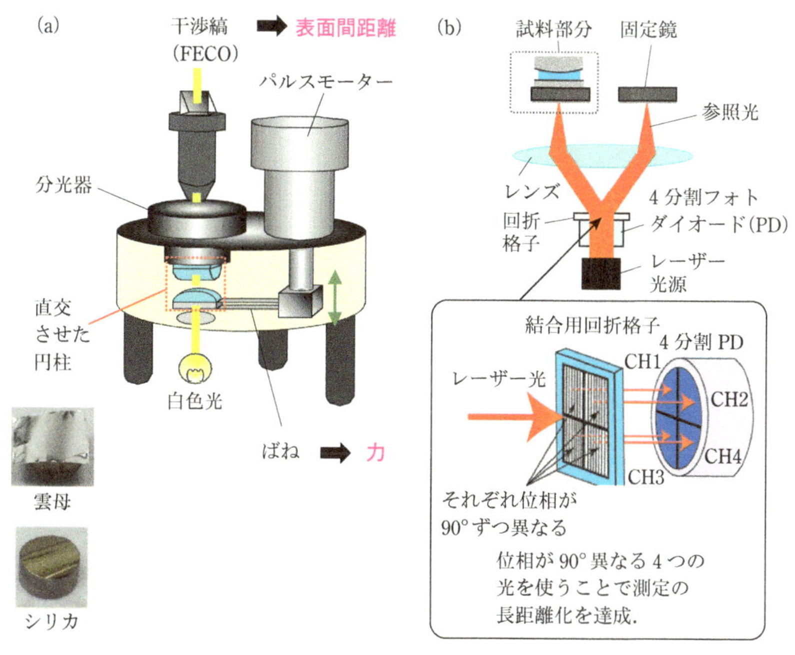

図5.5　表面力装置
(a)FECO法による従来型，(b)ツインパス型の距離変化検出部.

$$\frac{F}{R}=2\pi G_{\mathrm{f}} \tag{5.5}$$

相互作用を議論するにはエネルギーの方が考えやすいが，測定にはその微分である力の方が測りやすい．式(5.5)は2つの球面を想定し，その上の任意の2点間での相互作用力が一定の関数$f(D)$で表されるとき，表面間のすべての相互作用の積分をとることによって得られた式である．

SFAでは，測定にかかる面積が接触状態($D=0$)において直径約30 μmと大きいため，弱い力の測定や多分子系の測定に適している．従来型の表面力装置では，等色次数干渉縞(fringes of equal chromatic order, FECO)とよばれる光の干渉に基づく方法により表面の間隔を精度良く測定する．表面基板としては通常，分子レベルで平滑かつ透明である雲母あるいはその表面を修飾したものを用いる．最近では，シリカを直接スパッタした試料基板も調製できるようになってきた．

FECO法は透過型の光干渉測定であるため，基板は透明である必要があり，これにより測定の対象が大きく限定されてきた．二光波干渉法を改良して，干渉光を4分割して位相を90°ずつずらし，それぞれの干渉光を4分割フォトダイオードを用いてモニターすることで，長距離にわたる測定範囲で表面力測定に必要な分解能を満たすツインパス型SFAとよばれる不透明試料用の装置が開発され，実用化されている[4)]．

5.2.2　コロイドプローブ原子間力顕微鏡

簡便に表面力を測定する手法として考案されたのが，カンチレバーの先にコロイド球を接着させて測定するコロイドプローブ原子間力顕微鏡(AFM)である(図5.6)．コロイドプローブAFMは手軽さから広く用いられている．コロイド球や測定する基板の種類を変えたり，修飾したりすることで比較的多様な試料にも適用できるメリットがある．この手法を用いると，液滴や泡などの変形する表面間における相互作用の測定も可能である．フォトダイオードによる検出であるために走査範囲が狭いこと，また，次に述べるずり測定ができないことが弱点である．表5.1に，さまざまな表面力測定法の特徴をまとめた．

5.2.3　ずり測定

上記の2つの測定法は，2つの表面に対して垂直に作用する力を直接測定する方法である．一方，表面を平行にずり(せん断し)，そのときの応答を測定する方

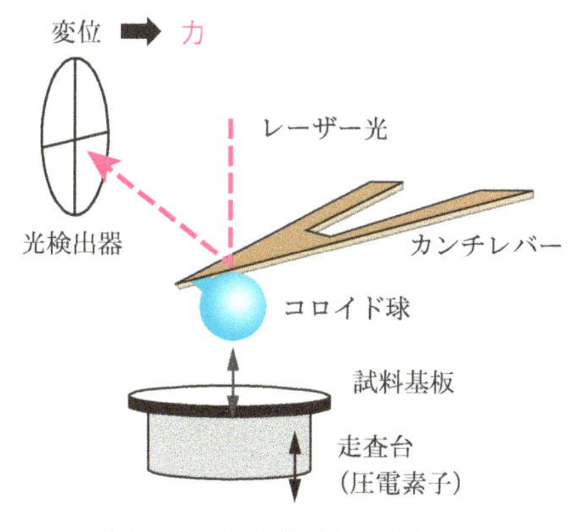

図5.6　コロイドプローブAFM法

表5.1　表面力の直接測定法

名　称	使用される典型的な基板の材料と形状	特　徴
表面力装置(FECO法)	雲母または化学修飾雲母(数μm厚の透明な基板), スパッタ調製シリカ 直交円柱	・高い距離測定精度 ・吸着層, 修飾層の厚みの測定が可能 ・干渉縞から表面の形状や表面間の試料の屈折率を評価できる ・同一の表面間で測定可能
表面力装置(ツインパス法)	透明・不透明基板(電極なども) 直交円柱, 球ー平板	・試料を選ばず, 同一表面間で測定可能 ・測定操作が比較的容易で迅速 ・距離ゼロは表面の接触した位置 ・電気化学制御, 分光などの同時測定可能
コロイドプローブ原子間力顕微鏡	コロイド球ー平板 気泡ー平板	・測定操作が比較的容易で迅速 ・距離ゼロは表面の接触した位置 ・遠距離までの測定がしにくい
レーザートラップ法	コロイド球間	・距離と力の測定可能範囲が広い ・距離の分解能が低い
内部全反射顕微鏡法	コロイド球ー平板	・自由粒子の運動を観測できる ・通常は測定可能な距離範囲は力の平衡点近傍に限られる

式(5.5)を用いるため, 通常基板表面の形状は直交円柱または球ー平板の組み合わせである. 測定法により適用できる形が異なる.

法がずり測定である. ずり測定は微小空間に閉じ込められた液体のレオロジーやトライボロジー挙動を研究するために開発された. ずり測定では, 一方の表面にずり応力モニター用のばねを取り付け, 表面の変位をモニターする.

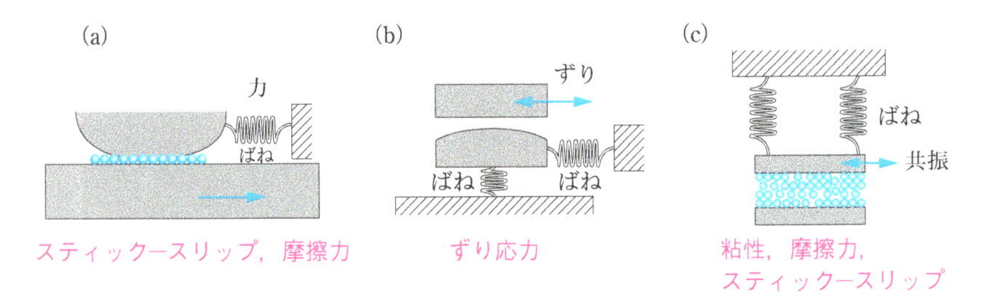

図5.7　さまざまなずり測定装置の模式図と評価できる特性

2つの基板の間に閉じ込められた液体は，バルクとは異なる特性を示すことがよく知られている．図5.7(a)に示すイスラエルアチヴィリらの方法では，大きく表面をせん断するときの応力を測定しており，固着した固体表面間(液体薄膜が固体状になる場合も含む)のスティックースリップ挙動(12.2.2項参照)を，個別に1回ずつ検出できる．また，クライン(Klein)らの方法(図5.7(b))では，ずり応力を直接モニターする．どちらの手法も，近距離での現象を測定できる．

一方，装置上部に組み込んだずりユニットの共振を利用する測定方法(図5.7(c))を共振ずり測定とよぶ．ばねで吊るした上部ユニットの共振強度(通常，共振させるための電圧の入力値と実際の振幅による出力値の比U_{out}/U_{in}を用いる)の振動角周波数ωに対する依存性(共振カーブ)を求め，2つの基板の間にあり液体の粘性や潤滑性，あるいは接触するゲルや高分子などの表面変形の力学特性など幅広い物性を評価できる．物理モデルに基づいた解析が可能であり，またノイズに強く，安定した測定が可能という他の手法にはない特色を有する．

5.3　粒子の分散・凝集と表面力

今まで述べてきたように斥力が粒子間に働けば粒子は分散し，引力が働けば凝集して沈殿する．基本的には，すべての物質にはファンデルワールス力が作用しているので，粒子は凝集・沈殿する方が自然である．しかし，遠距離から粒子が近づいたとき，斥力の障壁が熱運動によるエネルギーk_BTの十数倍あれば，粒子は分散して安定に存在できる．粒子の分散は塗料や化粧品など微粒子の産業応用において重要であり，また凝集沈殿させて材料を回収するなどの操作もよく行われている．粒子の分散・凝集制御には，大きく分けて表面の電荷によるものと高分子の立体力によるものの2つのアプローチがある(図5.8)．

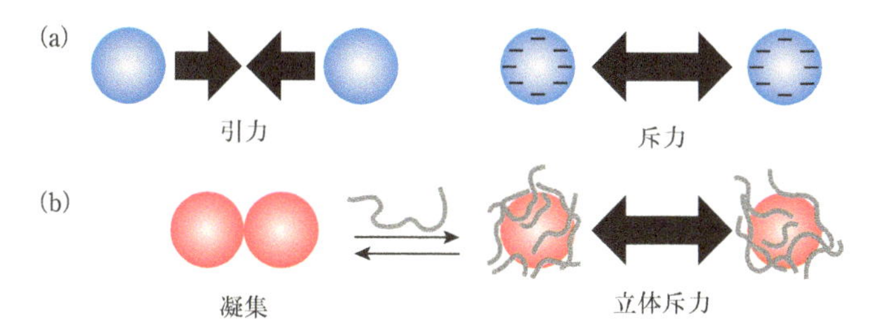

図5.8　微粒子の電荷による安定化(a)および立体力による安定化(b)

5.3.1　電荷による分散安定化(DLVO理論)

表面の電荷の電気二重層斥力による分散安定化には，まず表面電荷が必要である．電荷の生成は，pHの変化による酸性や塩基性の官能基のイオン化あるいはイオンの吸着によってなされる．そのときの分散・凝集挙動は電気二重層力(斥力)とファンデルワールス力(引力)の和によるDLVO理論により説明される．その様子を図5.9に示す．

距離ゼロでは深い引力ポテンシャルが見られるが，実際に距離がゼロになるより前に大きな斥力があると凝集が妨げられる．また，ファンデルワールス力(引力)の大きさは表面の状態によらず一般に一定であるので，全体の相互作用は表

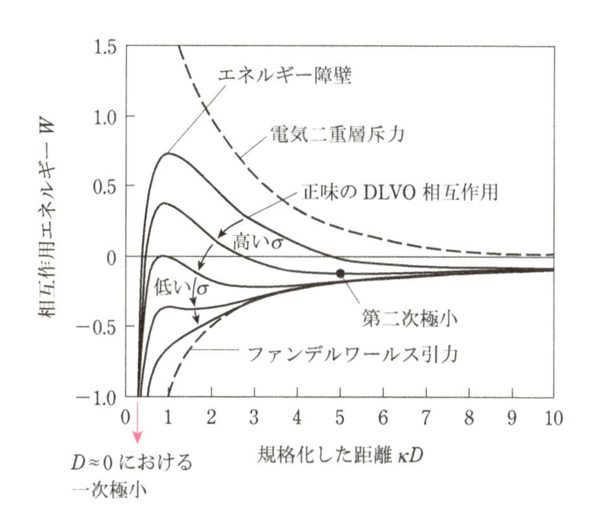

図5.9　模式的なDLVO相互作用のエネルギー−距離曲線
［J. N. Israelachvili 著，大島広行 訳，分子間力と表面力 第3版，朝倉書店(2013)より改変］

面の電荷密度(σ)により変化する．例えば，カルボン酸のような酸性の解離基をもつ粒子はpHをアルカリ性側にすると解離してアニオンになり表面の電荷密度は増加し，その表面間には斥力が働き粒子は分散する．酸性にすると表面の電荷密度は減少して斥力が弱くなりあるいは消失し，ファンデルワールス力が主になり粒子は凝集する．そのとき，第二次極小というエネルギーの安定な領域があり，その距離で粒子は準安定に存在できると考えられている．また，媒体の塩濃度を高くすると，電気二重層斥力の作用する距離が短くなり，非常に濃い条件では凝集・沈殿する．このように電荷による分散は，温度には安定であるが，pHや塩濃度に敏感なため，それらが変化しやすい条件では粒子分散法としては適当ではなく，また溶媒も水や極性のものに限られる．

5.3.2　高分子による立体安定化

電荷による分散安定化の弱点を補う方法として，高分子の吸着層の立体斥力を用いる立体安定化がある．5.1.4項Aで述べたように，高分子間の相互作用は媒体が良溶媒か貧溶媒かで斥力から引力に変化する(図5.10(a),(b))．そのため，溶媒の種類や組成を変える，あるいは温度を変化させることなどにより，相互作用を変えることができる．

吸着層が低密度かつ高分子が固体基板に親和性を有する場合には，高分子鎖と固体基板の間には架橋による引力が働く．貧溶媒の場合は，溶媒による効果と架橋による効果の2種類の力を区別するのは容易ではなく，全体として図5.3のような相互作用が観測される．

また，高分子溶液中に微粒子を分散させると，粒子間の隙間には高分子が入れず，その部分の浸透圧がまわりよりも小さくなり，引力が働く．この力を枯渇力という(図5.10(c))．

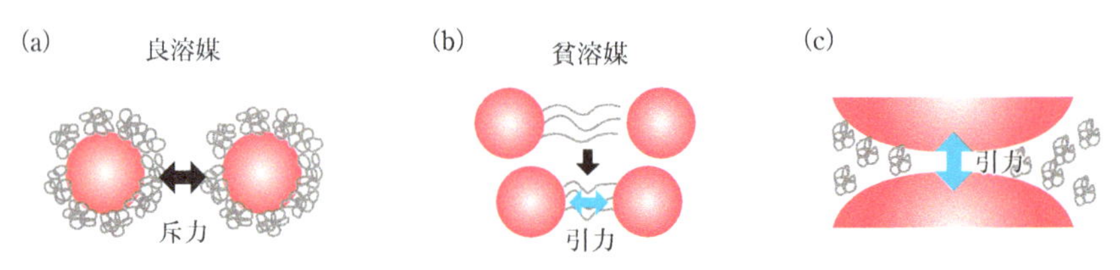

図5.10　高分子による粒子間の相互作用制御

コラム5.1 DLVO理論は2個の粒子のみを扱う

本文での説明からわかるように，粒子間相互作用を扱うDLVO理論は，系中に2個の粒子のみが存在するという仮定で構築されている．2つの粒子が互いに近づいてきたとき，粒子のまわりの対イオン層が重なり出す．そうすると重なった部分の対イオン濃度が増すので，他の部分より浸透圧が高くなり，それが反発力として働く，というのがこの理論の要点である．この説明には，対イオンが重なり合っている部分と反対側の粒子面は粒子のない溶液と接しており，イオン濃度は低いという前提がある．

しかし現実のコロイド分散系には，多数の粒子が存在する．つまり，対イオンが重なり合っている部分と反対側の粒子面にも隣の粒子があり，その対イオンが存在する．この状況において，つまり濃厚コロイド分散系全体を見渡せば，正電荷の対イオンの海の中に，負電荷の粒子が浸っていることになる．これは，自由電子の海の中に正イオンの金属原子核(価電子を含む)が浸っている状況と同じである．周知のとおり，金属結晶には，この構造ゆえに発生する金属結合という非常に強い凝集力がある．多数の荷電粒子間に，静電的引力が働いても不思議ではないことになる(M. Ishikawa and R. Kitano, *Langmuir*, **26**, 2438-2444(2010))．

一般に相互作用の起源は2体で説明される場合が多い．しかし，多粒子系の静電的相互作用が引力なのか斥力なのかは，現在でも議論が続く問題なのである．

5.3.3 界面活性剤の分散制御

界面活性剤ジヘキサデシルジメチルアンモニウム(DHDA)の分散性を検討した例では，塩の種類(KBr，酢酸ナトリウムNaOAc)により親水基の解離度が異なることが報告されている(図5.11)．DHDAの対イオンが酢酸イオンAcO^-の場合，表面の電荷密度は0.27 C/m^{2}であった．この値はアンモニウム基がほぼ解離状態であり，AcO^-がわずか10%程度しかアンモニウム塩に結合していないことを示している．一方，臭化物イオンBr^-である場合，膜表面の電荷密度σは0.018 C/m^{2}であった．この値はアンモニウム基がほぼ中性状態であり，Br^-が約90%アンモニウム塩に結合していることを意味する．DHDAは対イオンがAcO^-のときにはベシクル構造(7.4.1項参照)を形成しやすく，Br^-のときには，ラメラ構造(7.3.2項参照)を形成しやすいことが報告されているが，その現象を定量的に説明する結果である．

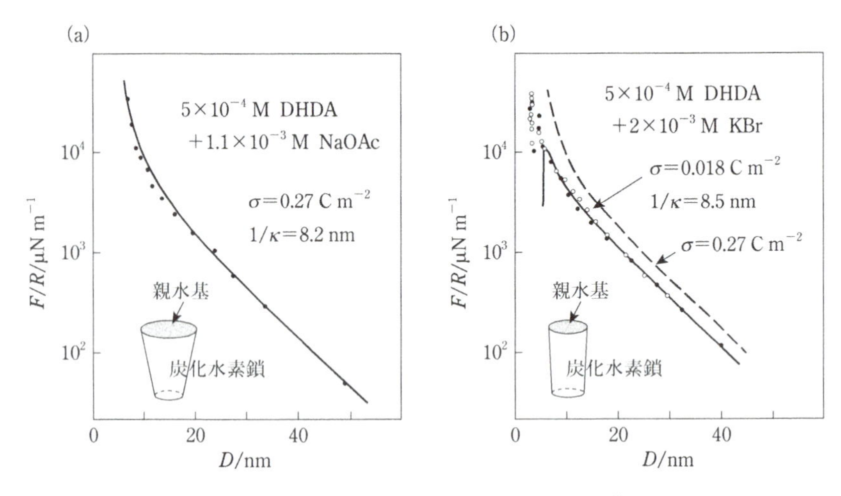

図5.11　2種類の塩水溶液中でのジアルキルアンモニウム吸着膜表面間の相互作用
[R. M. Pashley *et al.*, *J. Phys. Chem.*, **99**, 1637–1642(1986)]

5.4　表面力の測定からわかる界面現象

5.4.1　電極表面の電気二重層の直接評価

電気二重層では，図3.12(a)に負に帯電した表面を例にして示したように，電荷間の相互作用が強いために表面電荷と反対符号をもつ対イオンが濃縮層を形成し，電荷を中和している．対イオンの一部は，3.2.2項で述べたシュテルンモデルやヘルムホルツモデルにより，表面に強く吸着する．その層の外側には，熱運動により対イオンが拡散する拡散層が存在し，表面電位の大きさが1/eに低下する表面からの距離がデバイ長$1/\kappa$であることは3.2.2項で述べたとおりである．電気化学的な手法により通常測定できるのは電気二重層により打ち消された残りの有効電荷量であるため，どれだけの対イオンが電気二重層および拡散層にあるかを定量することは困難であった．不透明基板を適用できるツインパス型表面力装置を用いるとこの問いに解を与えることができる[5]．

チオール基を有するフェロセンにより金電極表面を修飾し，サイクリックボルタンメトリー測定を行うと生成した正電荷量を定量できる．その後，表面力測定により得られた電気二重層斥力(図5.12)により有効表面電荷を求め，電気二重層中の対イオン量をこれらの差として得る．その結果によると，1 mM $KClO_4$中では0.5%の電荷が解離しているのみで，ほとんどの対イオンは電気二重層にあ

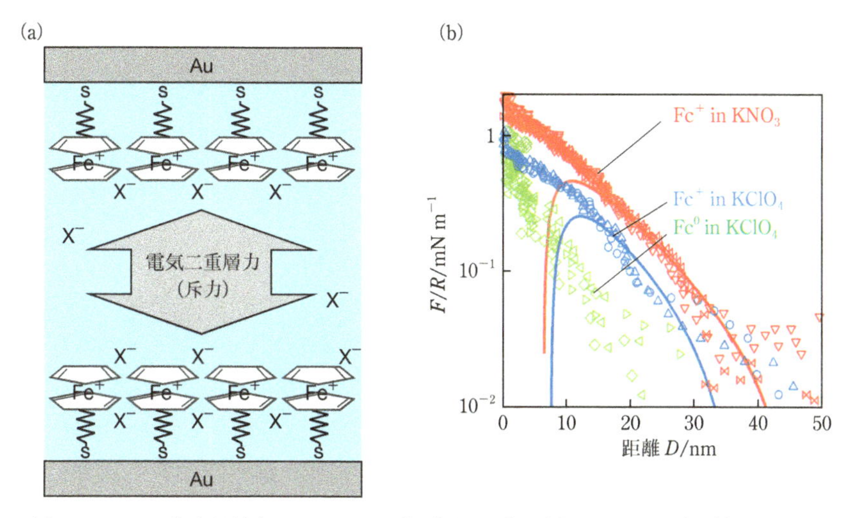

図5.12　1 mM塩水溶液中のフェロセン(Fc^0)ならびに酸化フェロセン(Fc^+)間の相互作用の模式図(a)および表面力測定結果(b)
図(b)中に塩の種類を示す.
[M. Kasuya and K. Kurihara, *Langmuir*, **30**, 7093–7097 (2014)]

ることが示された．一方，KNO_3中では1.1%，図には示していないがKCF_3SO_3中では4.1%が解離しており，1桁の違いがあることがわかった．この結果は，塩の種類を変化させると，同じ酸化還元反応の下でも，有効表面電位が大きく変わることを示している．今後，電気化学センサーや電池の設計において重要な視点になると考えられる．

5.4.2　界面の水の特性評価

固体表面間に存在する水・水溶液の挙動の研究は生体内での摩擦・潤滑や多くの自然現象における水の役割を解明するうえで重要である．そのため，多くの関心を集めている．

水中で雲母表面は負の電荷をもち，雲母間には1価の塩の種類によらず，図5.2に示したような電気二重層力が働く．一方，NaCl水溶液(7 mM)中で共振ずり測定を行い，表面間距離Dを縮めながら測定した共振カーブを図5.13に示す[6)]．$D \geq 1.8$ nmでは，共振カーブの変化は観測されず，水溶液の粘度がバルクの溶液の値($= 8 \times 10^{-4}$ Pa s)と変わらないことがわかる．$D = 1.1$ nmで共振ピークの強度は大きく減少し始め，$D = 0.6$ nmではブロードな共振ピークに変化し，粘度は

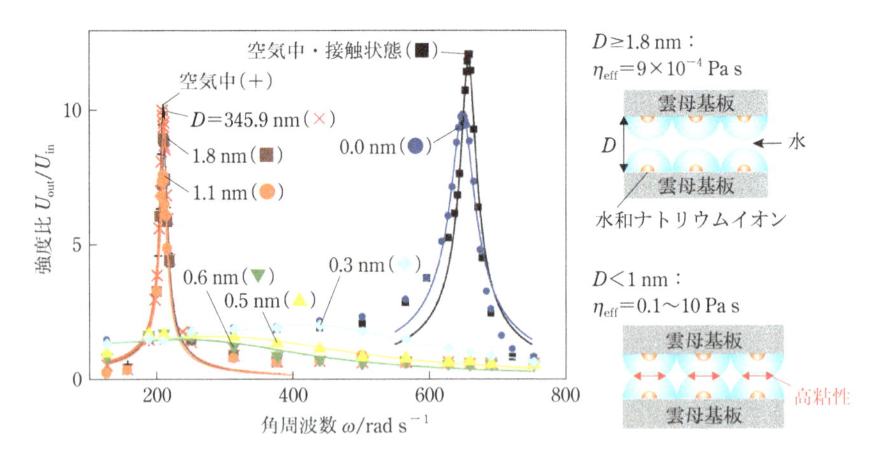

図5.13　雲母間の7 mM塩化ナトリウム水溶液に対する共振カーブの距離依存性と測定された粘度を説明する模式図

増大する．さらに$D<0.6$ nmでは共振ピークの高周波数シフトが観測され，NaCl水溶液の粘度が急激に増大し，上側表面の運動がNaCl水溶液を介して下側表面に伝達されていることがわかる．しかし，この場合もピーク強度は小さいままであることから，水溶液は流動性をある程度保ち，潤滑性は依然として高いことがわかる．これらの結果は，雲母表面に吸着しているナトリウムイオンの水和水の特性を観測していると考えられる．通常，表面に対して垂直に働く力(垂直力)と水平に働く力(水平力)の作用範囲は対応することが多い．本例では，垂直力の起源が電気二重層力(斥力)である領域では水平力は増加せず，水和力が出現する距離範囲で初めて水平力が出現する．これは，電気二重層力が潤滑性の維持に大きく寄与することを示しており，実際，ゲルなどの水を含む潤滑材料における設計指針となっている．さらに，粘度が上昇した束縛水でも十分な流動性を保っていることは，生体内での関節の潤滑が水によってなされていると考えられることからも興味深い．

5.4.3　イオン液体の特性評価

イオン液体はイオンのみから構成された常温で液体の物質であり，難揮発性・難燃性・高イオン伝導率など他の液体にない特性を有し，分子設計による特性制御の自由度が高い．さまざまな応用が期待され，潤滑剤としても，潤滑性と耐荷重性を両立する材料として注目されている．これらの応用では，ナノ空間中や界

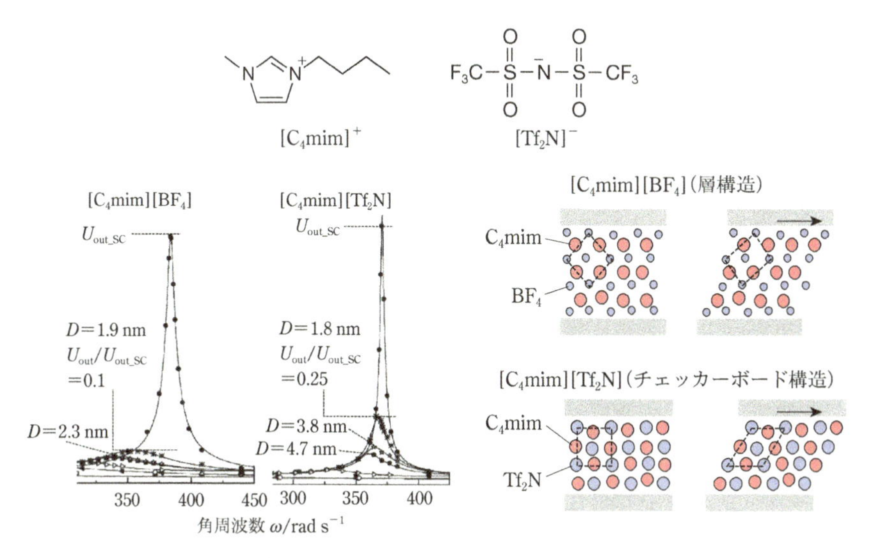

図5.14　イオン液体の共振ピークとナノ空間での正負イオンの配置
［K. Ueno *et al.*, *Phys. Chem. Chem. Phys.*, **12**, 4066–4071(2010)］

面における分子の構造・配置・配向が重要な要素である．

共振ずり測定を用い，2つの表面間に閉じ込められたイオン液体の特性が調べられている[7]．表面としてはシリカ表面，イオン液体としてはアニオンの異なる2種類のイオン液体1-ブチル-3-メチルイミダゾリウムビス(トリフルオロメタンスルホニル)アミド([C_4mim][Tf_2N])，1-ブチル-3-メチルイミダゾリウムテトラフルオロボレート([C_4mim][BF_4])が用いられた．図5.14に示した共振カーブにおいて，[C_4mim][BF_4]のピーク強度は最大でイオン液体のないシリカ表面が接着したときのピーク(SC(solid contact)ピークとよばれる)の10%にとどまった．一方，[C_4mim][Tf_2N]のピーク強度は，SCピークの25%まで増大した．この結果から，バルク粘度の低い[C_4mim][Tf_2N]が，nmレベルの厚みでは[C_4mim][BF_4]より高い粘度(摩擦)を示すことがわかった．物理モデル解析から求めた有効粘性係数$\eta_{\mathrm{eff}}=b_2D/A_{\mathrm{eff}}$からも，最近接距離($D=1.8$ nm : [C_4mim][Tf_2N], $D=1.9$ nm : [C_4mim][BF_4])での粘度は[C_4mim][Tf_2N] > [C_4mim][BF_4]となり，バルク粘度と大小関係が逆転する．これらのイオン液体の中にシリカ粒子を分散させると，[Tf_2N]の場合には分散系の粘度が上昇し，[BF_4]では変化しないことが知られている．共振ずり測定の結果を用いると，粒子間の相関の大小により生じる分散系の粘度の差を説明できる．これは，これまで知られていなかった機構である．

コラム5.2　相互作用を理解する研究の成り立ち

コロイド・界面化学分野の重要な課題の1つは，コロイド粒子の分散・凝集の制御である．分散時には斥力が，凝集時には引力が働く．したがって，相互作用の理解はもっとも基本的なテーマである．ばねばかりを用いて相互作用を直接測定する表面力測定は，分散力が提案された1930年頃，その証明のために開始された．平板や試料を平行にするのが難しいために，球と平板の試料表面を用いる工夫は初期からのものである．表面間の距離ならびにばねの変位をサブnmの精度で評価する現代的な直接測定は，1970年頃にキャベンディッシュ研究所のテーバー(D. Tabor)らにより実現された．原子レベルで平滑な雲母表面を試料としたことと，白色光を用いたFECO(等色次数干渉縞)による距離決定法の導入が測定法の革新につながった．テーバーは摩擦を研究する学問領域「トライボロジー(tribology)」の開拓者の一人であり，摩擦を支配する接着力を理解するためにこの測定を始めた．彼らの装置をもとにして，テーバーの弟子であったイスラエルアチヴィリが汎用型装置を完成し，1980年代にかけて現在の研究の原型ができた．現在までに本文にあげたさまざまな測定法が開発されている．

当分野における日本の研究者の大きな貢献の1つに朝倉 昌，大沢文夫による枯渇力(depletion force)理論の発見がある．高分子を溶液に添加すると粒子間の狭い空間には存在できないので，バルクとの間に高分子の浸透圧差が生じ，粒子間に引力が作用するという理論で，井口 潔，立花太郎による赤血球の凝集の研究がヒントになったそうである．1954年に発表された彼らの論文は1頁の短いものであるが，30年近くを経て1980年代から引用され始め，現在までに2000件を超える論文の引用があることが話題になっている．大沢文夫は日本の生物物理の基礎を築いたとされる研究者である．

相互作用の研究が基礎的なものであり，そのために関心をもつ幅広い研究者の貢献の積み重ねで進んできたことがわかるエピソードである．

分子シミュレーションならびにX線構造解析により，シリカ表面間に閉じ込められたこれらのイオン液体の構造は，[C_4mim][BF_4]では層状構造，[C_4mim][Tf_2N]ではチェッカーボード構造と評価されている(図5.14)．この構造の違いにより，共振ずり測定で得られたnmレベルでの粘度(摩擦)の大小関係の逆転を以下のように説明することができる．すなわち，層状構造の[C_4mim][BF_4]では，せん断による層間の滑りが生じても相互作用エネルギーがほとんど増大しないために低摩擦(低粘度)となり，チェッカーボード構造の[C_4mim][Tf_2N]では，せん断すると同種のイオンが近づき相互作用エネルギーが増大するために高摩擦(高粘度)となると考えられる.

構造および相互作用の解明は物質科学の基礎である. しかし, 構造についてはさまざまな手法で調べられているのに対し, 相互作用についてはまだまだ未知の部分が多い. 表面力測定などの相互作用の直接測定は, その課題に切り込む有効な手段であるが, 実際に測定される力には複数の起源の相互作用が重なっている場合があり, 解析には注意が必要である. また, 非DLVO力については, まだ十分に理解されていない部分も多い.

一方, 界面の評価法として表面力測定を見ると, 測定される相互作用は界面の性質の変化に敏感に対応して変化する. 高分子鎖の広がりやイオンの吸着はそのわかりやすい例であるが, 表面力測定により未知の界面現象が見出されることも多く, 我々が相互作用に対する理解を深めることにもつながる.

引用文献

1) J. N. Israelachvili and D. Tabor, "The direct measurement of normal and retarded van der Waals forces", *Proc. R. Soc. London A*, **312**, 435–450 (1969)

2) R. G. Horn and J. N. Israelachvili, "Direct measurement of structural forces between two surfaces in a nonpolar liquid", *J. Chem. Phys.*, **75**, 1400–1411 (1981)

3) H. Christenson and P. Claesson, "Direct measurements of the force between hydrophobic surfaces in water", *Adv. Colloid Interface Sci.*, **91**, 391–436 (2001)

4) H. Kawai, H. Sakuma, M. Mizukami, T. Abe, Y. Fukao, H. Tajima, and K. Kurihara, "New surface forces apparatus using two-beam interferometry", *Rev. Sci. Instrum.*, **79**, 043701 (2008)

5) K. Kurihara, "Surface forces measurement for materials science", *Pure Appl. Chem.*, **91**, 707–716 (2019)

6) H. Sakuma, K. Ohtsuki, and K. Kurihara, "Viscosity and lubricity of aqueous NaCl solution confined between mica surfaces studied by shear resonance measurement", *Phys. Rev. Lett.*, **96**, 046104 (2006)

7) K. Ueno, M. Kasuya, M. Watanabe, M. Mizukami, and K. Kurihara, "Resonance shear measurement of nanoconfined ionic liquids", *Phys. Chem. Chem. Phys.*, **12**, 4066–4071 (2010)

❖演習問題

5.1　微粒子の分散を制御する手法には大きく分けて2つある．2つの手法をあげ，それぞれについて説明しなさい．また，表面に電荷をもたせる方法について説明しなさい．

5.2　水中の金表面間ならびに脂質表面間のファンデルワールス力の距離依存性を計算しなさい．なお，前者のハマカー定数Aは4.4×10^{-19} J，後者は2×10^{-20} Jと仮定しなさい．

5.3　微粒子の分散液がある．媒体は100 mM NaCl水溶液である．微粒子の表面電位Ψ_0が50 mVであるとき，室温298 Kにおける相互作用（電気二重層斥力）エネルギーの距離依存性について式(5.2)を用いて計算しなさい．

5.4　5.3の条件の場合に，金微粒子と脂質粒子に対して働くDLVO相互作用の距離依存性を計算しなさい．

5.5　5.3で求めた微粒子の表面電位Ψ_0は溶液のpHにより変化する．斥力が25 k_BT以上あると微粒子の分散系が安定に存在できるとき，分散系が安定に存在できるpHの範囲を求めなさい．微粒子の分散液は，pH 5では$\Psi_0=$ 50 mV，pH 7では$\Psi_0=-50$ mVで，その間はpHに対して直線的に変化するとする．また，微粒子の大きさは半径30 nmとし，相互作用は断面積に比例するとする．

第6章　単分子膜と多分子膜

第2章において，水の表面張力や，界面活性，ならびに水面単分子膜の基礎について学んだ．本章では，脂肪酸を例にとり，水面単分子膜のπ–A曲線とその評価手法，単分子膜を固体基板上に移し取るラングミュア・ブロジェット(LB)法，LB法を利用した分子組織化へのアプローチについて学ぶ．また，溶液から固体表面への吸着現象を利用する吸着単分子膜(自己組織化単分子膜)や交互吸着(LbL)法についても述べる．これらの分子(あるいは高分子)積層技術は，広範な物質に対して応用することができ，分子組織を基本とする材料を作製するための基本技術を提供する．

6.1　水面単分子膜とπ–A曲線

2.4節で述べたように，長鎖脂肪酸などの両親媒性化合物(1つの分子中に疎水性部分(疎水基)と親水性部分(親水基)の両方をもつ分子，図2.13参照)を有機溶媒に溶かして水面(気－液界面)に展開すると，水面に単分子膜を形成する(図2.19参照)．この水面単分子膜(気－液界面単分子膜)の表面積を小さくするようにバリヤーを移動させて圧縮すると，分子が水面上に占める面積が小さく(界面における親水基の占める割合が大きく)なるにつれて，表面圧(水の表面張力γ_Wと単分子膜の表面張力γ_Mの差)が大きくなる．この表面圧πを縦軸に，分子占有面積Aを横軸にプロットしたものがπ–A曲線である(図6.1，図2.20も参照)．

π–A曲線は，単分子膜の状態を表す二次元の相図ととらえることができ，単分子膜形成化合物の分子構造や下水相(サブフェーズ)の水純度，温度，pH，溶存種(イオンなど)の有無をはじめとする種々の物理的条件に依存して，単分子膜がとりうる状態を反映する．分子面積が数十nm^{2}よりも広い領域Aでは分子がバラバラに存在し，水面上を自由に動き回る．この状態は気体膜とよばれる．単分子膜が圧縮されると(A→B→C)，液体相(液体膨張膜)が出現して気体相と共存する．この液体膨張膜は，三次元におけるP–V曲線には見られない相である．さらに圧縮を続けると，液体膨張膜と液体凝縮膜の共存領域(D→E)となり，さら

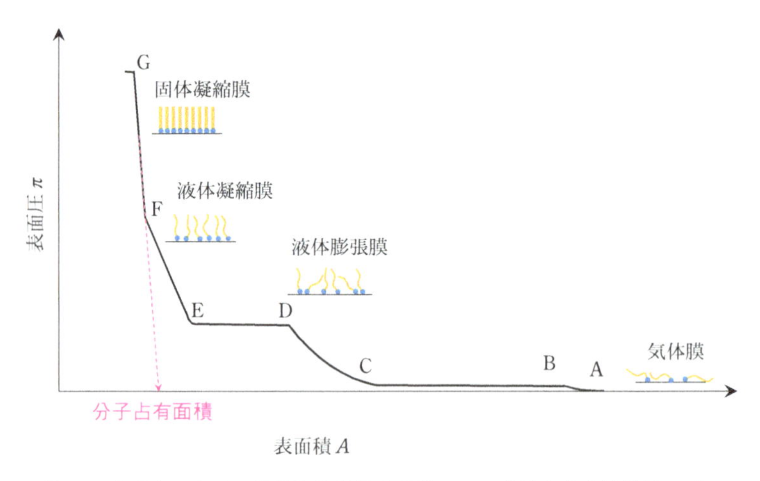

図6.1　水面上における長鎖脂肪酸単分子膜のπ–A曲線と古典的構造モデル

に液体凝縮膜を経て固体凝縮膜に変わる(F→G)．固体凝縮膜は圧縮率が非常に小さく，圧縮により表面圧が急増するが，ある表面圧に達すると，そこで表面圧が一定になる，あるいは低下する．このとき単分子膜は崩壊し，三次元的な微結晶が析出し始めており，このときの表面圧を**崩壊圧**(collapse pressure)とよぶ．固体凝縮膜を与えるF→Gの領域から表面圧0に外挿した横軸との接点が分子占有面積(極限面積)である．例えば，ステアリン酸の気−液単分子膜は，20℃におけるπ–A曲線において液体凝縮膜から固体膜への相転移圧(F)を22.4 mN/mにもつ．また分子占有面積はおよそ0.2 nm^2/moleculeであり(図6.2(c))，π–A曲線測定における標準物質として用いることができる．図6.2に示すように，脂肪酸の単分子膜(水相温度は20℃)においては，アルキル鎖の長さに応じてπ–A曲線が変化し，ラウリン酸(図6.2(a))では液体膨張膜，ミリスチン酸(図6.2(b))では液体膨張膜から固体膜への転移が観測される．

単分子膜を形成する物質(脂肪酸など)の小さな(水和)結晶を清浄な水面に置いたとき，この結晶から自発的に展開してくる単分子膜が示す二次元の圧力を平衡拡張圧(equilibrium spreading pressure)という．単分子膜が崩壊してできたバルク相が共存する単分子膜と平衡にあるならば，崩壊圧と平衡拡張圧は等しいはずである．実際，液体化合物については平衡拡張圧と等しい表面圧で単分子膜が崩壊する．ここで，ステアリン酸の平衡拡張圧は，室温で1 mN/m以下であることが知られているが[1)]，図6.2(c)に示すステアリン酸のπ–A曲線においては，熱力

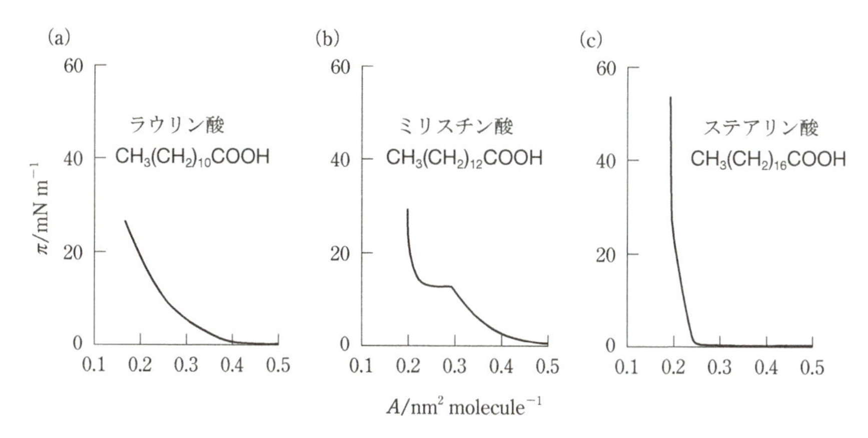

図6.2　(a)ラウリン酸，(b)ミリスチン酸，(c)ステアリン酸の水面単分子膜のπ–A曲線(水相，10^{-3} mol/L HCl水溶液，20°C)

[P. Dynarowicz-Latka *et al.*, *Adv. Colloid. Int. Sci.*, **91**, 221–293(2001)]

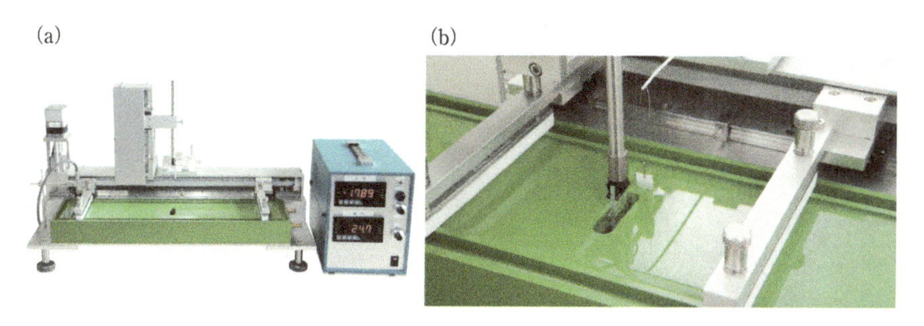

図6.3　コンピュータ制御式ラングミュアトラフ(㈱ユーエスアイ提供)

学的平衡値である平衡拡張圧よりもはるかに大きな50 mN/mを超える表面圧が観測されている．すなわち，この固体凝集膜状態は，熱力学的には準安定状態とみなせる．

π–A曲線を測定するためには，単分子膜の圧縮速度を制御する必要があり，現在ではマイクロプロセッサーでバリヤーやリフト(累積膜作製用基板を上下させる装置，6.2節参照)の駆動が制御されたラングミュアトラフ(水槽)が市販されている(図6.3)．一定速度での圧縮に加え，圧力センサーからのフィードバック機構に基づき単分子膜を熱力学的平衡状態に保ちながら(平衡緩和モード)のπ–A曲線測定，さらに後述する累積膜作製における種々のパラメータを制御することが可能であり，表面圧，表面積の変化をはじめとするさまざまなデジタル

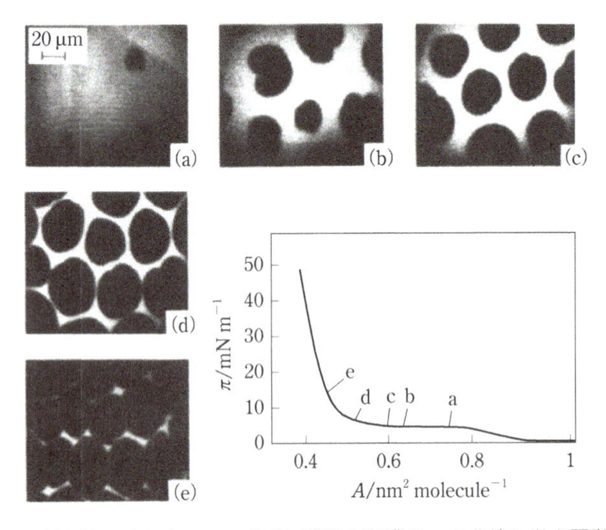

図6.4　ジミリスチルホスファチジン酸単分子膜のπ-A曲線と蛍光顕微鏡像
［K. Kjaer *et al.*, *Phys. Rev. Lett.*, **58**, 2224-2227(1987)］

データをパソコン画面でリアルタイムに確認しながら実験できる．

水面単分子膜の特性は，古くはπ-A曲線や表面電位などを中心に評価されてきたが，1980年代以降に蛍光顕微鏡やブルースター角顕微鏡(Brewster angle microscope, BAM)を用いる「その場」観察の手法，シンクロトロンから放射される高輝度X線を用いる全反射回折法などのさまざまな構造解析技術が開発され，水面単分子膜の構造を直接的に観察することが可能となった．実験室レベルでは，蛍光顕微鏡と一体型の小型ラングミュアトラフに，長鎖アルキル基を有するローダミンBなどの蛍光色素(プローブ)を1 mol％程度混入した水面単分子膜を作製し，蛍光顕微鏡を用いて単分子膜の蛍光像を観測する手法がとられる．図6.4にジミリスチルホスファチジン酸単分子膜の蛍光顕微鏡像を示す．ここで，蛍光色素は固体相には溶解せず，液体相に選択的に溶解するものを用いる．液体膨張膜から固体凝縮膜に至る変化(図6.4(a)→(e))において，圧縮につれて蛍光性の液体相ドメインの中に非蛍光性(黒)の結晶相ドメインが生成し，生長していく二相共存状態がとらえられている．このように，単分子膜のその場観察によって，結晶相と流動相の二相共存状態や，結晶相のドメイン形状を知ることができる．

水面単分子膜のその場蛍光顕微鏡観察においては，単分子膜に蛍光プローブを混合して染色する必要がある．この蛍光プローブは単分子膜にとっては不純物であり，観察される結晶相の構造（モルフォロジー）が，純粋な単分子膜における構造を必ずしも反映している保証はない．この問題は，ブルースター角顕微鏡を用いれば解決できる．ブルースター角顕微鏡は，蛍光プローブを用いずに，純粋な水面単分子膜の構造を直接観察できる手法であり，P偏光（電場の振動方向が入射面（入射光と反射光がすべて乗っている面）に平行な光）のレーザー光を水面に対して角度を変えて入射し，反射光が返らない角度（ブルースター角）に固定する．この状態で単分子膜を水面に展開すると，単分子膜のあるところだけから光が反射され，また高感度のCCDカメラを用いれば結晶相と流動相のコントラストも得られるために，単分子膜の構造観察を行うことができる．水面単分子膜を分子レベルで平滑な固体基板上に移し取った累積膜については，さらに原子間力顕微鏡（AFM）や摩擦力顕微鏡（FFM）などの走査型プローブ顕微鏡，走査型電子顕微鏡（SEM），透過型電子顕微鏡（TEM）を用いて観察されている．

6.2　累積膜（ラングミュア・ブロジェット膜）の作製

水面上に圧縮された水面単分子膜は，水面を通過して固体基板を上下させることによって移し取ることができる．このようにして移し取られた膜は累積膜，あるいは創始者の名を冠してラングミュア・ブロジェット膜（Langmuir-Blodgett film，LB膜）とよばれる．図6.5に示すように，基板上への単分子膜の累積のされ方には，基板の下降時にのみ単分子膜が移し取られるX膜型，基板の下降時，上昇時ともに移し取られるY膜型，基板の上昇時にのみ移し取られるZ膜型の3種類がある．X膜では，膜分子の疎水基が基板の方に向いて配向しており，Y膜では親水基と親水基，疎水基と疎水基が接した対称的構造を有する．Z膜では，基板に親水基が向いて積層されている．これらの型は，（1）膜物質の分子構造，（2）表面圧，（3）基板の種類や表面状態，（4）基板の上下速度，（5）水相の温度，pHや溶存する塩類の種類や濃度などの因子に依存する．市販の累積膜作製装置（図6.3）においては，基板の上下運動による単分子膜の移し取りと連動して，表面圧を一定に保つようにバリヤーの駆動を精密にフィードバックする機能が備わっている．単分子膜の表面圧ならびに，それと連動するバリヤーの動きを精密に制御することは，再現性の良い累積膜を作製するために重要である．

ここで，反転対称中心をもたないX膜やZ膜には，非線形光学効果などの機能が期待されるが，その熱力学的安定性は必ずしも高くない．累積の型がX型やZ

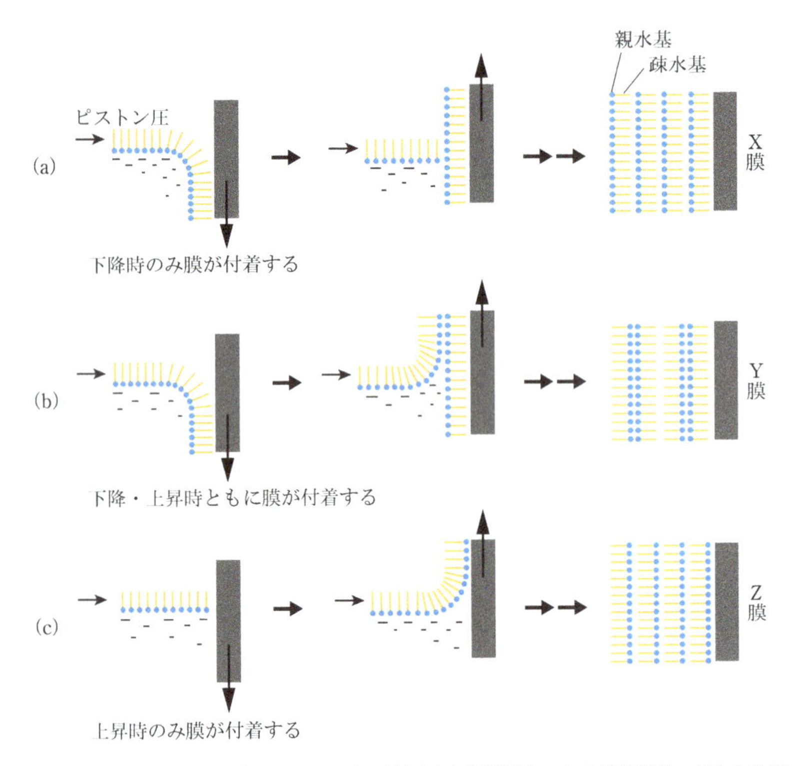

図6.5　ラングミュア・ブロジェット(LB)法(垂直浸漬法)による累積膜(LB膜)の作製

型であっても，累積膜のX線回折実験から熱力学的に安定なY膜構造が確認される場合もあり，累積の型と熱力学的に安定な累積膜の構造は必ずしも相関しないので，注意を要する．

先に，ステアリン酸の平衡拡張圧が低く，固体凝集膜状態は，熱力学的には準安定状態と考えられることを述べたが，多くの水面単分子膜を一定の表面圧に保った場合にも，表面積は時間とともに減少する．この水面単分子膜が示す緩和現象には，(1)圧縮された直後の膜分子配向が時間とともに熱力学的により安定な構造に変化する構造緩和，(2)単分子膜分子の水への溶解，(3)単分子膜の崩壊などの原因が考えられる．先に述べたように，平衡拡張圧よりも高い表面圧で存在する単分子膜は準安定状態であり，単分子膜の圧縮による崩壊においては，数十nmスケールの三次元結晶が生成することが認められている．

水面単分子膜を一定の表面圧に保ちつつ，基板を上下させると，単分子膜の基

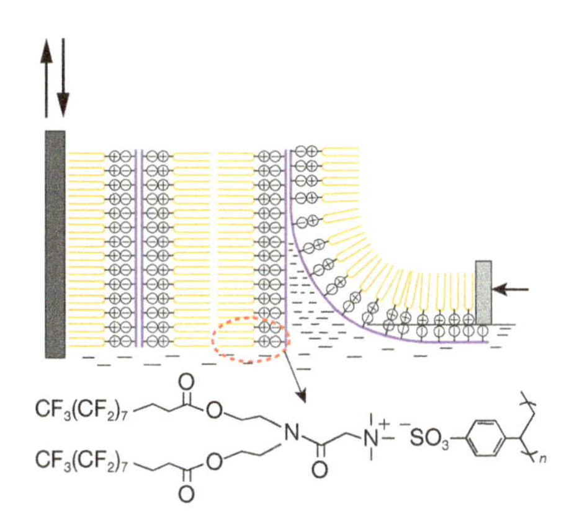

図6.6　フルオロカーボン鎖型カチオン性両親媒性化合物とポリスチレンスルホン酸による界面ポリイオンコンプレックス単分子膜の形成と累積膜化[3]

板への移し取りに対応して，水面単分子膜の面積が減少する．この面積の減少分と，基板表面の面積との比を累積比とよび，理想的に累積された場合の累積比は1となる．単分子膜の累積過程を調べる他の手段として，水晶振動子マイクロバランス(QCM)法がある[2]．水晶振動子とは，特定の角度で板状に切り出した水晶の結晶薄片の両面に金属薄膜の電極を取り付けた素子であり，この水晶切片に両金属薄膜を通じて交流電場を印加すると，ある一定の共鳴振動数で振動する．この金属薄膜表面上にngオーダーの物質が吸着すると，その質量に応じて共鳴振動数が減少するため，この原理を利用して累積される膜の重さを量ることができる．

さて，それでは，準安定な水面単分子膜を安定化させ，安定な累積膜を作製することは可能であろうか．國武らは，水相にポリスチレンスルホン酸ナトリウムなどの高分子電解質を溶解させておき，反対電荷を有するカチオン性の両親媒性化合物を水面に展開すると，気一液界面において疎水的なポリイオンコンプレックスが形成されて単分子膜が安定化され，きわめて安定に累積膜化できること(ポリイオンコンプレックスLB法)を見出した[3]．図6.6に示すフルオロカーボン鎖を有するカチオン性両親媒性化合物が純水の水面に形成する水面単分子膜は，ポリスチレンスルホン酸とのポリイオンコンプレックス単分子膜とすることによって，はじめて安定に累積膜化することができる．このポリイオンコンプレックス単分子膜・LB膜の作製手法は，脂肪酸単分子膜をはじめ広く応用されている．

6.3 累積膜技術を応用した分子組織体の構築と機能

マックス・プランク研究所のクーン(Kuhn)らは，1960年代にLB膜の作製技術をさまざまに展開して，機能性分子間の距離を制御し，光エネルギー移動や光電子移動などの光エネルギー緩和過程と層状組織構造の相関を調べる先駆的研究を行った．例えば，エネルギー供与体(ドナー，D)，エネルギー受容体(アクセプター，A)として働く色素の組み合わせD, Aについて，両者の累積単分子膜間の距離を，アラキジン酸の累積膜を挟んで制御した(図6.7)．このとき，ドナー色素DとアクセプターAが近距離にある場合(①)，DからAへの蛍光共鳴エネルギー移動(fluorescence resonance energy transfer, FRET)が起こり，Dの蛍光はAにより消光され，Aからの蛍光が観測される．一方，アラキジン酸累積膜によりDとAの間を隔てると(②)，FRETは起こりにくくなる．Dの蛍光強度IのAによる消光効果の指標I/I_0(I_0はAとDの距離が十分大きいとき(＝Aが存在しないとき)のDの蛍光強度)をD−A間距離rに対してプロットすると，図6.7(b)のようになり，理論曲線とのよい一致が見られている(コラム6.1参照)．

機能性累積膜を作製するために，膜分子に機能性官能基を導入するアプローチ

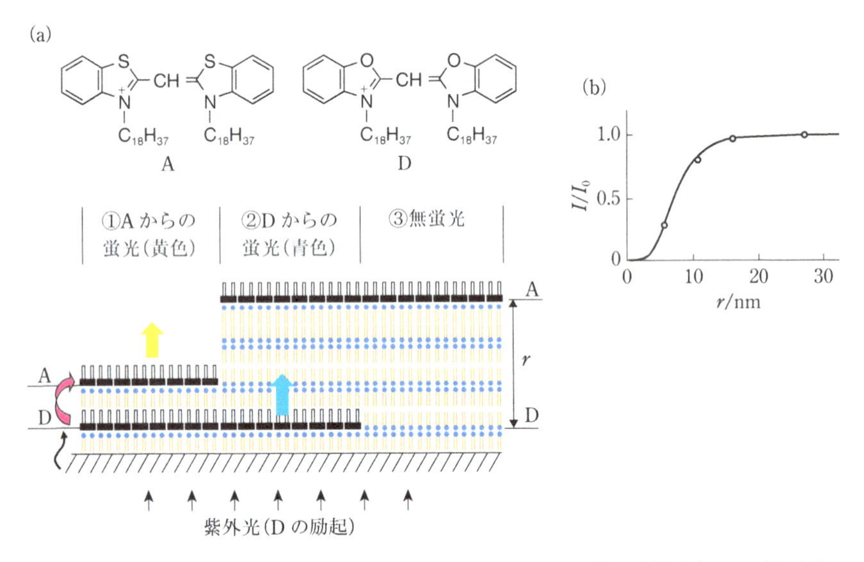

図6.7　累積膜におけるドナー分子D，アクセプター分子Aの組織化制御(a)および累積膜におけるエネルギー移動特性(b)
[H. Kuhn and D. Möbius, *Angew. Chem. Int. Ed.*, **10**, 620–637 (1971)]

コラム6.1　光エネルギー移動の機構

ドナー色素Dを紫外光で励起して一重項励起状態ドナーD*が生成すると，次の可能性がある．まず，D*が蛍光を発して基底状態分子Dに戻るか(1)，励起エネルギーが熱振動により失われて(振動緩和)蛍光を発せずにDに戻る(無輻射失活)．一方，D*の近くにアクセプター分子Aが存在すると，ある確率でD*の励起エネルギーがAに移動する(2)．このエネルギー移動によって生成した励起一重項状態のアクセプターA*が蛍光を発して基底状態分子Aに戻るか(3)，あるいは無輻射失活により基底状態に戻る．

(1) $D^* \rightarrow D + h\nu$　　一重項励起ドナー分子D*からの蛍光

(2) $D^* + A \rightarrow D + A^*$　　エネルギー移動

(3) $A^* \rightarrow A + h\nu$　　一重項励起アクセプター分子A*からの蛍光

(2)における一重項励起エネルギー移動には，フェルスター(Förster)型エネルギー移動とデクスター(Dexter：電子交換)型エネルギー移動がある．前者は蛍光共鳴エネルギー移動(FRET)ともよばれ，D*からDに戻るときに，D*のLUMOにある励起電子とAのHOMOにある基底状態電子のクーロン相互作用に基づく共鳴相互作用を介して，Aが励起状態A*となるものである(**図**(a))．FRETが起こるためには，(i)励起状態のドナーD*が基底状態Dに戻る際と，基底状態のアクセプターAが励起状態A*になる際の電子遷移がともに許容遷移であり，(ii)Dの蛍光とAの吸収スペクトルの重なりがあること，および(iii)DとAの距離rが臨界距離(1～10 nm程度)以内であることが必要である．FRETにおけるエネルギー移動は，次に述べるデクスター型エネルギー移動に比べて長距離で起こることが特徴である．双極子－双極子相互作用FRET効率は，溶液中ではドナー発色団とアクセプター発色団との間の距離rの6乗に逆比例して低下する．

一方，デクスター型エネルギー移動においては，励起状態のドナーD*と基底状態のアクセプターAとの電子交換相互作用，すなわちD*のLUMOにある電子①がAのLUMOに移り，AのHOMOにある電子がDのHOMOに移ることにより起こる(**図**(b))．このとき，エネルギー移動前後で全スピン多重度の和が一致していることが必要であり，電子交換が起こるためには，ドナーDとアクセプターAが近接している(1 nm以下の距離にある)ことが必要である．

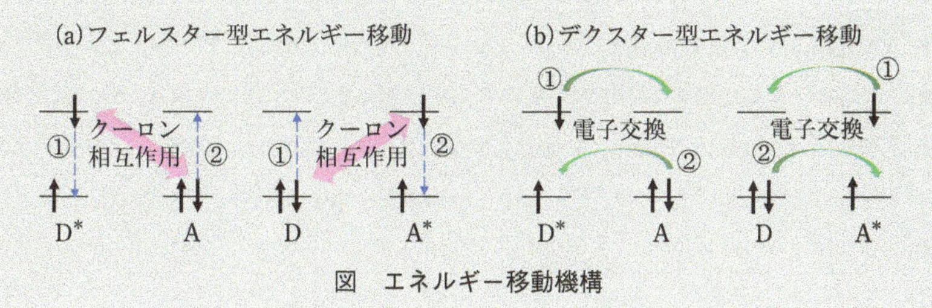

図　エネルギー移動機構

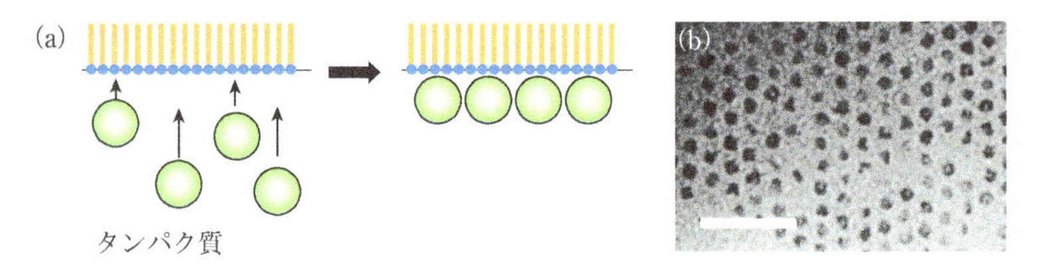

図6.8　下水相に溶解したタンパク質の水面単分子膜への吸着(a)，および単分子膜に吸着したフェリチンタンパク質の透過型電子顕微鏡像(b)
［P. Fromherz, *Nature*, **231**, 267-268(1971)］

のほかに，水面単分子膜の下水相中に機能性分子を溶解させておき，界面で単分子膜との静電的相互作用を利用して複合化させる手法も有用である．例えば，下水相に溶解したフェリチンタンパク質をカチオン性の単分子膜に静電的に吸着させ，これをCuグリッドに移し取った累積単分子膜が作製された．その電子顕微鏡観察においては，図6.8のようにフェリチン内部の酸化鉄ナノ粒子が二次元に並んでおり，水面単分子膜がタンパク質の二次元集積化の鋳型として働くことが示された．このように，累積膜の作製手法を利用すれば，有機低分子から生体高分子に至るさまざまな分子の積み木細工が可能である．クーンらによる方向性をもったエネルギー移動や電子移動現象を示した一連の成果は，分子の集積に基づく分子デバイスの構築が可能であることを意味している．

6.4　溶液から固体表面への吸着単分子膜形成

6.2節で述べた水面単分子膜を累積膜とする手法(LB法)は，水中に溶解する物質や，加水分解されやすい化合物には適用できない．一方，溶液中に溶けている物質を固体表面へ吸着させる手法により，吸着単分子膜を作製することも可能である(図6.9(a))．具体的には，表6.1に示すような清浄な基板を，目的とする膜形成物質を溶解した溶液に浸漬するだけで，基板表面への物理吸着あるいは化学吸着(化学反応をともなう固定化)により，単分子膜が形成される．これらの吸着単分子膜の形成は，固体表面の表面エネルギーを下げることを駆動力とする分子吸着現象であり，溶液中における分子の自己組織化能とは必ずしも相関しないが，慣習的に自己組織化単分子膜(self-assembled monolayer membrane, SAM)とよばれる．

Al_2O_3などの金属酸化物表面には，脂肪酸が物理吸着する(図6.9(b))．ガラス

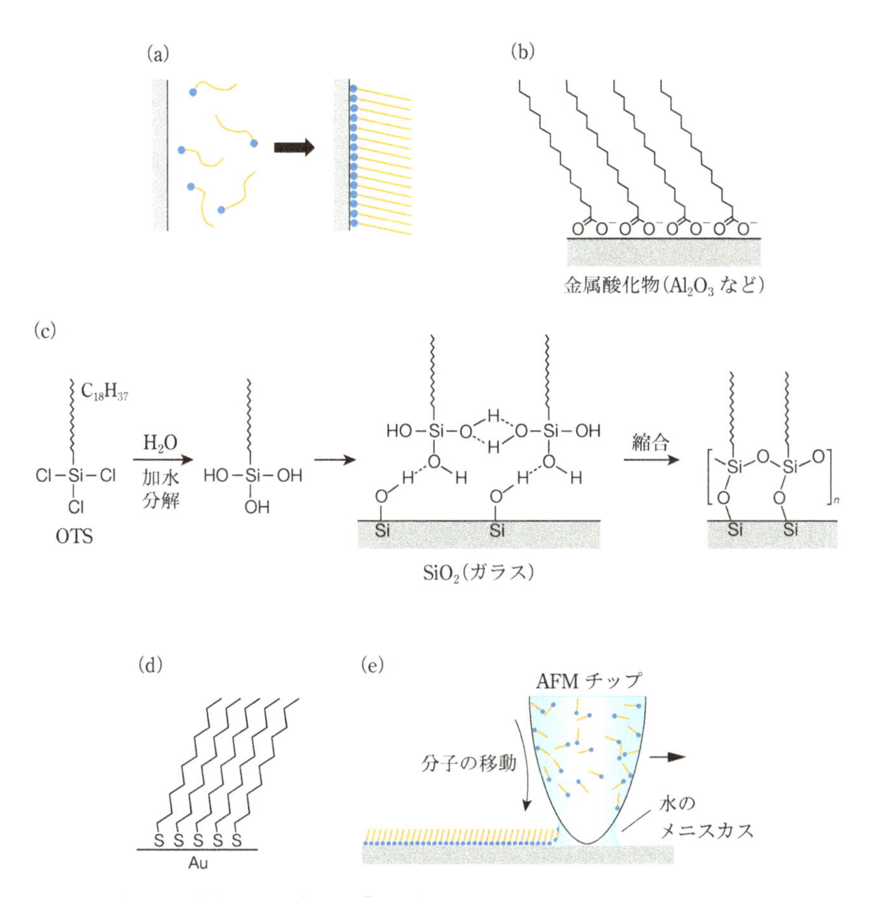

図6.9　溶液から固体表面上に単分子膜を作製する方法
(a)固体表面への吸着単分子膜の形成，(b)金属酸化物表面へのカルボン酸の吸着，(c)ガラス表面への有機シラン化合物の化学吸着，(d)金表面への有機チオール分子の化学吸着，(e)ディップペンナノリソグラフィーによる有機チオール分子の金表面への転写．

や石英の表面のシラノール基(Si−OH)は，有機トリクロロシランや有機アルコキシシランの加水分解により得られる有機シラノールと縮合反応してシロキサン結合を形成し，化学吸着単分子膜を与える(図6.9(c))．また，1980年代前半に，金や銀表面に対して，有機チオール分子が吸着して安定な吸着単分子膜を形成することが見出され(図6.9(d))[4]，広く応用されている．金表面と有機チオールの結合が，RS−Au(共有結合による化学吸着)であるかRSH−Au(物理吸着)であるかについては，X線光電子分光，サイクリックボルタンメトリー，走査型トンネ

表6.1　さまざまな基板表面における吸着単分子膜の形成

基板	官能基	結合の形
金属酸化物$MO_n(OH)$	R-COOH	$RCOO^- \cdots (MO_n)^+$
SiO_2ガラス	$R-SiCl_3$, $R-Si(OR)_3$	$R-Si(-O-)_3-SiO_2$ （シロキサン結合のネットワーク）
Au	R-SH, Ar-SH	RS-Au（化学吸着）あるいは RSH-Au（物理吸着）
Ag		RS-Ag
Cu		RS-Cu
Pt		RS-Pt

ル顕微鏡（STM）による測定や量子化学計算などの結果，化学吸着と考えられてきた．一方最近になって，金電極間に分子両末端に種々のチオール基を有する分子を単分子固定した単一分子接合（single-molecule junction）のコンダクタンスの電極間距離依存性から，むしろ物理吸着であると報告されている[5]．

図6.9(b)～(d)に示した吸着単分子膜において，溶液側末端に反応性官能基を導入すれば，その表面化学修飾や化学吸着を繰り返すことによる累積膜化が可能である．この詳細については，第10章を参照されたい．また基板上において吸着単分子膜を二次元的にパターニングして作製できれば，それを鋳型として分子素子回路を作ることができる．この手法として，原子間力顕微鏡（AFM）のカンチレバーのプローブ先端を有機チオール分子で被覆し，Au基板との間の吸着水の表面張力によって有機チオール分子（分子インク）をAu基板に転写する技術（ディップペンナノリソグラフィー，DPN）が開発されている（図6.9(e)）[6]．この手法を用いれば，対象表面をAFM観察しながら，表面に吸着単分子膜のパターン（50 nm程度のライン）を描くことができる．

6.5　交互吸着法

6.2節および6.3節で述べたLB法や吸着単分子膜の作製手法により，分子膜1層を単位とした積層構造を作製することが可能である．一方，1990年代になり，静電的相互作用を利用して，より簡便にnmオーダーの積層膜を作製する手法である**交互吸着**（layer-by-layer adsorption, LbL）**法**が開発された[7]．

2つのビーカーへ入れた水に，アニオン性高分子電解質とカチオン性高分子電解質をそれぞれ適切な濃度で溶解させておく．次に，電荷を帯びた基板を，反対

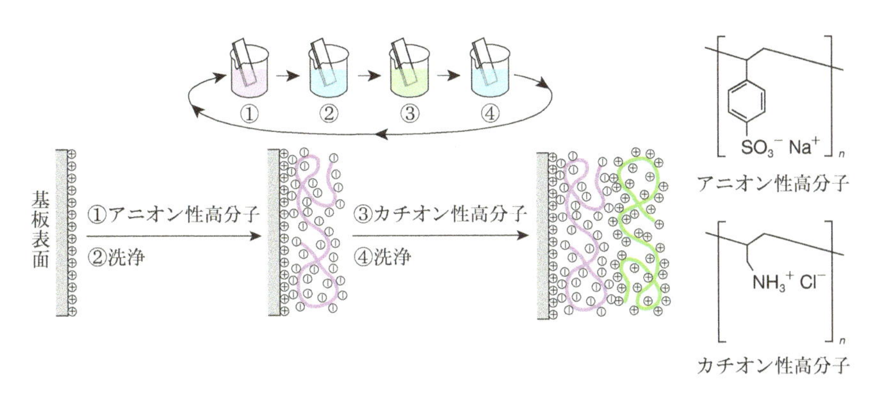

図6.10　交互吸着法によるアニオン性高分子，カチオン性高分子の交互積層化[7)]

の電荷を有する高分子電解質水溶液に浸漬する．このとき，静電的相互作用により高分子電解質が基板表面に吸着するが，電荷の中和が起こると同時に，高分子電解質が過剰吸着するために，表面の電荷が反転する．この1層目の高分子吸着により電荷が逆転した基板を純水で洗い流した後，反対電荷を有する第2の高分子電解質水溶液に浸漬すると，2層目の高分子が吸着する．この操作を交互に繰り返すことによって，アニオン性高分子とカチオン性高分子が交互に積層した膜が得られる（図6.10）．この原理に基づけば，ビーカーとピンセットを用いるだけで，色素，タンパク質やコロイド粒子をはじめとするさまざまな物質を積層化することができる．

交互吸着法を利用して，バイオリアクターを作製することも可能である．國武らは，酵素グルコースアミラーゼとグルコースオキシダーゼを順序よく積層させ，この酵素複合膜に上からデンプン水溶液を流すだけで，デンプン→グルコース→グルコノラクトンへの物質変換が可能なバイオリアクターを構築できることを示した（図6.11）[8)]．すなわち，静電的相互作用を利用して複数の酵素の配置を高分子との交互積層膜構造中で空間的に制御でき，またこの積層膜中において酵素は失活せずに機能を保持しうる．このように，「ウェット」な薄膜作製プロセスが酵素タンパク質の配列制御にとって有用であることがわかる．

交互吸着法は，溶液からの吸着法にとどまらず，交互スピンコート法や，交互スプレー塗布法などのバリエーションが考案され，さまざまな基板や大面積化への対応も図られている．また，その応用は多岐にわたり，用いる高分子の種類（組み合わせ）や積層数に応じてガス分離膜への応用も可能となっている．さらに，

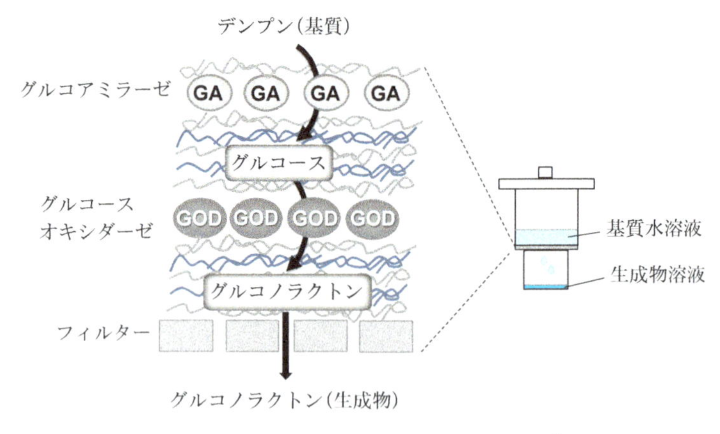

図6.11　交互吸着法による酵素リアクター[8)]

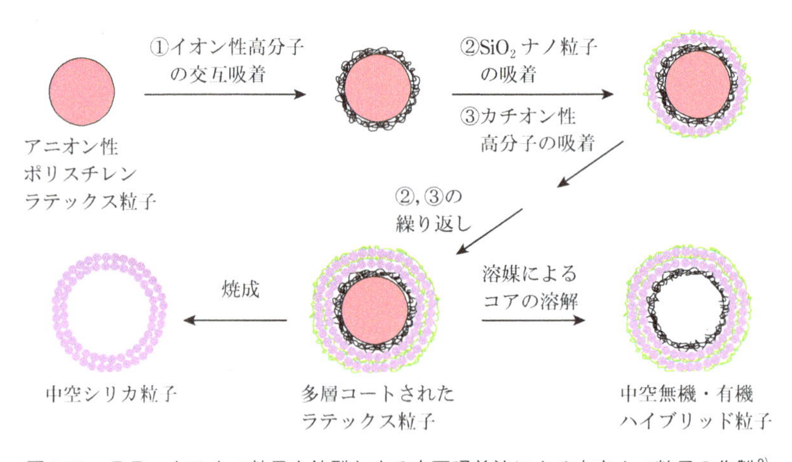

図6.12　ラテックスナノ粒子を鋳型とする交互吸着法による中空ナノ粒子の作製[9)]

基板の形状は平面である必要がなく，アニオン性のポリスチレンラテックス粒子(粒径～640 nm)表面にカチオン性，アニオン性の高分子を交互吸着させて下地を作り，その上にアニオン性のシリカナノ粒子とカチオン性高分子を交互吸着させることにより，シリカナノ粒子/高分子で多層被覆されたラテックス粒子が得られている(図6.12)[9)]．この粒子を焼成すると有機成分が除去され，中空シリカ粒子が，またテトラヒドロフランによってコア部のポリスチレンラテックス粒子を溶解すると中空の無機・有機ハイブリッド粒子が得られる．このように，交互吸着法はきわめて汎用性が高く，さまざまな基板，担体表面におけるナノ積層構造の構築手法として，多方面に応用されている．

引用文献

1) 加藤貞二，福田清成（日本化学会 編），コロイド科学II：会合コロイドと薄膜，東京化学同人（1995），6章 不溶性単分子膜
2) Y. Okahata and K. Ariga, “Swelling behaviour and stability of Langmuir-Blodgett films deposited on a quartz crystal microbalance in a water phase”, *Thin Solid Films*, **178**, 465–471 (1989)
3) N. Higashi and T. Kunitake, “Stabilization and facilitated deposition of surface monolayers of fluorocrbon amphiphiles through polyion complex formation”, *Chem. Lett.*, **15**, 105–108 (1986)
4) R. G. Nuzzo and D. L. Allara, “Adsorption of bifunctional organic disulfides on gold surfaces”, *J. Am. Chem. Soc.*, **105**, 4481–4483 (1983)
5) M. S. Inkpen, Z. –F. Liu, H. Li, L. M. Campos, J. B. Neaton, and L. Venkataraman, “Non-chemisorbed gold-sulfur binding prevails in self-assembled monolayers”, *Nat. Chem.*, **11**, 351–358 (2019)
6) R. D. Piner, J. Zhu, F, Xu, S. Hong, and C. A. Mirkin, “Dip-Pen" nanolithography”, *Science*, **283**, 661–663 (1999)
7) G. Decher, “Fuzzy nanoassemblies: Toward layered polymeric multicomposites”, *Science*, **277**, 1232–1237 (1997)
8) M. Onda, Y. Lvov, K. Ariga, and T. Kunitake, “Sequential reaction and product separation on molecular films of glucoamylase and glucose oxidase assembled on an ultrafilter”, *J. Ferment. Bioeng.*, **82**, 502–506 (1996)
9) F. Caruso, R. A. Caruso, and H. Möhwald, “Nanoengineering of inorganic and hybrid hollow spheres by colloidal templating”, *Science*, **282**, 1111–1114 (1998)

❖演習問題

6.1　図6.2に示すラウリン酸，ミリスチン酸，ステアリン酸の水面単分子膜（下水相温度20°C）のπ–A曲線が異なる理由を，これらの分子間相互作用をもとに考察しなさい．

6.2　ステアリン酸（$C_{17}H_{36}COOH$，分子量284）w[g]をヘキサンに溶解して100[mL]の溶液を作り，水面にb[mL]展開して得られる水面単分子膜を圧縮して，固体凝縮膜を得た．この固体凝縮膜の面積をS[cm^2]，ステアリン酸の占有面積をa[nm^2/molecule]，アボガドロ定数をN_A[/mol]とし，分子間には隙間がないものと仮定する．このとき，(i)ヘキサン溶液b[mL]中に含まれるステアリン酸のモル数を求めなさい．(ii)ステアリン酸の固体凝縮膜S中のモル数を求めなさい．(iii)(i)と(ii)から，アボガドロ定数N_Aと，w, b, S, aの関係を導きなさい．

6.3　固体基板上に単分子膜や多層膜を作製する手法として，ラングミュア・ブロジェット（LB）法，固体表面への吸着単分子膜（自己組織化単分子膜，SAM）の形成，ならびに交互吸着法による高分子電解質の交互積層化技術がある．それぞれの手法の特徴ならびに，長所と短所を比較してまとめなさい．

第7章　分子集合体：ミセル・液晶・ベシクル

分子集合体という概念はたいへん広く，実にさまざまな物質群を含む．分子集合体とは，ファンデルワールス力，水素結合，疎水性相互作用などの，分子間力とよばれる弱い相互作用によって，分子同士が集まって形成される会合体の総称である．もっとも単純な分子性結晶，タンパク質と核酸の会合体であるウイルス，もっとも複雑でもっとも高機能を発揮する生体も分子集合体とみなせる．

このように多様な分子集合体の中で，本章では，界面活性剤が形成するミセル・液晶・ベシクルのみを取り上げる．コロイド・界面化学の分野における分子集合体とは，主にこれらを指すからである．

7.1　界面活性剤の基本的性質

界面活性剤の基本的性質として吸着と会合があることは，すでに2.3.3項において述べた．したがって本章では，それを補足する内容と，基本的性質のうちの会合現象について解説する．なぜなら，分子集合体とは，会合現象の結果としてできる構造物にほかならないからである．

界面活性剤は，1つの分子の中に水によく溶ける部分（親水基）と，溶けない部分（疎水基）をあわせもつ，二重人格的な性質を有することを2.3.3項で述べた．したがって本項ではその補足として，親水基と疎水基の種類と，それによる界面活性剤の分類について記すことにする．

図7.1に，界面活性剤の代表的な親水基と疎水基を示した．疎水基としては炭化水素基がもっとも一般的である．炭素数は6～22に集約され，なかでも10～18にほとんどの界面活性剤は集中している．天然油脂を原料とする界面活性剤の炭素数はすべて偶数となる．フルオロカーボン基を疎水基としてもつ界面活性剤は，水の表面張力を大きく低下させるという特徴をもっている．これはフルオロカーボン基同士の凝集エネルギーが小さいことがその原因である．ポリジメチルシロキサン（シリコーン）を疎水基とする界面活性剤は，シリコーンオイルを乳化して化粧品や香粧品に配合する場合や，逆にそれらを皮膚や毛髪から除去する洗

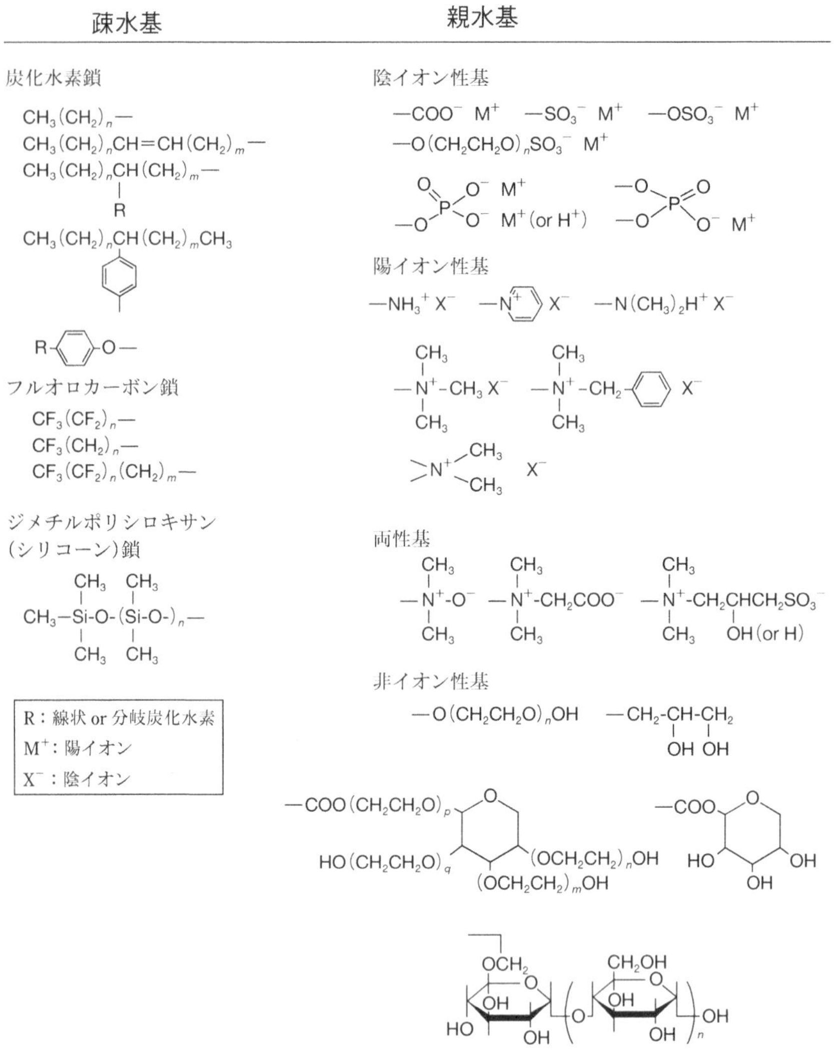

疎水基	親水基

炭化水素鎖

$CH_3(CH_2)_n—$

$CH_3(CH_2)_nCH=CH(CH_2)_m—$

$CH_3(CH_2)_nCH(CH_2)_m—$ (R)

$CH_3(CH_2)_nCH(CH_2)_mCH_3$

R—⟨benzene⟩—O—

フルオロカーボン鎖

$CF_3(CF_2)_n—$

$CF_3(CH_2)_n—$

$CF_3(CF_2)_n(CH_2)_m—$

ジメチルポリシロキサン(シリコーン)鎖

$CH_3—Si(CH_3)_2\text{-O-}(Si(CH_3)_2\text{-O-})_n—$

R：線状 or 分岐炭化水素
M^+：陽イオン
X^-：陰イオン

陰イオン性基

$—COO^-\ M^+$　$—SO_3^-\ M^+$　$—OSO_3^-\ M^+$

$—O(CH_2CH_2O)_nSO_3^-\ M^+$

$—O\text{-}P(=O)(O^-\ M^+)(O^-\ M^+\ (\text{or}\ H^+))$　$(—O)_2P(=O)O^-\ M^+$

陽イオン性基

$—NH_3^+\ X^-$　$—N^+$(pyridinium)$\ X^-$　$—N(CH_3)_2H^+\ X^-$

$—N^+(CH_3)_2\text{-}CH_3\ X^-$　$—N^+(CH_3)_2\text{-}CH_2\text{-}C_6H_5\ X^-$

$>N^+(CH_3)_2\ X^-$

両性基

$—N^+(CH_3)_2\text{-}O^-$　$—N^+(CH_3)_2\text{-}CH_2COO^-$　$—N^+(CH_3)_2\text{-}CH_2CH(OH\ (\text{or}\ H))CH_2SO_3^-$

非イオン性基

$—O(CH_2CH_2O)_nOH$　$—CH_2\text{-}CH(OH)\text{-}CH_2(OH)$

$—COO(CH_2CH_2O)_p$—, $HO(CH_2CH_2O)_q$—, $(OCH_2CH_2)_nOH$, $(OCH_2CH_2)_mOH$ (sorbitan ring)　$—COO$—(ring with HO, OH, OH)

OCH_2, CH_2OH, OH, HO, OH, O, OH, $(\ )_n$, OH (glucoside chain)

図7.1　界面活性剤の疎水基と親水基の代表例

浄剤として利用されている．

親水基の分類は，そのまま界面活性剤の分類として使われる．陰イオン基，陽イオン基，両性イオン基，非イオン基を有する界面活性剤は，それぞれ陰イオン(アニオン)，陽イオン(カチオン)，両性，非イオン(ノニオン)界面活性剤とよばれる．陰イオン界面活性剤は，主に洗浄剤として使われる．衣類や台所用洗剤，シャンプー，洗顔料などがその代表である．陽イオン界面活性剤は繊維の柔軟剤やヘアーコンディショナーに，両性界面活性剤は主として陰イオン界面活性剤の洗浄力や起泡力を増強する補助剤として使用される．非イオン界面活性剤は，乳化剤として使用されることが多いが，洗浄剤としても油汚れに強いという特徴を有している．ヒドロキシ基(−OH)のみを親水基とする界面活性剤(コレステロール，モノグリセリド，モノグリセリルエーテル，糖誘導体など)は親水性が弱く，水に溶けないものが多いが，それぞれに特徴のある物性と応用機能を有する．

7.2　界面活性剤のミセル形成と可溶化現象

7.2.1　クラフト点とミセル形成

A.　クラフト点とその意義

界面活性剤の水への溶解挙動は，通常の物質とは大きく異なる．界面活性剤の水への溶解度を，温度を変えて測定すると，ある温度から急激に溶解度が大きくなる．この温度のことを発見者の名に因んで，**クラフト点**(Krafft point)とよぶ．クラフト点以下の温度では，界面活性剤の溶解度はたいへん小さく，界面活性は発揮されない．その意味で，クラフト点は界面活性剤を特徴づける基本的な物理量の1つである．

このクラフト点の物理的意味を，界面活性剤の希薄水溶液の相図(図7.2)を使って考えよう．曲線BACは見かけの溶解度曲線で，溶解度はクラフト点から急激に大きくなる．一方，クラフト点以上の温度で，界面活性剤の濃度を上げていくと，ある濃度でミセルが形成され始める．この濃度のことを**臨界ミセル濃度**(critical micelle concentration, **CMC**)とよぶ．このCMCの温度変化を表す曲線は，図中の曲線ADである．溶解度曲線とCMC曲線は点Aで交わり，点Aは溶解度が急激に立ち上がる点と一致する．さて，領域Iでは溶解度以上に投入された界面活性剤は固体(水和結晶)として析出している．領域IIIは溶解度曲線およびCMC曲線より低濃度の領域であるから，界面活性剤はモノマー(分子)で溶解している．一方，領域IIでは，ミセルがそれと平衡な濃度(＝CMC)のモノマーと共存する．

図7.2を，通常の物質，例えばベンゼンの相図と比較してみよう．ベンゼンの溶解度を，温度を変えて測定すると，ベンゼンの融点より低い温度では固体のベ

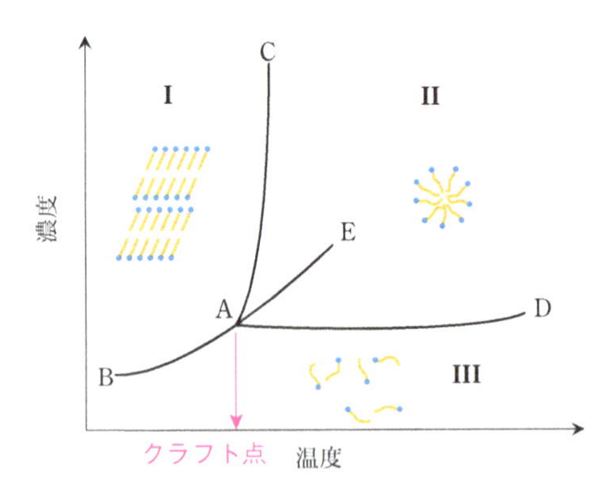

図7.2　界面活性剤の希薄水溶液の相図

ンゼンの溶解度を測定することになり，溶解度曲線は図7.2の曲線BAのようになるであろう．もしベンゼンがずっと固体のままであれば，溶解度曲線はBAEのように滑らかに変化するが，途中で融点を超えて液体になると，溶解度の温度依存性が緩やかになり，曲線BADに似た曲線になると予想される．このとき，領域IとIIでは，それぞれ固体のベンゼンと液体のベンゼンが水中に分離していることになる．そして境界線ACは，ベンゼンの融点である．また，CMC曲線（曲線AD）と曲線BAが，熱力学的（真の）溶解度を表す．このように類推すると，ミセルとは相分離した液体の界面活性剤のことであり，クラフト点は界面活性剤固体（水中における水和結晶）の融点であると解釈できる．このように，ミセルを相分離した液滴とみなす考え方を，ミセルの相分離モデルという．液体のベンゼンが相分離すると，白濁したり，巨視的な2層に分離したりするが，界面活性剤の場合は親水基が存在するためにその液滴が非常に小さく（直径5～10 nm程度），透明な溶液を与える．これが見かけの溶解度曲線が曲線BACのようになる理由である．

B.　ミセル形成

図7.2において，クラフト点より高温で界面活性剤濃度を上げ，曲線ADを横切って領域IIIから領域IIへ変化させる場合を考えてみよう．このときの水溶液の表面張力変化は図7.3のようになる．濃度の低い領域ではゆっくり低下し，やがて濃度（の対数）の増加とともに直線的に低下する．そして，ある濃度（CMC）以上で，表面張力は一定値となって変化しなくなる．先述のように，CMCからミセルができ始めるが，ミセルは液体の界面活性剤が相分離したものであるた

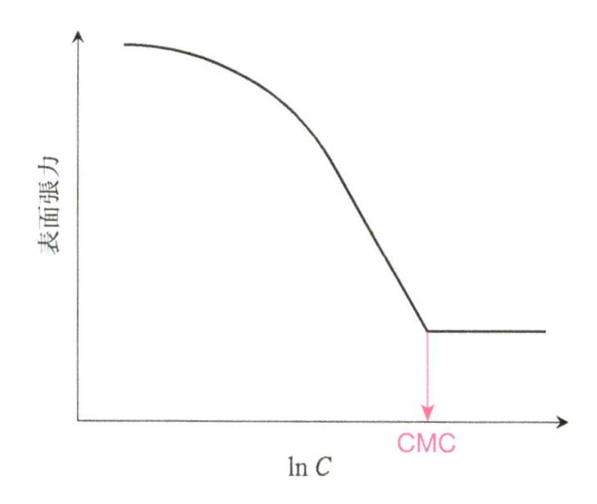

図7.3　界面活性剤水溶液の表面張力－濃度曲線の模式図

め，CMC以上の濃度では分離した液体相の量(ミセルの数)が増えるだけで，真の(熱力学的な)濃度は増加しない．これが，CMC以上で表面張力が変化しない理由である．

ミセルが相分離した液体であることを別の方法で証明してみよう．界面活性剤水溶液の表面張力－濃度曲線(図7.3)に，ギブズの吸着式(式(2.5))を適用する．CMCより高濃度側では，表面張力γはほとんど一定であるから，$d\gamma=0$である．しかし，式(2.5)左辺の吸着量Γは0ではなく，CMC直前の飽和吸着量と同じであることは，種々の実験からわかっている．したがって，ギブズの吸着式が成り立つための必要条件は$d\ln C=0$，つまり$C=$一定である．界面活性剤を水中に投入しているにもかかわらず，濃度が増えない状態とは，界面活性剤が水中で相分離している状態にほかならない．このようにして，ミセルが相分離した状態であることが，熱力学的にも証明できる．

7.2.2　ミセルの大きさと形

A.　ミセルの大きさ

水中に分離した液体相であるミセルの大きさはどの程度であろうか．ミセル1個を形成している界面活性剤分子の数をミセル会合数といい，それに界面活性剤の分子量を乗じたものをミセル量とよぶ．表7.1に，一例として，ドデシル硫酸ナトリウムのミセル会合数およびミセル量を示す．NaCl濃度の増加とともに会合数は増加しているが，数十～百数十程度である．通常，水によく溶ける界面活性剤のミセル会合数はこの程度であり，その形状はほぼ球形で直径は5 nm程度

表7.1　ドデシル硫酸ナトリウム水溶液のミセル会合数およびミセル量

溶媒	ミセル会合数	ミセル量
純水	62	17,800
	80	23,200
	89	25,600
0.01 mol/L NaCl	89	25,600
0.02 mol/L NaCl	66	19,000
0.03 mol/L NaCl	72	23,500
	100	28,700
	102	29,500
0.05 mol/L NaCl	105	30,100
0.1 mol/L NaCl	110	31,600
	112	32,200
0.2 mol/L NaCl	101	29,500
0.5 mol/L NaCl	142	41,000

である．

非イオン界面活性剤ミセルの大きさは，温度の変化とともに特徴的な変化を示す．図7.4に，非イオン界面活性剤(ヘキサオキシエチレン)ドデシルエーテルと両性界面活性剤(ウンデシルカルボキシベタイン)のミセル会合数と温度の関係を示す．第四級アンモニウムイオンとカルボキシレートイオンの両方を有するベタイン型両性界面活性剤の会合数は温度によってほとんど変化しないが，非イオン界面活性剤の会合数は急激に増加している．さらに温度を上げると，ある温度でついに水に溶けなくなって(会合数が無限大になって)白濁する．この昇温によって非イオン界面活性剤水溶液が相分離して白濁する現象を曇点現象といい，白濁する温度を**曇点**(cloud point)とよぶ．ポリオキシエチレン基が親水性であるのは，エーテル酸素への水和のためである．したがって，温度の上昇によって脱水和すると，ポリオキシエチレン鎖は親水基としての機能を失い，界面活性剤は水に溶けなくなる．

通常，ほとんどの物質は温度が高くなるほどよく溶ける．したがって，高温で溶けなくなる現象およびそれを示す物質は珍しい．昇温によって相分離する温度を**下方臨界共溶温度**(lower critical solution temperature, LCST)とよぶが，非イオン界面活性剤の曇点はその一種である．

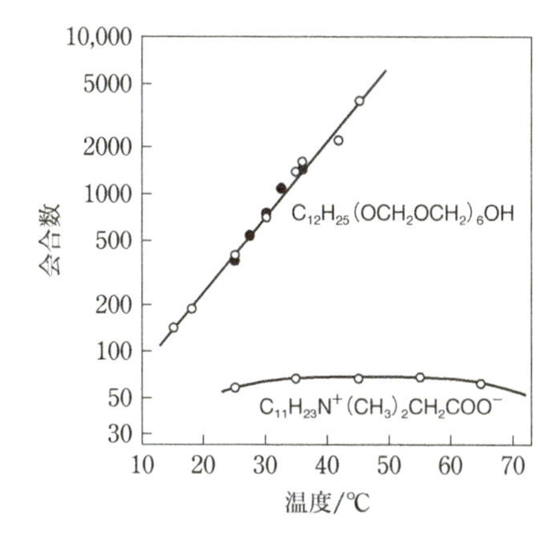

図7.4　非イオンおよび両性界面活性剤のミセル会合数の温度変化

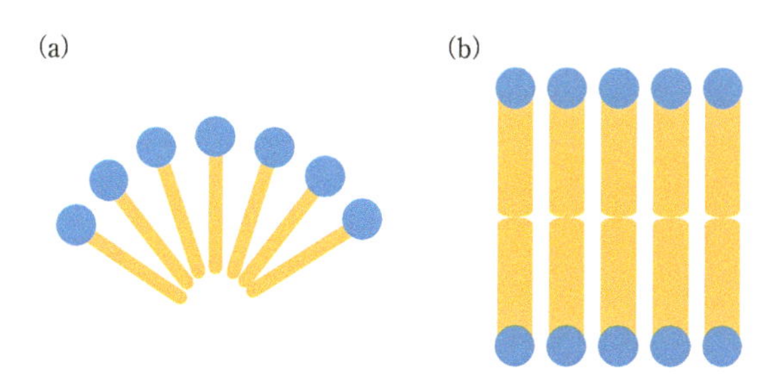

図7.5　界面活性剤分子のパッキングとミセルの形

B.　ミセルの形

ミセルの形は，界面活性剤の種類と濃度，共存する塩の濃度，温度，添加物などによって変わるが，その理由を説明するパッキングの理論を解説しよう．図7.5を見ていただきたい．親水基の大きさに比べて相対的に疎水基が小さい界面活性剤分子を隙間ができないようにパッキングすると，どうしても図7.5(a)のように親水基側に凸の構造となる．この結果，球状ミセルが形成される．一方，疎水基が親水基と同程度の大きさを有する場合には，界面活性剤分子は図7.5(b)のように，どちらにも曲がらず平面的に並ぶ．このような界面活性剤は平板状ミセルをつくるであろう．親水基の大きさといった場合，原子径に由来する物理的大きさに加えて，イオン性界面活性剤ではイオン基間の静電反発による広がりも含める必要がある．イオン性界面活性剤が球状ミセルをつくりやすいのはそのた

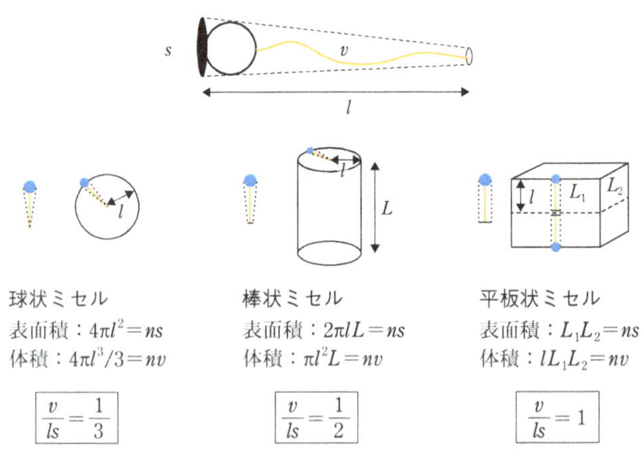

図7.6　ミセルの形を決めるパッキングの理論

めである．また，2本の炭化水素基を有する界面活性剤は相対的に疎水基が大きく，そのために平板状ミセルとなり，後に述べるベシクルやリポソームをつくりやすい．

なお，ここでは球状ミセルと平板状ミセルについてのみ述べたが，親水基と疎水基の大きさの比がその中間の場合には，細長い棒状（ひも状）ミセルとなる．

このパッキングの理論を定量的に扱ったのが図7.6である．界面活性剤分子の長さをl，体積をv，親水基の断面積をsとする．また，ミセルの会合数をnとすると，このミセルが球形であるためには，次の条件が必要である．

ミセルの表面積は界面活性剤分子の断面積の和である：$4\pi l^2 = ns$

ミセルの体積は界面活性剤分子の体積の和である：$4\pi l^3/3 = nv$

この2つの式からnを消去すると，$v/ls = 1/3$となる．この条件よりsが大きいと球形であるから，球状ミセルが形成される条件は$v/ls \leq 1/3$となる．v/lsをパッキングパラメータとよぶが，この値が$1/3 < v/ls \leq 1/2$のときは棒状ミセル，$1/2 < v/ls \leq 1$のときは平板状ミセルになる．これらの計算を，図7.6に示しておいた．読者の方も，自分で計算を追試してみていただきたい．

同じ界面活性剤であっても，条件が変わるとミセルの形も変わる．例えば，イオン性界面活性剤の球状ミセルに塩を添加すると，棒状ミセルに変化する．親水基であるイオン基間の静電反発力が低下し，それだけ親水基の占める断面積が小さくなるためである．また，非イオン界面活性剤水溶液の温度を上昇させると，ポリオキシエチレン鎖の脱水和が起こり，その結果，水中に大きく拡がっていた親水基が縮んで小さくなる．この変化によりミセルの形は変わり，ミセルのサイズも大きくなる．その極限が曇点現象につながる．このように，ある界面活性剤の分子構造に関する情報だけからミセルの形を決めることは困難である．親水基の断面積sを見積もることが難しいからである．しかし，上記の例のように，同じ界面活性剤のミセルの形が条件によってどのように変化するかを予測するのに，パッキングの理論は有効である．

7.2.3 可溶化現象とミクロエマルション

A. 可溶化現象

先述のように，ミセルは分離した界面活性剤の液体相で，いわば微小な炭化水素滴が水中に分散したようなものである．したがって，有機物がその中に溶け込むことも可能である．このようにして，純粋な水には溶けない有機物がミセル溶液に溶けるようになる現象を**可溶化**(solubilization)とよぶ．可溶化現象は，界面活性剤のモノマー溶液では決して起こらず，ミセルが存在して初めて起こる現象であるため，CMCの決定法の1つとして利用される．

さて可溶化された有機物は，ミセルのどの部分に溶けているのであろうか．当然のことであるが，被可溶化物質の種類によってその部位が異なる．図7.7に可溶化の様子を模式的に示す．炭化水素などの非極性の有機物はミセル内部の炭化水素核中に，高級アルコールのような極性基を有する有機物は，極性基を水側に向けて界面活性剤分子と並んで可溶化される．非イオン界面活性剤のミセルにおいては，ポリオキシエチレン基の密集した部分が炭化水素核のまわりに存在す

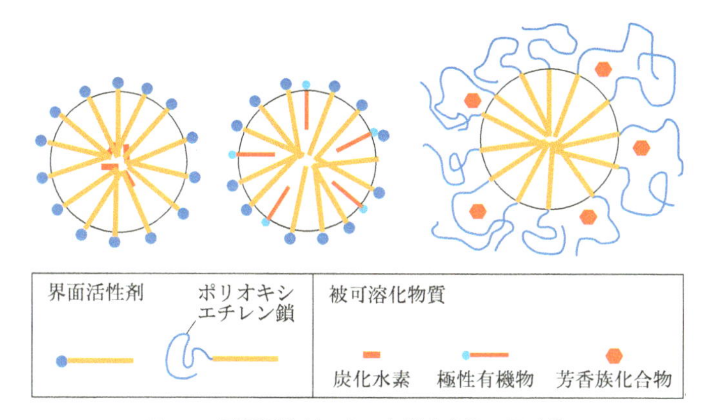

図7.7 界面活性剤による有機化合物の可溶化

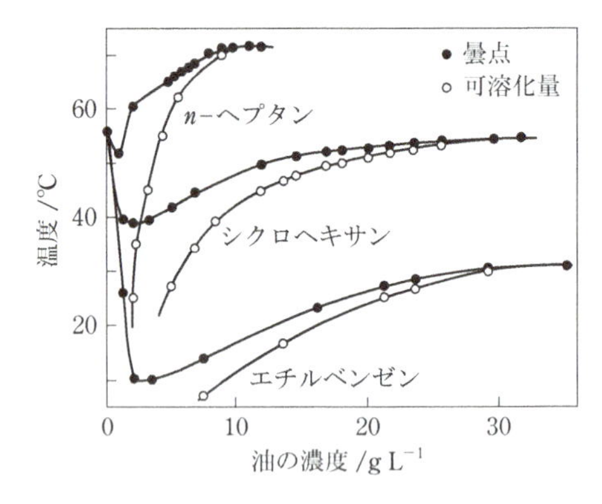

図7.8　非イオン界面活性剤（*iso*−$C_9H_{19}C_6H_4O(CH_2CH_2O)_{9.2}H$）の各種油に対する可溶化量の温度依存性

る．したがって，ポリオキシエチレン基と親和性の高い物質は，主にこの部分に可溶化される．色素のような芳香族化合物がその例である．

非イオン界面活性剤の可溶化量と温度の関係には，顕著な特徴がある．図7.8にその一例を示す．図は（ポリオキシエチレン）ノニルフェニルエーテルの1％水溶液中への，各種炭化水素の可溶化量と温度の関係である．可溶化量は，非イオン界面活性剤の曇点付近の温度で著しく大きくなる．逆に，油中への水の可溶化量の温度依存性も，同様に界面活性剤の曇点付近で大きくなることがわかっている．この可溶化量が著しく大きくなる温度より低温側では，可溶化されずに分離した油は水中油滴型（oil in water, O/W）エマルションとなり，逆に高温側では油中水滴（water in oil, W/O）型エマルションとなる．つまり，水（油）中への油（水）の可溶化量は，乳化の型がO/WからW/Oへ変わる直前に著しく大きくなる．低温側では，非イオン界面活性剤の親水基が大きく，親水基側に凸の会合構造をとりやすい．その結果として，乳化の型がO/Wとなる．高温側ではその逆に，親水基側に凹の構造をとりやすくなっている．ちょうどその境目の温度では，どちら側にも凸の構造にならない平板状の構造となり，ミセルがもっとも大きくなる．これが，この温度で可溶化量に著しい極大が生じる理由であると考えられている．

B.　ミクロエマルション

ミクロエマルションは，歴史的な経緯によって，「エマルション」という名が付いているが，実際は可溶化系である（コラム7.1参照）．可溶化系は乳化系とは異なり，熱力学的安定系である．乳化系はいつか必ず水と油の 2 相に分離するのに対して，可溶化系は無限に安定である．その意味で，ミクロエマルションは乳化（エマルション）とはまったく異なる系である．

コラム7.1　ミクロエマルションという語の歴史的経緯

通常の白濁したエマルションに，補助界面活性剤（中鎖や長鎖のアルコールなど）を加えていくと，透明な液に変化する現象が1950年代に見出された．この現象を発見した研究者は，補助界面活性剤の働きによってエマルションの粒子がたいへん小さくなったので透明になったと考え，この液を「ミクロエマルション」とよんだ．しかし，後に研究が進んだ結果，この液は可溶化系であることが判明したのである．この事情がわかる相図の一例を**図**に示す．図中の点A_2における状態は，20 wt%ドデシル硫酸ナトリウム（SDS）水溶液中にベンゼンが乳化した，通常の白濁エマルションである．このエマルションに補助界面活性剤（ペンタノール）を加えていくと，図の点線Bに沿って右下のコーナーに向かって変化する．この線上で点Eに達すると，L_1と記された可溶化領域に入るため，突然透明な溶液に変化する．これを，粒子が微細になった乳化物（エマルション）と間違えたというわけである．読者の方は，今後，ミクロエマルションという言葉を聞けば，それは可溶化系であると理解していただきたい．

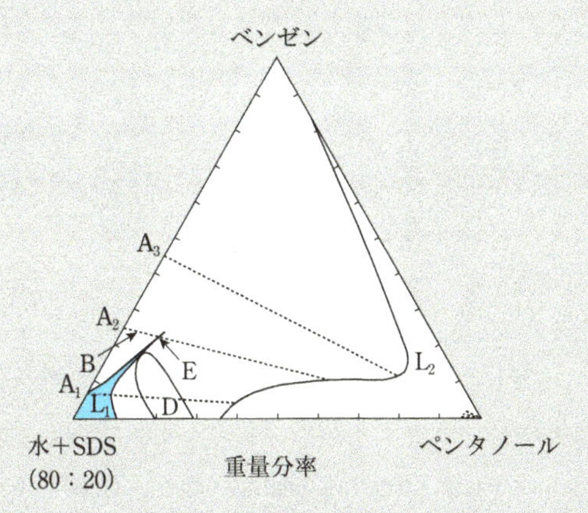

図　ドデシル硫酸ナトリウムの20 wt%水溶液/ベンゼン/ペンタノール系の30℃における相図
［S. I. Ahmad *et al.*, *J. Colloid Interface Sci.*, **47**, 32（1974）］

7.3　リオトロピック液晶の形成

7.3.1　液晶の種類：サーモトロピック液晶とリオトロピック液晶

「液晶」と聞くと，液晶ディスプレイを思い出す人が多いであろう．テレビ，パソコン，スマートフォンなどのディスプレイに，液晶は広く利用されているからである．このようなディスプレイに利用されている液晶は，**サーモトロピック液晶**(thermotropic liquid crystal)とよばれる分類に属している．一方，本章で取り上げる界面活性剤の液晶は**リオトロピック液晶**(lyotropic liquid crystal)とよばれ，サーモトロピック液晶とは別の種類に分類される．では，ディスプレイの液晶と界面活性剤の液晶は，何が違うのであろうか．

液晶とは，分子が規則的に並んだ状態の結晶と，まったくランダムに動き回る液体の中間にある物質の状態として定義される．結晶の「分子が並ぶ」という性質と，液体の「流れる」という性質をあわせもった状態なのである．結晶の規則的に並んだ分子の秩序を乱すには，2種類の方法がある．1つは，温度を上げて分子運動を盛んにすることであり，もう1つは溶媒を加えて分子間相互作用を緩めることである．前者により結晶の秩序を崩した液晶がサーモトロピック液晶，後者によるものがリオトロピック液晶である．定義からわかるように，リオトロピック液晶には溶媒が含まれている．それが，リオトロピック液晶が電子デバイスに使われない理由である．電子デバイスは，液体，特に水を嫌うからである．

液晶中の分子は，ある方向に並んでいる．したがって，方向によって異なる物性を示す．この性質のことを**異方性**(anisotropy)というが，特に，光学的な異方性は液晶の同定によく使われる．光学異方性を示す液晶を偏光顕微鏡下で観察すると，その像には構造に依存したきれいな模様(テクスチャー)が現れる．その独特のテクスチャーから，液晶構造を推定することができる．

7.3.2　界面活性剤のつくる液晶とその構造

界面活性剤は，リオトロピック液晶を形成するもっとも典型的な物質の1つである．界面活性剤の場合，添加する溶媒はもちろん水である．すでに述べたように，界面活性剤のミセルは界面活性剤の種類，濃度，添加物などの条件によってさまざまな形をとりうるが，球状，棒(ひも)状，平板状ミセルがもっとも一般的である．そしてこれらのミセルが，一定条件下で規則的に配列したものが液晶である．特に，棒状および平板状ミセルがつくるヘキサゴナル相とラメラ相が，

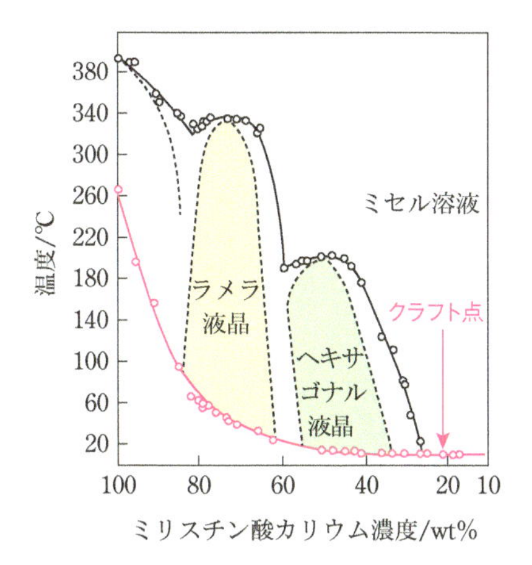

図7.9 ミリスチン酸カリウム／水系の相図
ミセル溶液／ヘキサゴナル液晶およびヘキサゴナル液晶／ラメラ液晶の間の破線で囲まれた部分は両相の共存領域である．

もっとも頻繁に現れる液晶相である．図7.9にミリスチン酸カリウム／水系の相図を示す．図中のミセル溶液の領域では，ミセルはランダムに動き回って溶液は等方的な性質を示す．界面活性剤濃度が20 wt％を超えるあたりから，ヘキサゴナル相が現れる．次いで50 wt％を超えるあたりから，新たな液晶相であるラメラ相が出現する．なお，ミセル溶液や液晶相の低温側に，クラフト点の濃度変化に相当する曲線が描かれている．濃度が高くなって液晶領域に入った場合に，このクラフト点はゲル－液晶相転移点とよばれることが多い．名称は異なっても，その物理的意味は同じである（コラム7.2参照）．

界面活性剤のつくる各種液晶相の構造を図7.10に示した．ヘキサゴナル相では，非常に長い棒状ミセルが六方対称状態に最密充填して，一定方向に並んでいる（図7.10(a)）．一方，ラメラ相では，平板状ミセルが水の層と交互にサンドイッチ状の構造をとっている（図7.10(b)）．これらの液晶相はいずれも光学異方性を有し，独特の偏光顕微鏡像を与えるので，液晶構造の同定に利用される．液晶の偏光顕微鏡像は，万華鏡のようにきれいなものが多く，目を楽しませてくれる．

ミリスチン酸カリウム水溶液では現れないが，界面活性剤の種類によっては，棒状ミセルを形成する界面活性剤の向きが逆になっている逆ヘキサゴナル相もある（図7.10(c)）．逆ヘキサゴナル相では，界面活性剤の親水基が内側に，疎水基が外側に向いて棒状ミセルができている．このような構造をとるには，界面活性

コラム7.2　界面活性剤のゲル相

界面活性剤のラメラ液晶相(**図**(c))の温度を下げていくと，ある温度で半透明で流動性のないゲル相(**図**(b))が出現する．この温度を，ゲル－液晶相転移点T_Cとよぶ．この転移点において，界面活性剤分子は二分子膜内で結晶化する．つまり，ゲル相中の界面活性剤分子は，位置の規則性を有し，炭化水素鎖は回転の自由度をもったトランスジグザグ構造をとっている．しかし，二分子膜間の距離は大きく，濃度に依存して変化し，100 nm以上にも達することがある．したがって，膜間における分子の規則性は存在しない．一方，二分子膜間における分子の規則性も有し，三次元の結晶となったのがコアゲル相である(**図**(a))．コアゲル相では，二分子膜内で界面活性剤分子の炭化水素鎖はトランスジグザグ構造をとり，しかもその配向までそろえて規則的に並んでいる．また膜間の水の量は少なく，水和水程度である．つまり，コアゲル相とは，真の(三次元の)結晶にほかならない．

界面活性剤のゲル相は，熱力学的に準安定相であることが多い．そのような場合には，半透明のゲル中に，時間の経過とともに白い結晶がポツポツと出現し，やがてそれが溶液全体を占めるようになる．ゲルの変化という点からこのゲルを見れば，ボソボソになった粗いゲルということになるため，コアゲル(coarse gel)とよばれるようになったのである．

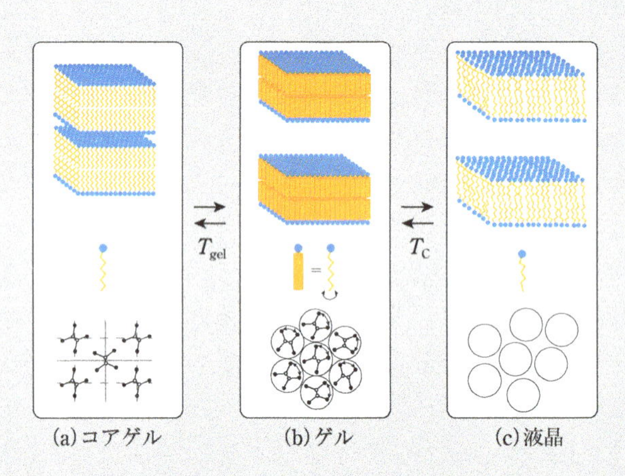

図　界面活性剤の液晶(c)，ゲル(b)，コアゲル(a)相の模式図
各相中の分子は，液体(液晶相)，二次元結晶(ゲル相)，三次元結晶(コアゲル相)状態である．

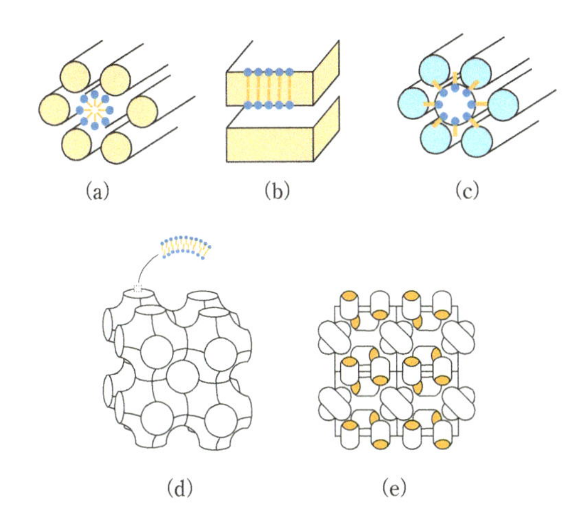

図7.10 界面活性剤がつくる各種液晶の構造
(a)ヘキサゴナル構造，(b)ラメラ構造，(c)逆ヘキサゴナル構造，(d)共連続相型キュービック構造，(e)独立ミセル型キュービック構造

剤分子の親水基が疎水基に比べて小さいことが必要である．また，相図上では水分量の少ない領域に現れる．

比較的まれであるが，立方晶系に属するキュービック相も存在する．図7.10(d)に示した共連続相型キュービック相は，二分子膜状のラメラ構造が基本になり，その界面活性剤相と水相が互いに入り組んで，ともに連続的につながった複雑な構造をしている．これに対して独立ミセル型キュービック相は，1個1個のミセルが独立しており，それが規則的に並んで液晶をつくっている．図7.10(e)には，短い棒状ミセルがつくる独立ミセル型キュービック相の例を示す．球状ミセルのつくる立方晶液晶ももちろん知られている．なお，キュービック相には，方向による性質の違いはないので，光学異方性は存在しない．

7.4　ベシクルとリポソーム

7.4.1　希薄溶液におけるラメラ液晶相の分離

1つの分子が2本の疎水基をもつレシチン（生体膜の主要構成成分）のような界面活性剤は，パッキングの理論（7.2.2項B）から理解できるように，低濃度から平板状ミセル構造を形成する．平板状ミセルは水中でバラバラに存在することはなく，ラメラ液晶となる．ただし，界面活性剤濃度が希薄な領域では，溶液全体をラメラ液晶で埋め尽くすことができず，ラメラ液晶相と水相の2相に分離する．図7.11に卵黄レシチンとジテトラデシルジメチルアンモニウムクロリドの相図を示す．いずれの相図にも，界面活性剤の濃度が低いときに，相分離したラメラ液晶領域が現れる．この分離したラメラ液晶は玉ねぎ状に閉じた構造をしているが，この構造体を**ベシクル**（vesicle）とよぶ．特に，天然の脂質がつくるベシクルを**リポソーム**（liposome）とよぶ．つまり，ベシクルやリポソームは特殊な形をしたミセルである．また，平板状ミセルは界面活性剤の分子が疎水基の末端同士を

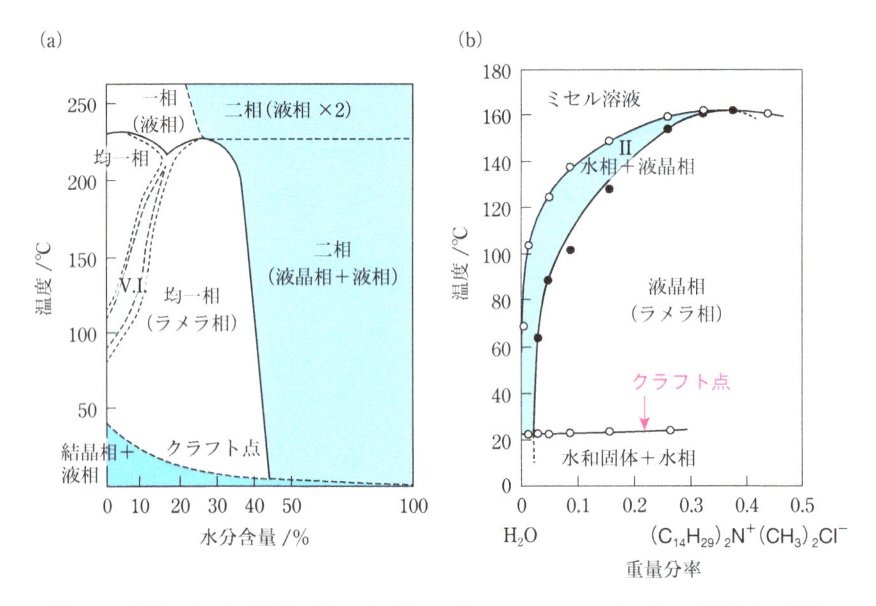

図7.11　卵黄レシチン(a)とジテトラデシルジメチルアンモニウムクロリド(b)の相図
界面活性剤の低濃度側に，ラメラ液晶が相分離した領域がある．V.I.はviscous isotropicの意味で，その領域はcubic液晶相と考えられる．なお，(a)と(b)では濃度の向きが逆であることに注意．

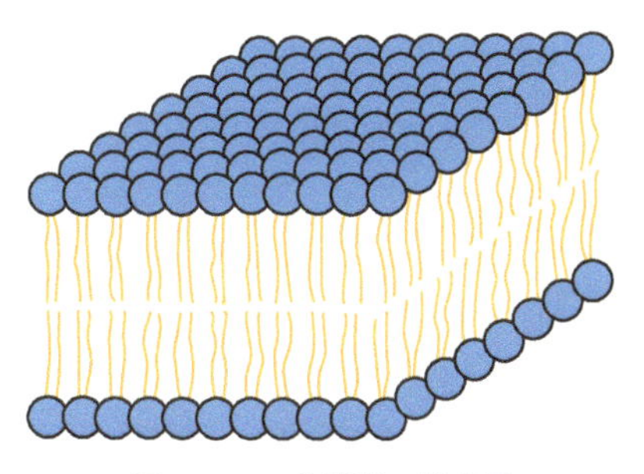

図7.12　二分子膜の模式図

寄せ合って会合しており，ちょうど二分子の厚さ(4〜5 nm程度)を有する分子集合膜になっているので，しばしば**二分子膜**(bilayer membrane)とよばれる(図7.12).

7.4.2　二分子膜の基本的性質

界面活性剤を特徴づける基本的物理量の1つである臨界ミセル濃度(CMC)の観点から，二分子膜の形成を眺めてみよう．まず，CMCに相当する臨界二分子膜形成濃度は存在するであろうか．純理論的には存在するはずであるが，実際にはきわめて低く，事実上0とみなしてよい．このことは簡単な計算からも予想される.

通常，界面活性剤のCMCは，疎水基のメチレン基が1個増えるに従って1/3の値になることが知られている．このルールは，トラウベ則(Traube rule)とよばれている．このトラウベ則を，疎水基が2本である2本鎖型の界面活性剤に適用してみよう．2本鎖型の界面活性剤は，通常の1本鎖型の界面活性剤よりもメチレン基の数がさらに鎖1本分，つまり10〜20個程度増えることになる．したがってCMCは，$(1/3)^{10\sim20} \approx 10^{-5}\sim10^{-10}$程度小さくなる．通常の界面活性剤のCMCは$10^{-3}$ mol/L程度であるから，2本鎖型の界面活性剤のCMCは$10^{-8}\sim10^{-13}$ mol/Lとなり，事実上0とみなせる．このようにCMCが低いことは，二分子膜溶液を希釈していっても二分子膜構造が壊れずに維持されることを意味し，応用上たいへん有用な性質である．また生体膜が水中で溶解することなく存在できるのもこのためで，それゆえに水中生物が生存可能なのである.

もう1つの基本的物理量であるクラフト点に相当する温度は，ゲル－液晶相転移点とよばれ(コラム7.2および7.3.2項参照)，しばしばT_Cと記される．T_Cより低温側の相はゲル相で，その名のとおり溶液の状態は半透明で流動性のないゲルである．ゲル相中の界面活性剤はいわば二次元の結晶で，界面活性剤分子は二分子膜中で位置の規則性を有しており，また炭化水素鎖もトランスジグザグ構造でまっすぐ伸びた状態である．一方，T_Cより高温側の液晶相においては，界面活性剤分子の位置の規則性は消失し，炭化水素鎖も活発に運動するようになる．通常の界面活性剤では，クラフト点より低温で結晶が析出するが，二分子膜(平板状ミセル)の場合には，二分子膜内だけで二次元の結晶をつくってしまうのである．

7.4.3　ベシクルとリポソーム

二分子膜は，先述のように，厚さ4〜5 nmの平面状の超薄膜であるが，この薄膜が図7.13に描くようにボール状に閉じて中空(とはいっても中に水は存在する)の小胞体となったものがベシクルもしくはリポソームである．ベシクルには2種類の構造が知られており，それぞれ多重層ベシクルおよび一枚膜ベシクルとよばれる．

多重層ベシクルは二分子膜が玉ねぎ状に何枚も重なった構造をしており，粒径も数μmと大きく，分散液も白濁している．これは，先述のように，ラメラ型液晶が二相分離して，水溶液中に分散したものである．一方，一枚膜ベシクルは，玉ねぎの皮が一枚だけ剥がれて閉じた構造をしており，溶液はほぼ透明である．レシチンのような脂質を水に投入すると，通常自然に多重層リポソームが形成される．その多重層リポソームに超音波を照射すると一枚膜リポソームが得られる．一枚膜リポソームは超音波照射のほかにも，界面活性剤を水と溶け合う有機溶剤に溶かしておいて水中に注入する方法や，水によく溶ける界面活性剤で可溶

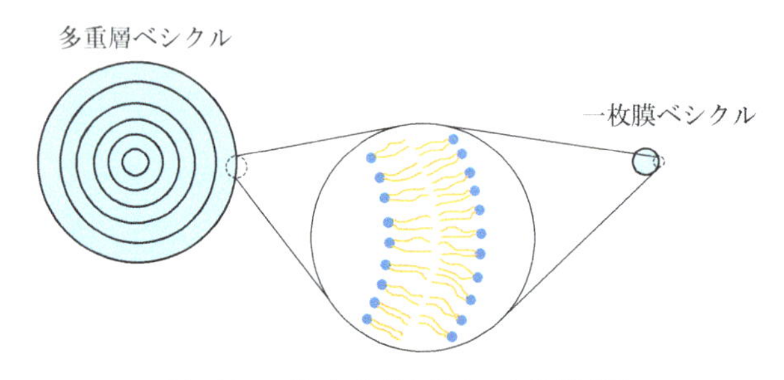

図7.13　ベシクル/リポソームの模式図

化しておいて，その界面活性剤を徐々に透析で除く方法などで調製することができる．また，サイズの大きな一枚膜ベシクルの作製法も知られている．径が100 nm～1 μmの大きな一枚膜ベシクル（large unilamellar vesicle, LUV）や1 μm～数十μmのジャイアントベシクル（giant vesicle）があり，人工細胞膜としての応用が模索されている．

リポソームが1965年にバンガム（Bangham）らによって初めて見出されたとき，レシチンが生体膜の重要な構成成分であるがゆえに，生体膜類似のリポソーム構造が得られるのだと考えられた．しかしながら十年あまり後，人工合成した界面活性剤でも同様の二分子膜構造が得られることが明らかになり，界面活性剤ベシクルとよばれるようになった．なお，ベシクルという用語はリポソームより一般的で，単に小胞を意味する．したがって，天然の脂質がつくるベシクルのことをリポソームとよぶと考えておくとよい．

7.5　分子集合体の応用

7.5.1　界面活性剤ミセルの応用：乳化重合

乳化重合（emulsion polymerization）は，現在ミセルが産業界において本格的に利用されているほぼ唯一の例である．乳化重合には「乳化」という名称が付いているが，この技術でもっとも重要な役割を果たしているのはミセルである．乳化重合においては，重合反応が起こる場はミセルの中であり，乳化滴はミセル中へモノマーを供給するための貯蔵所にすぎない．乳化重合について語るとき，スミス・エバートの理論を避けて通るわけにはいかない．ここでもやはり，彼らの理論の説明から始めよう．

彼らの理論の概要を図7.14に示した．この理論はスチレンのような疎水性のモノマーに対して，もっとも典型的に当てはまる．まず，界面活性剤のミセルの中に，モノマーが可溶化されている（図7.14①）．重合開始剤のラジカルは水相で発生し，ミセル中に飛び込んでくると重合が開始される（図7.14②）．重合反応はミセル中で進行し（図7.14③），次にラジカルが飛び込んでくるとそのラジカルと結合して重合反応は停止する（図7.14④）．重合反応が停止したミセル中に，モノマーが乳化滴から供給される（図7.14⑤）．次にラジカルが飛び込んでくると再び重合が始まり，先のプロセスを繰り返す．これが典型的な乳化重合のプロセスである．スミスとエバートは，このプロセスを次の2つの仮定の下に定量的に表現

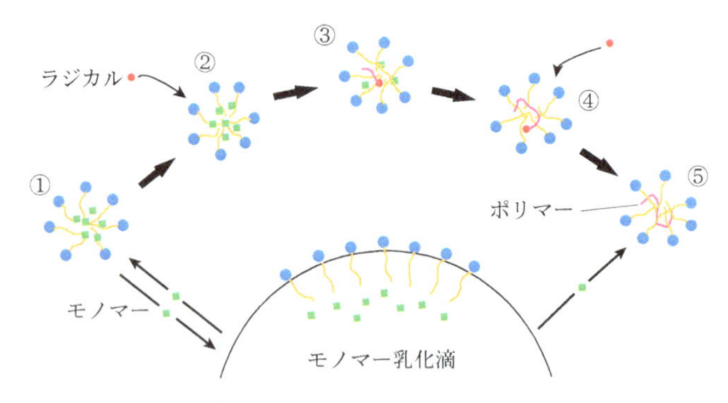

図7.14　乳化重合過程の模式図
［W. V. Smith and R. H. Ewart, *J. Chem. Phys.*, **16**, 592–599(1948)をもとに作成］

した．

（1）水相で発生するラジカルは，すべてミセル中に侵入する．

（2）重合反応と停止反応はミセル中のみで起こり，水相とモノマー乳化滴中での反応は無視できる．

これらの仮定は疎水性のモノマーに関しては，ほぼ厳密に成り立つことが確認されている．定量的な理論の説明は省略するが，70年経った今でも，彼らの理論は有効に使われている．

工業的観点からすれば，乳化重合は簡単なプロセスと安価な設備で実施できるため，合成ゴムや合成樹脂の製造に広く利用されている．一方，得られた樹脂中に界面活性剤が残るため，目的によっては耐水性などに問題が出る場合がある．

粒径がサブμmの単分散の真球状ポリマーが得られることも特徴である．図7.15に，ポリスチレンラテックスが規則的に並んだコロイド結晶の例を示した．この電子顕微鏡写真のように，サブμmの粒子がこれだけ見事な規則構造をとると，可視光の干渉（回折）によってきれいな色が現れる．また，特定波長の光を効率よく反射するので，フォトニック結晶としての応用も期待されている．

図7.15　乳化重合によって得られる単分散ポリスチレンラテックス
サブμmの粒子からなるコロイド結晶は可視光を回折して美しく発色する.

7.5.2　リオトロピック液晶の応用

A.　液晶乳化

界面活性剤のつくる液晶を巧みに利用した化粧品がいくつか開発されている. その例として, まず「液晶乳化」の説明をしよう. 通常の乳化では, 水と油の界面に1層だけ界面活性剤分子が吸着して, 乳化粒子の合一を防いでいる. それに対して液晶乳化では, 界面活性剤のつくる高次の構造(液晶)が乳化物の安定化に寄与する. したがって, この型の乳化はたいへん安定で, 実用的にも有用な技術である.

液晶乳化法を使うと, たいへん面白いエマルションができる. すなわち, 水(油)が80～90%以上と大量に入っているにもかかわらず, 量が少ない方の液体が連続相であるW/O(O/W)型のエマルションが得られるのである. 水が大量に入っているのに, W/O型のエマルションになる例を説明しよう. 図7.16(a)に, この型のエマルションを与えるα-モノイソステアリルグリセリルエーテル(GE)と, 他の一般的な乳化剤(モノステアリン酸グリセロール, モノオレイン酸ソルビタン)によるエマルションの安定性の比較を示す. GEによる乳化では, 水滴の合一による水相の分離がまったく見られず, また油相の滲み出しによる分離は, 水の量が多いほど少ない. このように水の量が90%以上にも達するW/O型エマルションでは, 水滴はぎっしり詰まっており, その水滴と水滴の境界を薄い油膜が仕切っているという構造にならざるをえない. そのように薄い膜でありながら, 水滴同士の合一を防ぐためには, 油膜は相当に強固でなければならない. その強固な膜の形成に, 液晶が役立っているのである.

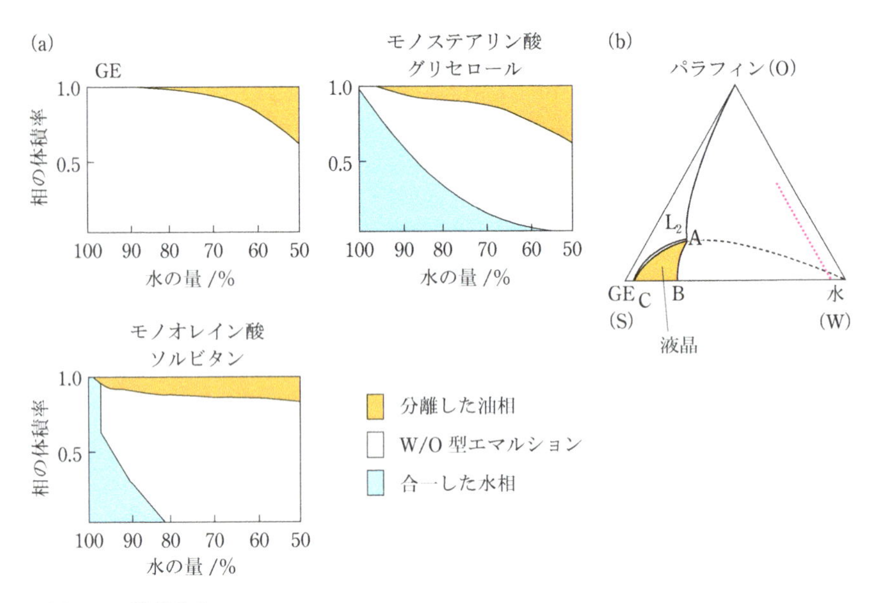

図7.16　液晶乳化
90%以上の水を含みながらW/O型エマルションとなる．GEはRO-CH_2-CH(OH)-CH_2OH.
［鈴木裕二，塘 久夫，油化学，**36**, 588(1987)を改変］

GEに水を加えていくと，はじめは液体のGEの中へ水が溶解するが，水の量が8～23 wt%の領域(図7.16(b)の線分C–B上)で逆ヘキサゴナル相の液晶が形成される．この濃度以上に加えられた水は，もはや界面活性剤相に吸収されることはなく，液晶から分離してしまう(点B)．これ以上いくら水を加えても，二相に分離したままである．この系に，もう一成分の油を加えるとどうなるであろうか．その相図を図7.16(b)に示す．図7.16(a)で示されたエマルションは，乳化剤(GE)の量が5%に固定されているので，図7.16(b)中の赤い点線上の組成に相当する．この組成の上で，安定なエマルションが得られる高水分量の領域は，相図のCAWで囲われた部分である．この領域は液晶と水の分離した二相領域であり，油はすべて液晶相中に取り込まれている．つまりこのエマルションは，water in oil(W/O)型というよりは，water in liquid crystal(W/LC)型というべきものである．液晶相中に取り込まれた油は，決して滲み出すことはなく，水滴間を仕切る連続相は油に比べて格段に強度の高い液晶相となる．これが，きわめて安定なエマルションをつくる原因である．

こうした水が多量に存在するにもかかわらずW/O(LC)型エマルションができるという特徴は，汗に強いクリーミーファンデーションという，差別化された面白い商品に結びついている．W/O型であるので汗に流されず，しかも水分量が多いため，肌に塗ったときにさっぱりした感触を与えるという特徴を有する．

逆の場合の乳化，つまり油の量が80％以上と多いのに，O/W型となる系もある．詳しい説明は省略するが，この場合もoil in water型ではなく，oil in liquid crystal(O/LC)型であることだけを記しておこう．

B. 液晶洗浄剤(メイク落とし)

次に，液晶を使った洗浄剤(メイク落とし)の技術を紹介しよう．昼間，美しく粧っていたメイクも，夜家に帰れば落とすべき汚れにほかならない．そして，ほとんどのメイクアップ化粧品には，高濃度の油性成分が配合されている．したがって，メイクを落とすためには，油に溶かして取り除く方法が有効である．クレンジングクリームは，この考えで作られている．しかしながら，クレンジングクリームで汚れを浮き上がらせた後，水で洗い流すことは不可能で，ティッシュペーパーなどで拭き取る必要がある．この拭き取りの操作は皮膚を刺激し，時にはダメージを与える．理想的なメイク落としは，洗浄時には油で溶かし，すすぎ時には水で流せるものであろう．それを叶えてくれるものが，液晶メイク落としである．

図7.17に，水／(界面活性剤＋グリセリン)／油の擬似三成分系の相図を示す．界面活性剤としては，分岐の炭化水素鎖をもつポリオキシエチレン(オキシエチレン基20個付加)オクチルドデシルエーテル(EOD-20)で，油は2-エチルヘキサン酸トリグリセリド(TGO)である．図7.17中でD_2と記された一液相は，ラメラ液晶相である．そしてこの液晶相には，多量に油を含む狭い領域がある．この狭い領域の中の星印を付けた組成の配合物を，メイク落としとして使用する．この星印の組成の液晶がメイクアップ化粧品と接触すると，メイクそのものは油性であるから，油が過剰になって相図(b)のD_2/Oと記した領域に入る．この領域は油が外相(連続相)になっているから，油汚れであるメイクを溶かすことができる．十分にメイク汚れを溶かした後で水ですすぐと，相図上で点線で示した経路に沿って，水のコーナーに向かって変化する．このとき，D_2/Oであった系はD_2 → O/D_2と変化し，最終的にO/W型エマルションとなって水に分散して流れる．このような機構によって，洗うときは油で溶かし，すすぐときは水で流せるメイク落としが完成した．

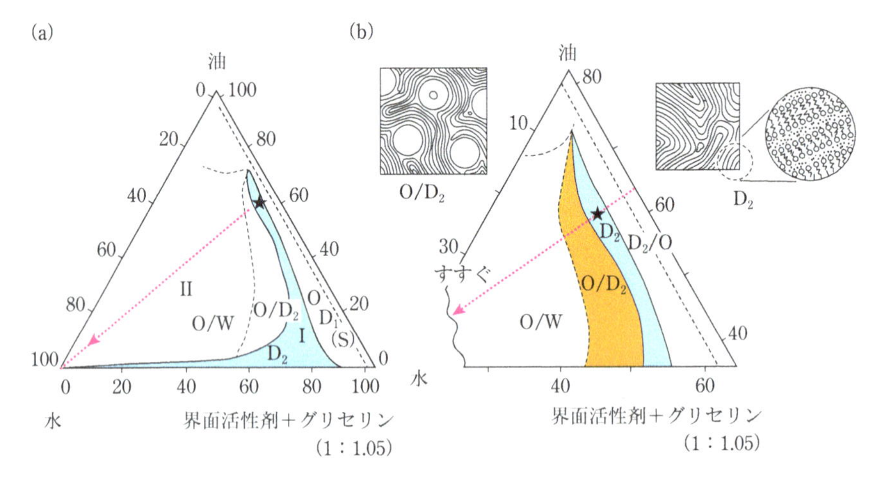

図7.17　液晶洗浄剤（メイク落とし）の説明図
(b)は(a)の拡大図．
[T. Suzuki *et al.*, *J. Soc., Cosmet. Chem.*, **43**, 21(1992)を改変]

C.　メゾ孔シリカの合成

メゾ孔シリカ(mesoporous silica，メゾポーラスシリカ)とは，孔の直径が2～50 nmの多孔性シリカのことである．ちなみに，これより小さな孔をミクロ孔，大きな孔をマクロ孔とよんでいる．

図7.10に示したように，界面活性剤の液晶の構造は，たいへんユニークである．もしこの構造が固体の状態に固定化できたら，何か有用な応用が可能になるのではないかと，誰もが考えるであろう．それを実現したのが，本項で取り上げる例であり，ヘキサゴナル液晶を鋳型とした，規則的でかつ均一孔径の多孔質シリカ材料の合成である．

図7.18にこの合成法を模式的に示す．陽イオン界面活性剤(ヘキサデシルトリメチルアンモニウム塩)の球状ミセルは，水相にシリカの前駆体(ケイ酸塩)を溶かすことによって棒状ミセルに変化し，やがてヘキサゴナル液晶となる．水相中のケイ酸塩は，オートクレーブ中で反応して固化させる．その後，固化したケイ酸塩を焼結して，シリカとする．焼結の際に有機物である界面活性剤は燃えて除去され，そこに孔が空く．つまり，断面の径が数nm程度の棒状ミセルの規則的配列構造が，そのまま多孔構造となって残るのである．得られたメゾ孔シリカの電子顕微鏡像を図7.19に示した．見事に大きさのそろった孔が，規則的に形成されていることがわかるであろう．このメゾ孔シリカは，すでに触媒の担体とし

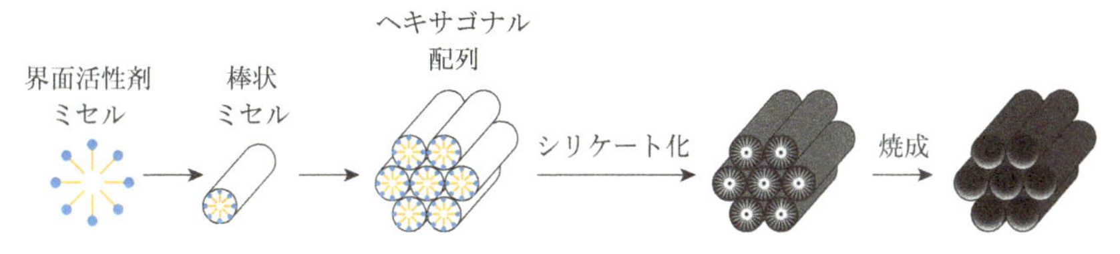

図7.18　ヘキサゴナル液晶相を鋳型とするメゾ孔シリカの合成
反応の進行にともないミセル構造が変化して，ヘキサゴナル液晶になる．

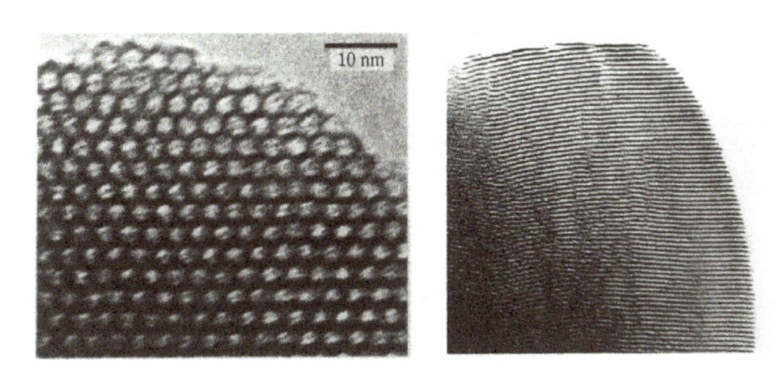

図7.19　ヘキサゴナル液晶を鋳型として合成されたメゾ孔シリカの電子顕微鏡写真
右図の倍率は左図の1/5.

て実用化されている．

その後，ヘキサゴナル相以外の液晶を同じように鋳型として用いて多孔性材料を作る研究が行われている．

7.5.3　ベシクル/リポソームの応用

リポソームが発見された当初から，その応用としてもっとも期待されてきたのが，薬物送達システム（drug delivery system, DDS）である．DDSは，主に次の目的で開発研究されている．

（1）薬物の血中滞留時間を長くし，効果を長時間発揮できるようにする．

（2）薬物の経皮吸収性を向上させ，皮膚からの投薬を可能にする．

（3）薬物のターゲティングを可能にし，疾患部にのみ薬物を届ける．

最初の目的は，例えば，風邪薬を毎食後に飲まなければならなかったものが，日に1回だけ飲めばよいようにすることといえる．2番目は，注射の痛みをなくしたり，薬を過剰に投与したときにすぐ対処できるなどの利点が生じる．3番目の目的が達成されれば，例えば，がん治療における抗がん剤の副作用を一切心配し

コラム7.3　錯体と微粒子の自己組織化

親水基と脂溶性のアルキル鎖をあわせもつ両親媒性分子は，水中において自己組織化するだけでなく，従来は固体科学の研究対象であった高分子金属錯体やバルク金属を可溶性の超分子金属錯体や金属ナノ粒子に変換して，コロイド化学の研究対象とするためにも利用できる．これらは溶液中におけるナノ～メゾスコピック領域の分子組織体やナノ材料として，あるいは基板表面に集積化するための材料として広く応用されている(**図1**)．

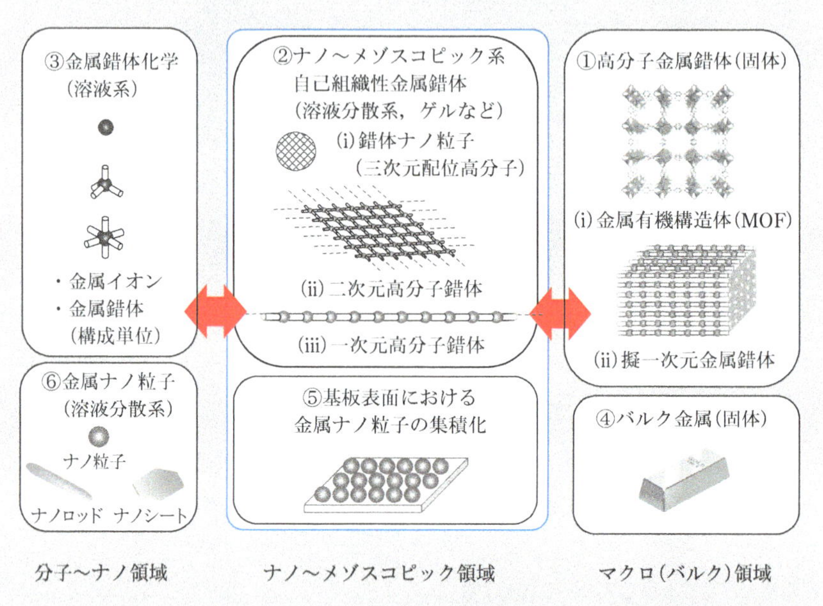

図1　ナノ～メゾスコピック領域における金属錯体・ナノ粒子の開発と応用

第8章において述べるように，金，銀，白金，パラジウムなどの貴金属やCdSeなどの金属カルコゲナイドについては，両親媒性分子や有機高分子を保護剤として用いることにより，ナノ構造を有する微粒子(ナノ粒子，ナノシート，ナノロッド)が合成されている(図1⑥)．これらは，バルク状態の金属(図1④)とは大きく異なる，ナノ次元構造に特徴的な分光学的・電子的性質や反応性が見出されており，さまざまな機能の創出に向けて応用されている．シリコンなどの固体基板表面において，ナノ構造が精密に制御されたナノ粒子を一次元，二次元あるいは三次元的に集積させる技術(図1⑤)は，次世代ナノデバイスを作製するうえで重要であり，コロイド・界面化学の果たす役割は大きい．

金属錯体は，金属イオンと有機配位子の種類，金属の価数，金属錯体の立体配座や結合構造に依存して多彩な光学的，電子・磁気的特性を示す．また，金属錯体を固体中において規則的に配列させた高分子錯体(MOF，図1①(i))は，その内部のナノ空間に気体分子や有機分子などのゲストを集積できる特徴を生かし，さまざまな展開が図られている．一方，強相関電子系とよばれる無限構造を有する低次元金属錯体においては，固体中で金属錯体間に電子的あるいはスピン・磁気的相互作用に基づく高次機能が期待される．例えば，擬一次元金属錯体(図1①(ii))は配位子と金属イオンの組み合わせに応じて多彩な電子的特性を示すことから，固体物性科学において興味深い研究対象とされてきた．従来，一次元錯体鎖は固体中の基本単位構造としてのみ存在しており，バルク固体(図1①)と金属錯体(図1③)の中間に位置し，金属間相互作用が期待でき，かつ溶液にナノ構造として分散させることのできる高分子金属錯体(図1②)は得られていなかった．近年，静電的相互作用を利用してイオン性脂質を対イオンとして導入する手法により，不溶性の擬一次元金属錯体が溶媒に分散可能な一次元ナノ錯体へと変換されている．これらの脂質により被覆された一次元錯体は，有機溶媒中にナノワイヤー構造として分散し，脂質分子の配列状態に応じて多彩な金属間相互作用(超分子バンドギャップエンジニアリングという)や超分子サーモクロミズムを示すなど(**図2**)，ナノ金属錯体の溶液化学分野を拓いている．

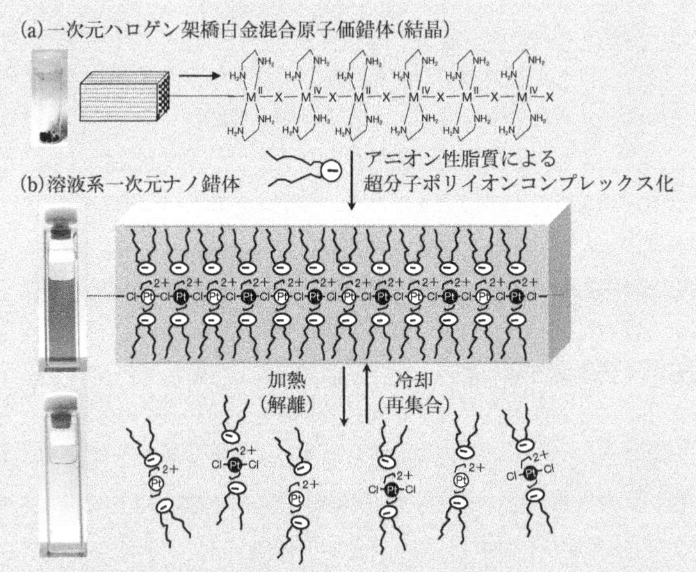

図2　イオン性合成脂質とのイオン対形成により脂溶性に変換された一次元金属錯体の溶液系における超分子サーモクロミズムと自己組織化特性
[N. Kimizuka, *Adv. Mater.*, **12**, 1461(2000)]

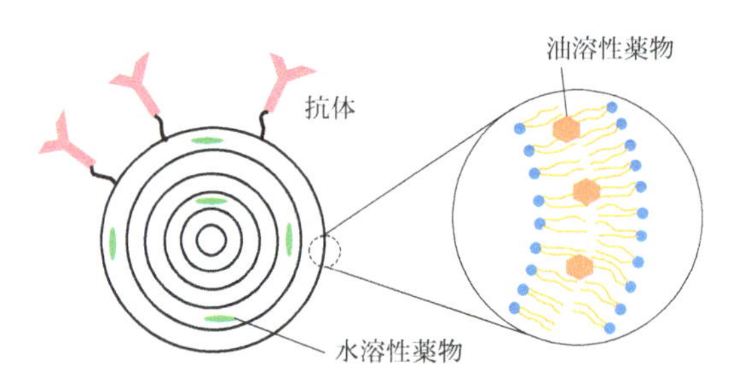

図7.20　リポソームによるDDS（薬物のターゲティング）

なくてもよくなるであろう．このような可能性をもつ薬物送達システムに使われる材料として，リポソームが大きな期待を担っている．

リポソームは，脂質の二分子膜（平板状ミセル）が何枚も玉ねぎ状に閉じた小胞である．脂質のミセルであるから，当然有機化合物を可溶化することができる．つまり，水に溶けない有機物の薬物は，二分子膜の内部に埋め込まれる．一方，小胞の内部にも水は存在しており，薬物が水溶性の場合にはこちらに溶かすことができる（図7.20）．このように，リポソームは油溶性，水溶性両方の薬物を内部に内包することができる．薬物を内包したリポソームを疾患部にのみ届けるために，例えば，表面に抗体を結合する（図7.20）．もしこの抗体ががん細胞に固有のモノクロナール抗体であるなら，がん細胞のみを認識してその部位に結合するであろう．このようにして，抗がん剤のターゲティングが可能になる．

現在，実用化まで進んでいるリポソーム製剤およびその目的には，次のようなものがある．

・抗生物質Amphotericin B：長時間の薬効維持と副作用の低減
・制がん剤Daunorubicin：長時間の薬効（血中濃度）維持
・加齢黄班変性症薬剤Verteporfin：長時間の薬効（血中濃度）維持

周知のように，薬の実用化には，莫大な費用とたいへん長い時間がかかる．リポソームが発見されてすでに半世紀以上経って，ようやく実用化される製剤が出てきた．当初期待されたターゲティング機能はまだ実現されていないが，今後は，上記のすべての目的が達成された夢の薬剤の出現も期待できるであろう．

リポソームが配合された化粧品も販売されているが，その効果の明確なものはない．リポソーム配合という目新しい言葉で，消費者に何らかの効果を期待させることを狙ったものと思われる．

❖演習問題

7.1　ミセルの相分離モデルとは何かについて，説明しなさい．

7.2　ミセルの形を決めるパッキングの理論におけるパッキングパラメータを，球状，棒状，平板状ミセルについて計算しなさい(図7.6中の計算を追試しなさい)．

7.3　水に不溶性の油溶性色素の存在下で，界面活性剤の濃度を増加していくと，ある濃度から水溶液が色付き始める．その理由について考察しなさい．

7.4　共連続相型キュービック液晶(図7.10(d))を形成する界面活性剤の二分子膜は，あらゆる場所で平均曲率がゼロになっている．その理由を考察しなさい．[ヒント：曲面と毛管圧力の関係を考えなさい．4.2.1項B，11.1.2項参照]

7.5　アルケニルコハク酸($CH_3(CH_2)_{12}-CH=CH-CH_2CH(COOH)CH_2(COOH)$)という二塩基酸型の界面活性剤の水溶液は，次のような性質を示す．

・酸のまま高温で水に溶かすと，面間隔の非常に広いラメラ液晶となる．

・酸を半分程度中和すると，長い棒(ひも)状ミセルを形成し，粘弾性溶液になる．

・すべての酸を中和すると，球状ミセル溶液となる．

アルケニルコハク酸の上記の挙動を，パッキングの理論で説明しなさい．なお，蛇足であるが，上記のラメラ液晶の面間隔は光の波長程度まで広がるので，可視光を回折して美しく発色する．

第8章　微粒子

ナノテクノロジー(nanotechnology)あるいは略してナノテクという言葉をご存知だろう．物質をナノメートル($1\ \mathrm{nm} = 10^{-9}\ \mathrm{m}$)単位で，言い換えれば，数nm～数百nmの大きさのスケールで，自在に制御する技術のことである．従来，材料を扱う研究者は，バルクの塊として物質を見てきたし，化学者は，原子・分子を基本として物質を考えてきた．しかし，ナノテクでは，これまであまり科学者が取り扱ってこなかった，nmのスケールで，材料開発や物性研究を行う．原子の直径が約0.1 nmであるから，原子が何十個ないし何千・何万個と集まった高分子あるいは微粒子が，ちょうどナノテクの対象となる．2000年から始まったナノテク・ブームは，それまで長い歴史をもつコロイドあるいは微粒子の研究をさらに発展させることとなった．

本章では，このような観点から微粒子を取り上げ，その全体像の理解を深めたい．

8.1　微粒子の分類と特徴

8.1.1　分類

A.　大きさによる分類

はじめにも述べたように，微粒子はサイズが小さな粒子である．したがってまず，サイズで分類できる．この分け方にもいろいろな考え方がある．IUPACでは，IUPACの単位にならって，ナノ粒子(nanoscopic particle)，ミクロ粒子(microscopic particle)，マクロ粒子(macroscopic particle)に分けている．ナノ粒子は1～数百nmの大きさ，ミクロ粒子は1～数百μmの大きさ，マクロ粒子は1 mm以上の大きさである．「大きさ(size)」というのもあいまいな表現であるが，粒子の最長辺または平均の長さと考えてよい．ところが，物理学者はメゾ粒子(mesoscopic particle)というのを定義する．これは，人によっても異なるが，およそ100 nm～100 μmぐらいの間とされている．これより小さいのがナノ粒子で，大きいのがマクロ粒子である．物理学者は物性が変わるところで粒子を分類したいと考えるためであろう．対象とする物性が異なると，大きさの分類も異なること

表8.1　大きさ(サイズ)の比較

長さの単位	例
1 nm	高分子の大きさ(原子の大きさ：0.1 nm)
1 μm	細胞の大きさ(人体細胞の直径：6～25 μm)
1 mm	芥子の種：0.5 mm
1 m	人の大きさ(身長：1.6 m)
1 km	皇居の大きさ(二重橋－半蔵門間の距離)
1,000 km(1 Mm)	東京－下関間の距離
1,000,000 km(1 G(ギガ)m)	恒星の大きさ(太陽の直径：1.4 Gm)
1,000,000,000 km(1 T(テラ)m)	太陽系の半径(太陽－土星間距離：1.43 Tm)

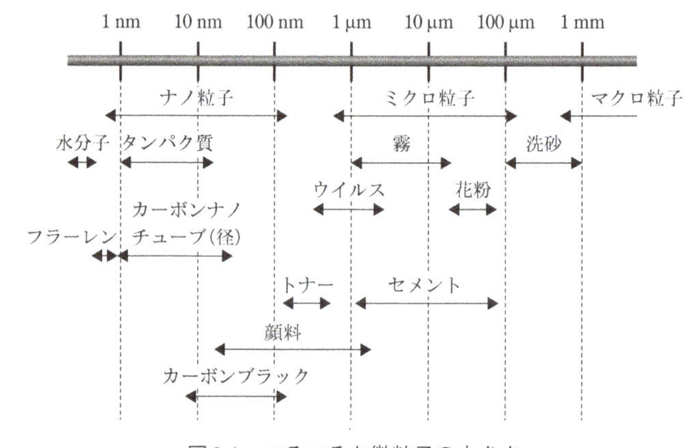

図8.1　いろいろな微粒子の大きさ

になる．

1 nmは1 mの十億分の一といわれても，どの程度か実感が沸かないだろう．逆に1 mの十億倍が1 G(ギガ)mで，これがほぼ太陽の直径だといわれれば，1 nmがいかに小さいか少しは実感いただけるだろうか．表8.1に大きさの比較を例示しておいた．また，図8.1にいろいろな微粒子の大きさを比較して図示している．ゆっくりと眺めていただきたい．

B.　材料組成による分類

微粒子の定義は，粒子の大きさのみによっているが，材料組成が異なれば性質も異なる．材料の種類は大きく分けると無機材料と有機材料となる．このどちらとも決めがたい材料が炭素材料と無機・有機複合材料(ハイブリッド材料)である

表8.2 材料組成による分類

分類	例
無機材料	金属(鉄，チタン，金，白金，パラジウムなどのコロイド) 鉱物(コロイダルシリカ(酸化物)，顔料(硫化物など)，ハロゲン化物，粘土鉱物，ガラスなどの微粒子)
有機材料	天然物(天然染料，天然繊維，タンパク質，ウイルスなど) 合成物(合成染料，医薬品，合成繊維，合成皮革，プラスチックなど)
ハイブリッド材料	炭素材料(活性炭，カーボンブラック，フラーレン，カーボンナノチューブ，グラフェンなど) 無機・有機複合材料(ガラス繊維強化プラスチック，タイヤなど)

(表8.2)．炭素材料は，従来無機材料の1つとみなされてきた．しかし，近年見つかったフラーレンC_{60}，グラフェン，カーボンナノチューブ(carbon nanotube, CNT)などは有機合成化学の対象にもなっており，炭素ナノ材料はいまや有機物である．無機・有機複合材料は，合成法や物性的特徴からすると有機材料に分類してもよさそうである．さらに，次項の構造とも関連するが，しばしば微粒子の表面と内部では組成が異なっている．換言すると，同じ組成で調製したつもりでも表面には，気相中なら酸素や水などの気相に存在するいろんな分子が吸着し，液相中では液相を形成する溶剤分子や添加された界面活性剤などが吸着して内部とは異なる組成になっていることが多い．もちろん，意図的に内部と表面を異なる組成にして，いわゆるコア/シェル構造にすることもある．

C. 構造による分類

物質は，結晶と非晶質(無定形，アモルファス)に分けることができる．微粒子にも結晶のものと非晶質のものがある．ただし，普通の結晶微粒子の内部は，サイズが大きく安定に存在するバルク(大きな塊)の結晶とほぼ同じ結晶構造をとるが，微粒子の粒径がより小さい，シングルナノ粒子(粒径が1〜9 nm)やサブナノ粒子(粒径が0.1〜0.9 nm)となると，必ずしもバルクと同じ結晶構造が安定とは限らない．これは，粒子が小さくなると，粒子を構成する全原子のうち，表面(界面)にある原子の割合が多くなるためである．内部原子はすべての方向で同じ原子と相互作用をしているが，表面(界面)原子は内側の同じ原子とのみならず，表面で吸着している配位子中の異原子とも相互作用するためである．その結果，微小粒子では，バルクと同じ結晶構造が最安定系とは限らなくなる．一般的にいうと，小さな微粒子では，結晶と非晶質の格子エネルギーの差がきわめて小さくな

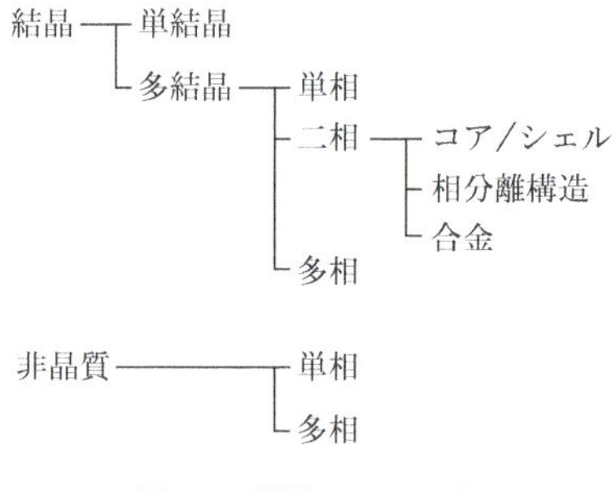

図8.2　構造による分類

る．この結果，融点の高い金属がナノ粒子になると融点が大幅に低下することが実際に広く知られている．また微粒子の表面に付着した配位子が異なるとまったく異なる構造が安定となる場合もある．

さらに，結晶に分類される場合でも，単結晶の場合と多結晶の場合がある．言い換えれば，均一な場合(均一系)と不均一な場合(不均一系)がある．また意図的に複数の元素を用いた二元系，三元系，一般的に言えば，多元系がある．二元系でも，2つの元素の関係が，ランダムな合金(アロイ)構造と，ある規則に従っている場合がある．一番有名なのはコア/シェル構造である．これについては次項の形状による分類に詳述する．この項で述べた分類を図8.2にまとめる．

D.　形状による分類

微粒子はいろいろな形状をとりうる．例えば，形が一定のもの(定形)と決まらないもの(非定形)がある．定形の微粒子は，ゼロ次元の形状として，球形，その変形である楕円形，さらに金平糖型，テトラポット型，バラの花型など，いろいろな形がある．球状の内部が空洞になったものや，この空洞の中に微粒子が入った鈴状といわれるものもある．また，一次元に延びた，線状あるいは棒状といわれるものもある．この棒状の内部が空洞になったものを管状という．有名なものにカーボンナノチューブがあるが，いろいろな材料でナノチューブの合成が報告されている．二次元の形状としては，平面状のマットやシートといわれるものがある．炭素材料ではグラフェンがこれに該当し，また種々の層状化合物をへき開したものもある．微粒子の形状を表8.3にまとめる．

前項で述べた構造のうち，例えば二元系二相型では，一方の結晶がコアとなり，他の結晶がシェルとなる等方的なコア/シェル型以外に，異方的に相分離した構造も数多くある．相分離構造には，2つの半球よりなる半球合体状，半球の大き

表8.3 形状による分類

分類	例
ゼロ次元	ナノ粒子(フラーレン，金属コロイドなど)
一次元	ナノワイヤー，カーボンナノチューブ，ナノロッドなど
二次元	グラフェン，層状化合物(粘土鉱物など)，ナノシート
三次元	金平糖型，テトラポット型，バラの花型など

さの異なるだるま状やドングリ状，さらにピーナッツ状，ダンベル状なども合成されている．

8.1.2 特徴

微粒子をバルク(塊)と比較したときの特徴は，微粒子が大きな比表面積をもつことである．粒径が小さくなるほど比表面積は増える．この比表面積の増加が，微粒子にバルクとは異なる物性をもたらす．図8.3に，白金の場合の微粒子の粒径と総表面積との関係を示す．粒径が数nm以下になると，表面原子の割合の方が大きくなり，その結果，バルクとはまったく異なる性質を示すことがある．実際，金属原子を1つずつ集積して微粒子をつくった場合，1つの原子のまわりに1層だけ原子を積み上げた「1シェル」とよばれる状態は，13原子からなる微粒子である．このとき表面エネルギーを小さくするために，通常8つの(111)面と6つの(100)面からなる，いわゆる「cubo−八面体構造」となる．さらに，もう

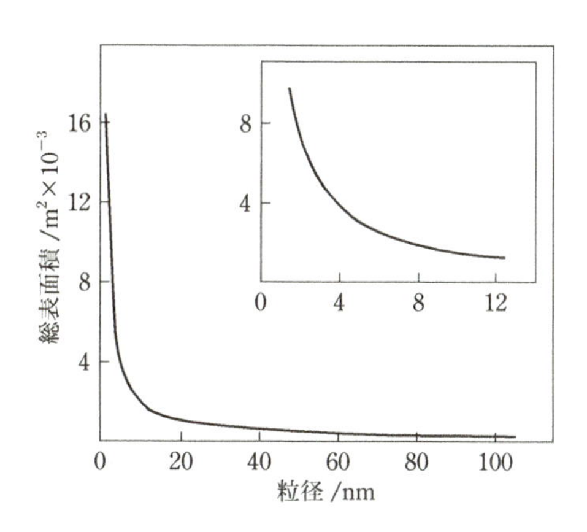

図8.3 白金微粒子の粒径と1 molの白金で作る微粒子の表面積の総和の関係

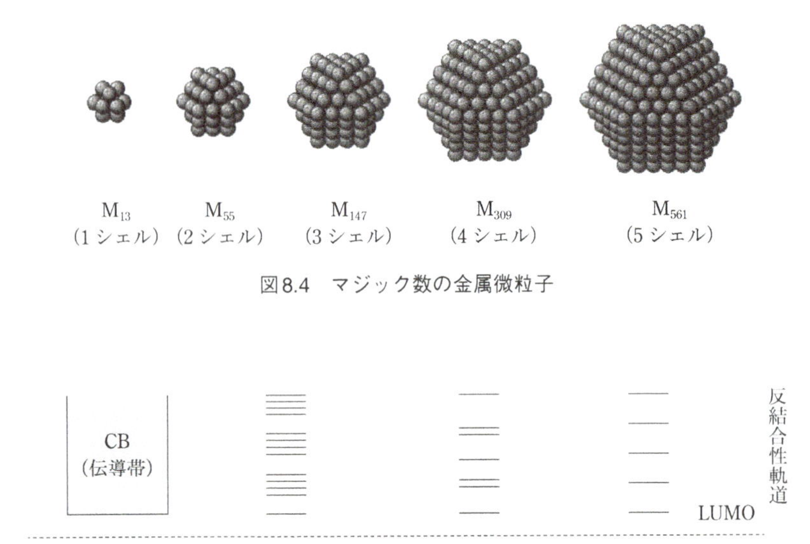

図8.4　マジック数の金属微粒子

図8.5　半導体のバンド構造と分子軌道(量子サイズ効果)

1層積み上げる(2シェル)と55原子からなる微粒子ができる．これら13や55の数をマジック数(magic number，魔法数)とよび，図8.4に示すように順次マジック数の粒子として成長していくことがわかっている．

バルク材料のエネルギー準位はバンド理論で説明される．金属や半導体材料には伝導帯(conduction band)と価電子帯(valence band)がある．価電子帯は価電子で満たされており，伝導帯は空のバンドである．この両者の間隔がバンドギャップである．一方，分子にはHOMO(highest occupied molecular orbital)とLUMO(lowest unoccupied molecular orbital)があり，離散的な電子軌道となる．バルク材料も，ナノ粒子の大きさになると，バンドが離散的になり，分子軌道に近くなってくる．これがいわゆる量子サイズ効果(quantum size effect，久保効果ともいう)である(図8.5)．

いま，簡単のために，図8.6のような構造をとって原子が六配位で結合している場合を考えよう．この原子結晶では，表面は(100)面(A)，(011)面(B)，およ

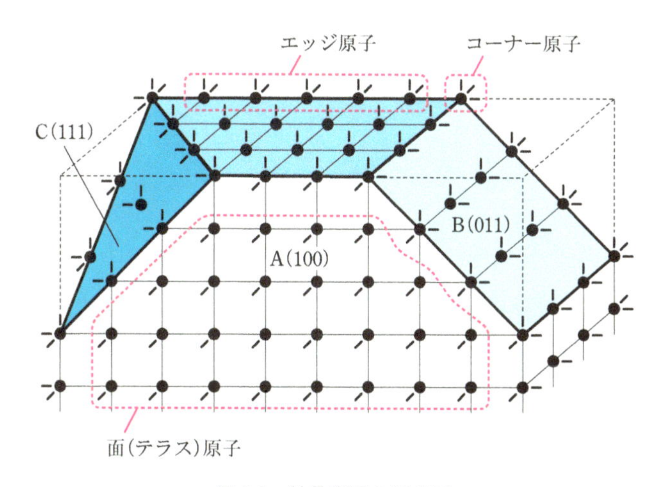

図8.6　結晶表面の模式図

び(111)面(C)の3種類がある．A面の原子1個あたりの不飽和結合(ダングリングボンド)の数は1であり，B面の原子では2，C面の原子では3である．結晶面の違いにより結合の不飽和度が異なる．これにより表面自由エネルギーが異なり，表面の物理的，化学的性質に違いが生じる．例えば，結晶成長はC面が一番速くなる．その結果，成長した結晶は安定なA面で覆われることとなる．また，触媒活性も結晶面により異なる．さらにいうならば，面のエッジやコーナーにある原子(図8.6のエッジ原子やコーナー原子)は，面にある原子(図8.6の面(テラス)原子)よりも不飽和結合が多く，より触媒活性が高いことが予想される．

8.2　微粒子の存在状態

8.2.1　分散と凝集

図8.6でも説明したように，微粒子の表面原子には必ず不飽和結合がある．この不飽和結合は，何らかの原子と結合することで不飽和度を減らそうとする．例えば，気体中にあれば，H_2O分子やCO_2分子が吸着したり，溶媒中では，さらに溶媒分子や溶媒中に存在する界面活性剤などと相互作用する．こうした吸着や配位結合により，微粒子の分散は安定化する．逆に微粒子を安定に存在させるために，安定化剤を作用させて，媒体中に分散させることもできる．その場合，仮に何も共存しなければ，あるいは十分に強く相互作用する分子が存在しなければ，

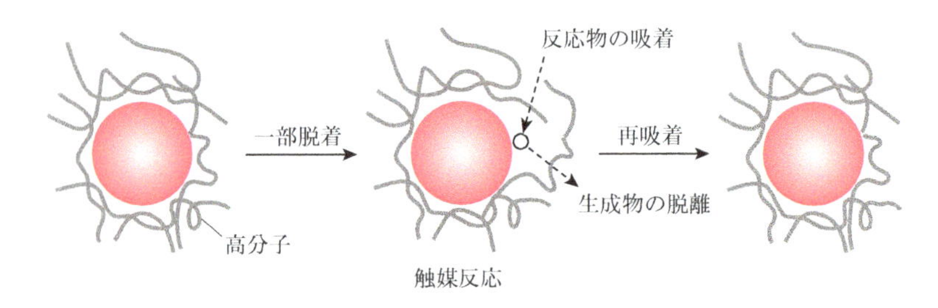

図8.7　高分子効果
高分子で保護された金属微粒子では高分子が部分的に外れても完全には外れないので，再び配位して，完全に保護する．

微粒子同士の相互作用の方が強くなり，微粒子は凝集する．

微粒子と共存分子の相互作用は，イオン結合，配位結合，共有結合，π−π相互作用など，どのようなものでもかまわない．微粒子同士の相互作用よりも強ければ，分散に利用できる．

分散制御のためには，分散剤は少量で微粒子と強く相互作用するものがよく，分散媒と相溶性をもつ必要がある．強い相互作用のためには，共有結合がもっとも好ましいが，共有結合の形成が困難な場合は，弱い相互作用を多重で形成させるために高分子を使うとよい．これは高分子効果とよばれ，図8.7にこの様子を模式的に示した．図では，高分子が微粒子に多点で配位吸着して微粒子の分散を助けており，触媒反応のために長い高分子の一部が脱着しても完全には外れないので，反応後に脱着した部分も再び金属微粒子に吸着して，微粒子の安定な分散は維持される．

8.2.2 分散系の実際

分散状態には，いろいろな種類がある．前項では，固体の液体中への分散を主に考えたが，実際には，気相中および固相中での分散もある．

気相中に固体の微粒子が分散したものに煙やほこりがある．近年，大気汚染の原因として問題となっているPM 2.5とは，粒径が2.5 μm以下の微小粒子状物質(particulate matter)のことである．大気中に分散しているこれらの微粒子を吸入することによる健康被害が問題になっている．気相中に液相の微粒子が分散したものに，霧や雲，スプレーがある．気体中に気相の微粒子を分散させるためには境を仕切る分散剤が必要である．シェービングフォーム，洗顔用に泡立てたク

表8.4 気相，液相，および固相中の気体微粒子，液体微粒子および固体微粒子の分散の例

微粒子 媒体	気体	液体	固体
気相	フォーム，クリーム	霧，雲，スプレー	煙，ほこり，PM 2.5
液相	炭酸水，シャンパン	牛乳，バター，マヨネーズ	アイスクリーム，泥水，塗料，金コロイド
固相	発泡ウレタン，カステラ，パン	豆腐，ゼラチン	ステンドグラス，複合材料

リーム状の泡沫や食品のホイップクリームが該当する(表8.4).

液相中に気体の微粒子が分散したものの代表例が炭酸水やシャンパン，液相中に液体の微粒子が分散したものの代表例が牛乳やマヨネーズ，バターである．液相中に固体の微粒子が分散したものは，アイスクリームや泥水，塗料，さらに金コロイドをはじめとする金属や金属酸化物のコロイド分散液など，数多く知られる.

固相中に気体の微粒子を分散させたものは数多くあり，工業製品では発泡ポリスチレンやウレタンフォーム，合成皮革など，食品ではカステラやパン，クッキーなどが該当する．固体中に液体の微粒子を分散させたものに，水を吸収した合成皮革，豆腐，寒天，ゼラチンなどがある．固相媒体中に固体の微粒子を分散させたものは，古くはガラス中に金微粒子を分散させた赤いワイングラスや教会のステンドグラスから始まっており，現在一般に複合材料やハイブリッド材料とよばれるものはほとんどこれに該当する.

微粒子には真空中に存在しているものもあるが，実際には固相・液相・気相いずれかの媒体中に分散した状態で存在している．本章では，主に気相または液相媒体中に分散している固体の微粒子を取り上げることとする.

8.3 微粒子の調製法と構造制御

微粒子の調製法は，物理的方法(トップ・ダウン法)と化学的方法(ボトム・アップ法)に大きく分けることができる．物理的方法は，バルクの固体にエネルギーを加えて破壊することで小さくして微粒子を調製する方法であり，化学的方法は，原子・分子から始めて化学反応を用いて大きくして微粒子を調製する方法

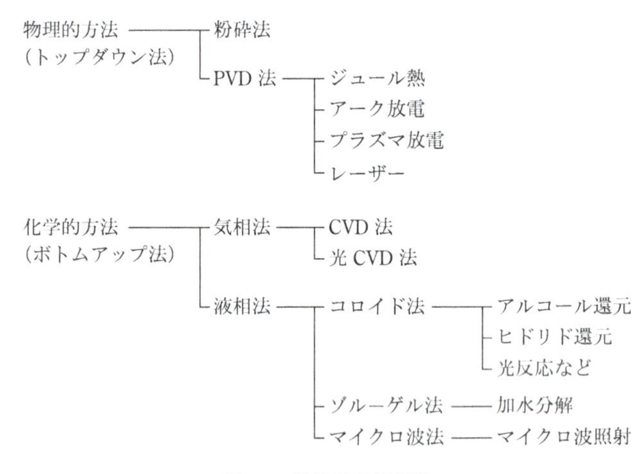

図8.8　微粒子の調製法

である．一般に化学的方法の方が，微粒子の形状や構造・組成を制御しやすい．一方，物理的方法は他の夾雑物を含まない微粒子を調製できる．主な微粒子調製法を，物理的方法と化学的方法に分けて，図8.8にまとめる．

8.3.1　物理的方法による調製

物理的方法は機械的エネルギーを使う粉砕法と，主にジュール熱を使う真空蒸着法などの**物理気相成長**(physical vapor deposition, **PVD**)**法**に分けられる．

粉砕法は，もっとも単純で，原料となる固体と同じ構造の微粉体を得るのに適した方法である．しかし，nmレベルまで小さくするのが困難であり，粉砕に用いるミルの材料との衝突でミルの材料が壊れて混入する可能性もある．さらに，粉砕中に空気中の酸素と反応したり，粉砕熱のために構造が変化する可能性もある．

PVD法で代表的なジュール熱を用いる真空蒸着法は，原料を真空中で高温にして気化させることで，原子またはクラスター状態まで分解し，それを冷やした固体基板上に分散媒体となる有機溶媒とともに蒸着する方法である．高沸点のオイルの膜の上に蒸着する方法もある．蒸発源の温度と気圧，蒸発源と基板との距離，原料と媒体の蒸着速度比などにより，生成微粒子の大きさを制御する．

真空蒸着法に類似の方法で，ジュール熱以外のエネルギー源として，アーク放電熱，レーザー熱，電子ビーム熱，さらに，プラズマ放電熱，高周波誘導熱などを使う方法がある．これらは後にあげたものほど，熱エネルギー以外の同時に供給されるエネルギーの寄与が大きくなるため，エネルギー源に応じて，微粒子の生成は別の機構となり，それぞれエネルギー源の名をとった名前が付けられている．

8.3.2 化学的方法による調製

化学的方法は，微粒子生成のための化学反応を行う媒体に応じて，気相法と液相法に分けることができる．気相法は気相で化学反応を行い，生成した微粒子を固体基板上に集める方法であり，液相法は液相中で化学反応を行い，生成した微粒子を液相中に分散させる方法である．

微粒子生成反応は，一般に図8.9のように進行する．まず，イオンや塩が反応して，原子，分子，塩などが生成する．これが集合してクラスターまたは核となり，さらにこの核に原子などが付着して成長し，種となる一次粒子が生成し，これが凝集成長して微粒子が生成する．

気相法の代表は，**化学気相成長**(chemical vapor deposition, **CVD**)**法**である．石英管中などに原料を投入し，気相中または加熱基板上で化学反応を起こさせる．化学反応としては，有機金属分子の熱分解や，金属塩化物と水素の反応などがよく用いられる．副生成物が固体でなければ，比較的純粋な微粒子が生成する．またそれらを積層した薄膜を得ることもできる．熱分解の代わりに光分解を用いる光CVD法もある．

液相法は，液相中に界面活性剤を共存させて化学反応を行い，安定な微粒子を作る方法である．その典型例であるコロイド法では，アルコール，*N*-メチル-2-ピロリドン(NMP)などの水溶性の有機溶媒単独または水との混合溶媒中に，ポリビニルピロリドン(PVP)やポリビニルアルコール(PVA)のような水溶性高分子を溶解し，貴金属塩を加えて，加熱還流することにより反応させる．金属イオンがアルコールまたはNMPにより還元され，水溶性高分子に保護された貴金属の微粒子の安定な分散液が生成する．この反応では，図8.10に示すように，まず，

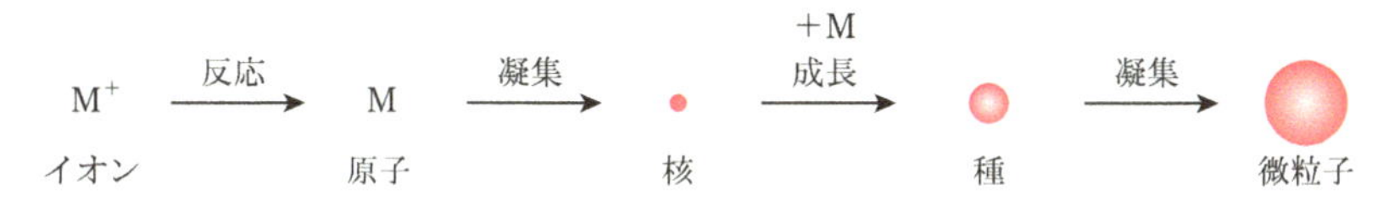

図8.9 化学的方法による微粒子生成の基本概念

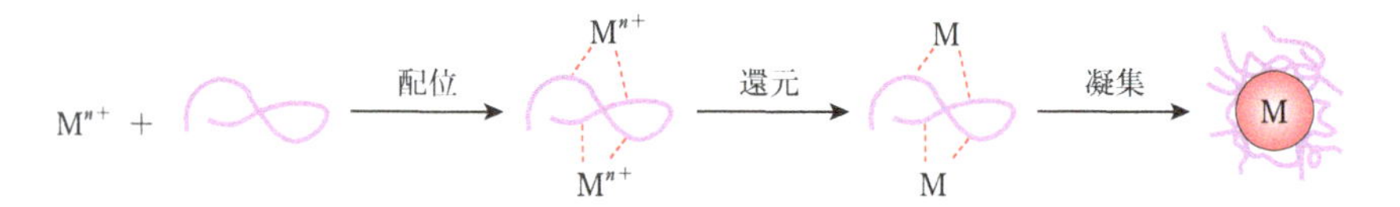

図8.10　前駆体の金属イオン(M^{n+})が高分子配位子存在下で還元され，高分子保護金属微粒子が生成する模式図

金属イオンが高分子に配位し，この配位した金属イオンがアルコールにより還元されて高分子に配位した金属原子が生成する(このとき，アルコールは酸化されてアルデヒドになる)．この高分子配位金属原子が凝集してクラスターを形成し，さらに高分子配位により安定化された金属微粒子が生成する．この高分子による金属微粒子の保護安定化は，例えばPVPやPVAの場合には，アミド基やヒドロキシ基のNやOの不対電子と金属のd軌道との電荷移動相互作用に基づくとされている．

このコロイド法の特徴は，水溶性高分子の共存下で金属イオンを還元するため，安定な金属コロイドを生成できることである．この理由は，あらかじめ反応前の金属イオンが水溶性高分子と相互作用し，その相互作用関係が反応後も，さらに凝集して金属微粒子となった後も維持されるため，および高分子配位子を用いるので，1つ1つの相互作用力は強くなくても，高分子効果により多点で相互作用するために，全体としては強い相互作用で微粒子を安定化しているためである．

上で示したアルコール還元による金属コロイドの調製法は，不純物の少ない金属微粒子の生成にはたいへん重要であるが，すべての金属に適用可能なわけではない．より強い還元剤，例えば水素，$NaBH_4$，$LiAlH_6$などを用いることが必要な場合もある．さらに安定化する保護剤としてNやS原子を含む配位剤を用いることもある．こうした場合には後述の精製工程が必要になる．

さらに，還元以外の化学反応を用いても微粒子分散液を調製できる．もっとも多用されているのが，ゾルーゲル法とよばれる金属アルコキシドの加水分解による金属酸化物の微粒子分散液の調製である．この方法は，ほぼすべての金属に対して適用可能であり，複合金属酸化物の微粒子も調製できる．酸化物微粒子の場合には，反応に酸または塩基触媒が必要であり，保護剤として界面活性剤や高分子を用いなくとも溶媒自身を安定化剤として分散液を作ることもできる．例えば，テトラエトキシシラン($Si(OEt)_4$)を加水分解してSiO_2微粒子分散液を調製できる．$BaTiO_3$，TiO_2，ZrO_2などの微粒子が同様の方法で作られる．

用いる化学反応は加水分解だけに限定されることはなく，イオン交換反応(酸・塩基反応)などいろいろな反応を用いることができる．ただし，加水分解以外の反応を用いた場合は，一般に目的物以外に副生成物が生じ，この除去が必要となる．副生成物が溶媒と同じものになる，あるいは，気体になって系から容易に除外されるような反応であれば，目的微粒子のみを作ることができる．副生成物を取り除く精製法については次項で述べる．銀イオンと塩化物イオンの反応による塩化銀の生成や硫化水素を用いた反応による硫化物の生成など，沈殿生成反応で微粒子を作る場合には，限外ろ過などにより，副生成物を取り除く方法が用いられる．このとき，微粒子の凝集を抑制することができると，ろ過操作は容易になる．一般に，凝集した微粒子は，分散剤を入れて溶媒中で超音波処理を行うと，再分散することができる．

化学反応に，高温高圧を用いたり，光反応を用いることもできる．また，電子線を照射して，金属イオンを還元することもできる．マイクロ波を用いた反応も数多く報告されている．マイクロ波照射では，通常の加熱などの手段では作ることのできない微粒子も作ることができる．有機反応を超音波照射下で行うと，有機分子の微粒子が調製できる．重合反応を制御して，高分子の微粒子も調製できる．粒子の大きさの制御のために，エマルションを用いることもできる．水中に分散した油中で，有機反応や重合反応を行うことで，大きさを制御した有機分子凝集体や高分子の微粒子を合成することができる．これらの反応を超音波照射下で行った例も報告されている．近年のリビング重合をはじめとする精密重合法や物理的および化学的架橋技術の進歩により，分子量のそろった，したがって粒径のそろった，種々の高分子微粒子の調製技術も大きく進展した．新たなモノマーの合成，異種モノマーとの共重合，媒体や界面活性剤などの重合条件の変更や，架橋技術および表面修飾技術(第10章参照)を駆使することにより，ナノ粒子からマクロ粒子，あるいは，疎水性で硬い微粒子から柔らかいゲル状の微粒子(ゲル状高分子微粒子はそのサイズによってナノゲルやマイクロゲルともよばれる)まで，実に多種多様な高分子微粒子が合成されている．

8.3.3　微粒子の精製法

化学的方法で調製した微粒子分散液には，不純物が含まれているのが一般的で

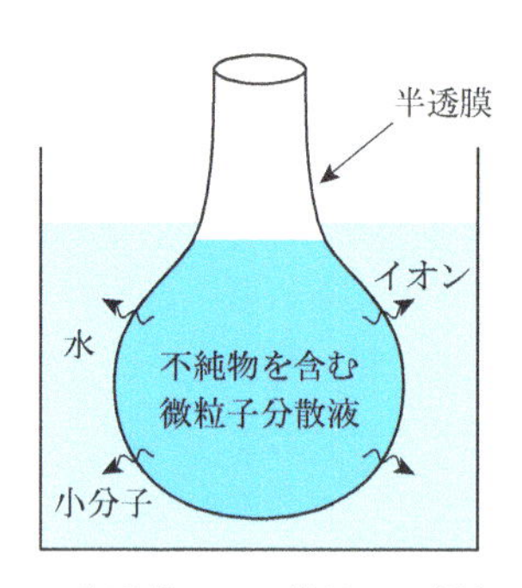

図8.11　半透膜による微粒子分散液の精製

ある．この不純物を含むコロイド分散した微粒子を精製する方法にもいろいろあり，代表的なものに透析法，イオン交換法，クロマトグラフィーなどがある．

透析法は，半透膜であるセロファン膜やコロジオン膜のごく小さな穴を利用して，微粒子分散液中に共存しているイオンや小分子を除去する方法である．例えば，微粒子分散水溶液をセロファン製の袋に入れ，ビーカーに入れた純水中に放置しておくと，微粒子分散水溶液中のイオンや小分子はセロファン膜を通して純水中に拡散するが，微粒子は拡散せず袋内にとどまる．イオンが拡散したビーカーの水を取り替えて透析を繰り返すと，不純物のイオンや小分子を除去することができる(図8.11)．

イオン交換法は，イオン交換樹脂のイオン交換能を用いて，不純物のイオンを微粒子分散水溶液中から除去する方法である．塩の除去のためには，陽イオン交換樹脂と陰イオン交換樹脂の両方を用いる必要がある．

クロマトグラフィーは，カラムに充填した担体に対する吸着力の違いを用いて分離精製する方法で，それぞれの特性に応じて，担体を選択する必要がある．

8.3.4　微粒子の特性評価

微粒子を調製した後は，その評価(キャラクタリゼーション)を行う必要がある．主な評価項目について述べる．

A.　粒径および粒径分布

1個1個の微粒子の粒径を求めるには，透過型電子顕微鏡(TEM)または走査型電子顕微鏡(SEM)を用いる．例えば，高分子で保護された金属微粒子に対してTEMを用いると，金属などの無機材料部分の微粒子の粒径が求まる．一方で，

SEMを用いると，乾燥状態のものではあるが，有機・高分子部分を含む全体の粒径を求めることができる．粒径1 μm以上の大きな粒子の場合には光学顕微鏡で測定できる．粒径分布を求めるためには，約200個以上の粒子について測定する必要がある．顕微鏡写真から，粒径分布および平均粒径とともに，標準偏差を自動で算出するソフトもある．乾燥状態にある固体の微粒子に対しては，X線回折の半値幅を用いたシェラー法により結晶部分の平均粒径を求めることができる．シェラー法で求めた平均粒径とTEMで求めたものが一致すれば，微粒子は単結晶であるといえる．

分散媒中に分散した状態の微粒子の平均粒径を求めるためには，動的光散乱法(dynamic light scattering, DLS)または静的光散乱法(static light scattering, SLS)が用いられる．これらの方法では，直接平均粒径と粒径分布が測定される．そのほか，遠心沈降法なども粒径分布の測定に用いられる．

なお，粒径の標準偏差値が粒径がそろっているかどうかの目安として用いられ，平均値の10%以下のときは単分散であるという．

B. 結晶構造

微粒子の結晶構造は，粉末X線回折法で求める．ただし，大きな結晶と異なり，微粒子からの回折線はブロードとなる．また，粒径分布のある微粒子の場合，回折線には粒径の大きな結晶の影響が大きくなることを常に念頭に置いておく必要がある．高分解能TEMを用いれば原子間距離を求めることもできる．また，微粒子の相分離構造の解析も可能である．

C. 組成

微粒子を硝酸などで溶解した後，誘導結合プラズマ(inductively coupled plasma, ICP)発光分光分析などを用いれば，全体の元素分析を行うことができる．また，TEMやSEMと組み合わせたエネルギー分散型X線分析(energy dispersive X-ray spectroscopy, EDS)装置を用いれば，電子線照射にともなって発生する特性X線の測定によって，元素分析や組成分析が可能となる．高分解能のTEM，SEM，STEM(走査透過電子顕微鏡)などを用いれば，微小領域の組成分析ができるので，相分離構造の解析も可能となる．

D. 電子状態

TEMと電子エネルギー損失分光(electron energy-loss spectroscopy, EELS)またはX線発光分光(X-ray emission spectroscopy, XES)とを組み合わせることにより，金属または半導体微粒子の電子状態を知ることができる．

E.　比表面積

固体の微粒子粉末が得られるときには，窒素の吸着を用いたBET法(4.2.1項AおよびC参照)により比表面積を求めることができる．分散剤を用いて溶媒中に分散した微粒子の表面積を求めるのは困難であるので，平均粒径から計算で推測する．

F.　相構造

上述のように，高分解能TEMと組み合わせた結晶構造解析や組成分析により，比較的大きな微粒子の相分離構造は解析できる．小さな微粒子ではEXAFS(extended X-ray absorption fine structure，広域X線吸収微細構造)解析が必須となる．得られる構造は微粒子の平均構造であるので，粒径を含めて均一な微粒子を測定に用いる必要がある．

8.3.5　微粒子の構造制御

微粒子の化学的・物理的物性や機能は，その構造(粒径，形状，結晶構造，組成，相構造など)に大きく依存する．したがって，微粒子の構造の制御および構造と物性・機能との相関の解明は，ナノ科学の大きな研究目標になっている．さらに，微粒子1個の構造(これを一次構造とよぶ)に限らず，微粒子の集合体の構造，すなわち，微粒子の配列制御などによるより高次の構造制御も盛んに行われている．

こうした微粒子の構造制御は，もちろん物理的方法でも可能ではあるが，化学的方法の方がより容易であり，実際多くの研究が行われているので，ここでは化学的方法を用いた構造制御について主に述べる．

A.　一次構造制御

構造制御の第一歩は，粒径制御である．化学的方法による微粒子の生成は，図8.9でも触れたように，大きく分けると，まず原子から核が生成する工程と，その核がさらに成長する工程の2つのステップで進む．これらが不均一に進むといろいろな粒径の微粒子が生成する．それに対して，核生成と核成長がともに均一に進むと，均一な粒径の微粒子を作ることができる．すなわち，粒径を制御した単分散の微粒子を作るためには，まず，反応が系内で均一に一斉に進み，大量の核が一斉にでき，続いてどの核も同じ速度で成長して均一な粒径の微粒子となることが望ましい．これらの反応速度を制御する因子としては，溶媒中の原料濃度(とその均一性)，分散剤(保護配位子)の種類と量(原料に対する分散剤のモル

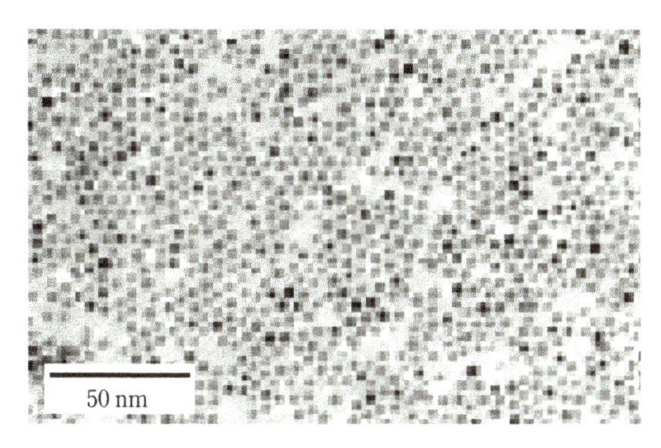

図8.12　熱力学制御法で作製した，粒径のそろった金微粒子のTEM写真

比)，反応試薬の種類と量，溶液のpH，触媒の量，反応温度，反応時間などがある．これらの条件を制御しても，粒径を制御できる範囲は限られる．

より粒径の大きな微粒子を得るためには逐次成長法を用いる．一度微粒子を生成させた溶液に，さらに原料と試薬を加えて反応を続けて微粒子を成長させる方法である．このときも最初の微粒子生成と同じように反応条件の制御が必要である．単分散の微粒子を得るのに有用な方法に，熱力学制御法がある．例えばアルカンチオールで保護した金微粒子の固形物を，150℃から250℃の間で熱処理すると，金微粒子はオストワルド成長(Ostwald ripening：粒径の異なる粒子が分散する系において，時間とともに，小さな粒子が溶解，消滅し，大きな粒子に再沈着して成長する現象．オストワルド熟成ともいう)し，粒径は熱処理温度にほぼ比例して大きくなる．図8.12にこの方法で作った金微粒子のTEM写真を示す．この方法で，精密に粒径を制御することができる．

反応条件による微粒子の構造の制御も可能である．先述のように，小さな金属微粒子は，まず，8つの(111)面と6つの(100)面よりなるcubo-八面体構造をとる．この微粒子をゆっくり成長させるとき，例えば分散保護剤としてポリビニルピロリドン(PVP)やポリアクリル酸(PAA)を多量に用いると，熱力学的により安定な(111)面が主となり正八面体や正四面体構造が支配的となる．一方，分散保護剤の量を制限すると，より不飽和結合の多い(100)面に分散保護剤が吸着し，(111)面が選択的に成長し，最終的に(100)面が表面となる立方体やプリズム型の構造になる．強い吸着剤を用いて他の面の成長を止めて1つの面のみを選択的に成長させることができれば，ナノロッドも容易に合成できる．界面活性剤を鋳型

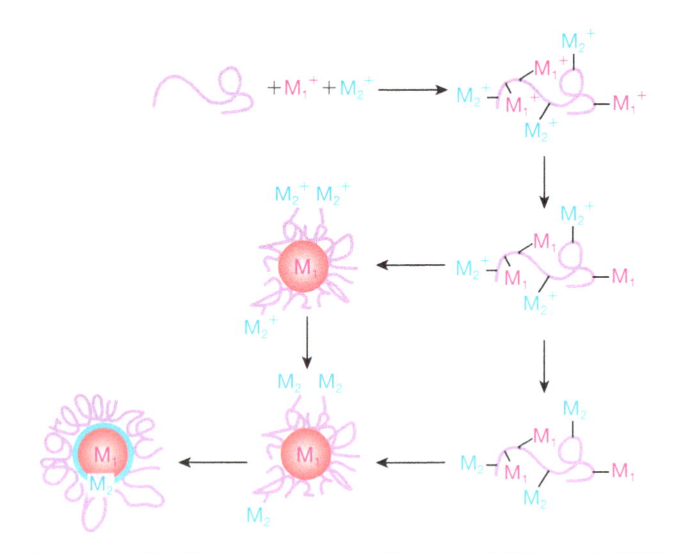

図8.13　同時還元法によるコア/シェル構造二元金属微粒子の生成機構

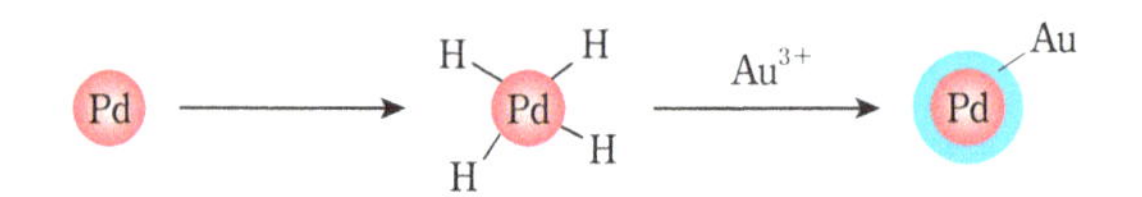

図8.14　逐次成長法によるPd-コア/Au-シェル構造の構築

としたナノロッドの合成はこの考えに基づくものである.

反応条件の制御により相分離構造の構築も可能である．例えば，2種類の金属イオンを同時に還元したときでも，金属の組み合わせにより，または反応条件により，ランダム合金構造の微粒子ができる場合と，コア/シェル構造の二元微粒子ができる場合がある．両金属が同時に還元されると合金構造になる確率が高く，一方の金属原子が先に生成し微粒子を形成した後にもう一方の金属が生成すると，その金属原子は，先に形成された核または微粒子の表面に吸着して，微粒子が成長し，コア/シェル構造を形成する(図8.13)．比較的大きな微粒子でコア/シェル構造を作るためには，先に紹介した逐次成長法が有効である(図8.14)．上述の界面制御の考え方は，半球合体，だるま，ドングリ，ピーナッツ，ダンベルなどといったその他の相分離構造の構築にも有用である.

B.　高次の構造制御(配列制御)

微粒子の配列制御でもっとも簡単な方法は，自己組織化法である．微粒子の粒径を精密に制御できれば，微粒子は平面基板上に最密充填する形で並ぶ．熱力学制御法などで精密に粒径を制御した微粒子の分散液を基板上に塗布しゆっくりと乾燥すれば，この配列が可能になる(コラム7.3参照)．

LB法や配位子間相互作用を利用すると，さらに大面積の超格子を作製できる．微粒子に強く配位する多座配位子を選び，粒子間距離は配位子の長さで制御する．配位子間相互作用は，例えばπ-π相互作用などのような弱い相互作用の方が，自己組織化による六方晶二次元超格子の調製には有効なようである．

さらに三次元の配列制御には，二次元超格子の積層や，三次元の鋳型が使用されている．

8.3.6　微粒子の機能

微粒子も，一般にバルクと類似の機能をもつが，微粒子であるために新たな機能やバルク材料とは異なった機能も示す．先にも述べたように，微粒子の特徴は，バルク材料に比べて(1)比表面積が大きいこと，および，(2)内部の原子間結合が弱く結晶性が低いことである．この2つの特徴に基づいて現れる機能について記述する．

A.　大きな比表面積に基づく機能

表面が直接関係する機能の例として，触媒機能，光学機能，電子輸送機能，熱輸送機能があげられる．

触媒機能は，表面原子と反応物の相互作用により生じる．表面原子の割合が高いと，全原子のうち触媒作用に関与する原子が多いことになり，触媒活性は高くなる．さらに，表面原子で反応物と作用する場所は，表面原子の未結合手(dangling bond)であるので，面(テラス)原子 < エッジ原子 < コーナー原子の順で高活性である(図8.6参照)．このため，微粒子の粒径が小さいほど高活性となる．コーナー原子がもっとも高活性であることを利用して，このコーナーに触媒活性原子を配置した「クラウン・ジュエル触媒」(図8.15)も提案されている．

光も材料の表面に作用する．入射光によって誘導される微粒子中の電子の集団振動である表面プラズモン共鳴吸収は，金，銀，銅などの微粒子表面では可視光領域で観察され，理論的研究とともに，バイオセンサーなど高感度分析の分野への応用が盛んである．青空や夕焼けの色が微粒子による散乱の結果であることは

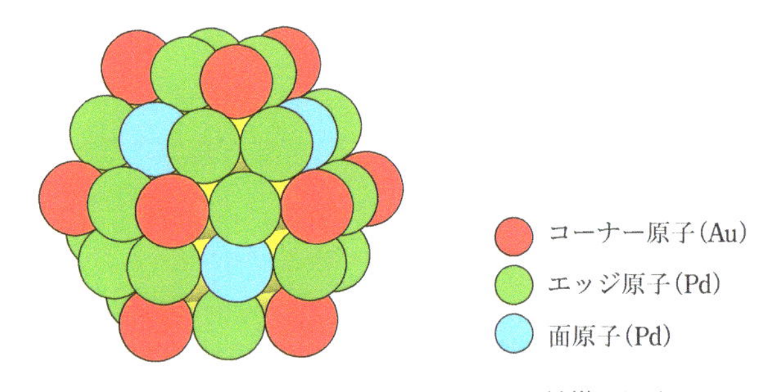

図8.15　55原子からなるクラウン・ジュエル触媒の模式図
Pd微粒子のコーナー原子のみがAu原子で置換されている.

よく知られているが，微粒子を配列すると構造色が現れる．宝石のオパール(ケイ酸塩の微粒子)は見る角度によってさまざまな色彩が現れるが，これは規則的に並んだ微粒子による光の干渉の結果である．人工的に構造色を作り，それを応用する研究も活発である.

電子やホールは物質の表面を流れる．この性質も利用できる．例えば，タッチパネルなどに用いられている導電性微粒子は，コアの樹脂の表面に金属めっきしたコア/シェル構造の微粒子である．コアに樹脂を使うことにより柔軟性と軽量化を獲得し，電気伝導はシェルの金属を通して行われている．また，炭素系ナノ材料であるカーボンナノチューブ(CNT)は，炭素だけからなる六員環構造が張り巡らされたグラフェンを巻いた構造をしている．この巻き方(キラリティー)により，絶縁性，半導性，および金属性のものがある．電導度にも大きな異方性があり，チューブ方向に電導度がきわめて高く，CNTの直径が小さいほど電導度は高くなる.

B.　内部の低い結晶性に基づく機能

図8.6にも示したように，微粒子の表面は多数の不飽和結合ないし未結合手があり，結晶性はきわめて低いので，その影響を受けて表面のすぐ内側でも結晶性は低くなる．したがって，粒径の小さな微粒子ほど，結晶性は低い.

結晶性が低いと融点は低くなる．例えば，バルクの金の融点は1064℃ときわめて高いが，微粒子になると低くなる．粒径3 nmの金微粒子で，理論的には750〜850℃と予想され，実験値には約710℃というデータもある.

材料の磁性も結晶性に大きく依存する．強磁性体材料を微粒子化すると，磁化曲線にヒステリシス(履歴)が現れず，常磁性的なふるまいをする．磁気記録材料としては，磁区を小さくして記録密度を上げたいが，あまりに小さくしすぎると超常磁性となり，記録媒体とならない．

図8.5で示した量子サイズ効果を利用すると，同じ材料を用いても，粒径を変化させるだけで，発光の波長を変化させることができる（発光性微粒子）．例えば，バルクのセレン化カドミウム（CdSe）は690 nmに発光波長のピークをもつが，これを微粒子化することで同じ材料を用いて発光波長を650〜510 nmまで変化させることができる．しかし，表面に欠陥があるために，欠陥蛍光が見られたり，欠陥での再結合により無輻射失活して発光が見られなくなることがある．そこで，CdSe微粒子の表面をZnSでコートして，コア/シェル構造の微粒子とすれば，粒径5.5 nmで630 nm（橙色），2.3 nmで480 nm（青色）の蛍光が強く観察されるようになる．

8.4 微粒子の応用

微粒子は幅広い分野に応用されている．代表的な例をあげておく．

（1）印刷インキ・塗料

印刷インキや塗料は微粒子の顔料を高分子とともに溶媒に分散したものである．いかに安定な分散状態を長期に保持し，使用後の乾燥が早く，乾燥後に均一かつ安定で光沢のある表面が創成できるかが課題となる．環境にやさしい水性塗料なども求められている．

（2）トナー

ゼログラフィー技術（電子複写機）の発展にともなって，トナーが作られるようになった．レーザープリンターで使用されており，粒径5〜20 μmの顔料と樹脂の微粒子からなる粉体着色剤であるが，液体を含むこともある．静電力，付着力，凝集力のバランスが取れたものが必要である．

（3）化粧品

化粧品は，スキンケア化粧品とメイクアップ化粧品に分類される．このうちメイクアップ化粧品は，種々の微粒子と油性の基剤からなる．メイクアップ化粧品には，化粧下地のファンデーション，コンシーラーと，ポイントメークとよばれるアイライン，シャドウ，リップなどがある．ファンデーションに用いる微粒子は，比較的大きな10〜100 μmの平板状の粒子の表面に非常に小さなサブμmレベルの微粒子を付けたものである．この微粒子で入射した光を散乱させて，肌の見栄えをよくするのである．さらに，顔料や，構造色を発するような微粒子を加えて，色合いを調整する．ポイントメークでも，顔料などの微粒子を使う．

(4)触媒と担体

多くの触媒は，担体上に金属などの微粒子を担持させた形で用いられている．触媒反応は微粒子の表面で起こるので，微粒子表面を他の金属などで修飾したり，担体の組成や構造を変えるなどの工夫がなされている．一般の触媒が気相中で使用されることが多いのに対して，液相中で使用されるコロイド触媒もある．コロイド分散した金属微粒子が高活性・高選択性の触媒として作用することは容易に理解されるが，問題はその安定性である．コロイド触媒の概念は古くに提案されたが，実際に使用条件下で安定なコロイド触媒の開発は1970年代になってからである．高分子の分散剤による高分子効果により，反応時に表面から離れた分散剤が，反応後に金属微粒子に再吸着して，再び安定化に寄与するため(図8.7)，コロイド触媒が実際に触媒反応に用いられるようになった．金属微粒子は，粒径を変えたり，他の金属を加えて，二元・三元系のコア/シェル構造にすることで，活性や選択性を制御できる．金属触媒微粒子を担持させる担体には，少し大きめの金属酸化物や高分子の微粒子が用いられる．担体は，反応場の提供により反応速度や選択性を向上させるとともに，生成物の分離を容易にするので，連続法などを用いた実用反応においてきわめて重要な役割を担う．

(5)電子材料

電子部品はますます小型化している．この小型化を助けているのが，金属，半導体，高分子などの微粒子である．例えば，電気伝導のためには銀微粒子を用いたペーストが用いられる．微粒子化することで融点が下がり，低温でもより細かい導電加工が可能になる．金属や半導体の微粒子に限らず，高分子の微粒子も，そのサイズや材料の種類を変えて，光拡散，光散乱，スペース調整(液晶スペーサ，タッチパネルなど)，接着，帯電，絶縁性や耐熱性付与などの種々の電子機能材料として用いられている．

(6)磁性材料

膨大なデータを長期にわたって安定に記録するためには，磁気テープがもっとも信頼できる材料である．この磁気テープを構成するのは，磁性微粒子と高分子のテープである．従来鉄の酸化物が用いられてきたが，磁気記録媒体の高密度化には，微粒子のサイズを小さくする必要がある．しかし，小さくしすぎると磁性をもたなくなる．そこでより強い磁性の微粒子が求められている．希土類元素を用いたものやFePtの微粒子が研究されており，FePt微粒子は熱処理することにより，結晶相をfcc(面心立方構造)から強い磁性を示すfct(面心正方構造)の$L1_0$相(FeとPtが層状に並んだ構造)に変化させることができる．そして，これを垂直配向させて高密度化を達成しようとする研究が行われている．さらに最近は，金の微粒子でも強磁性が見つかり，注目されている．なお，フェライトに代表される磁性体微粒子は，記録媒体だけでなく，電波吸収体，MRIの造影剤などにも用いられている．

(7)光学材料

酸化チタンのような屈折率の大きな結晶性物質や，金，銀などの金属，種々の高分子の微粒子は，光の散乱や拡散などを制御する光学レンズ，光学ファイバー，色ガラスなどの光学材料として用いられている．今後，ますます電子に代わって光が情報伝達に用いられていくことが期待されるので，微粒子の光学材料への応用に関する研究が活発に行われている．

(8)分離材料

化合物の分離・精製に多用されているクロマトグラフィー，特に液体クロマトグラフィー(液クロ)の固定相には，いろいろな微粒子が用いられる．無機の微粒子も用いられるが，さまざまな高分子微粒子がよく用いられている．液クロ固定相用の高分子微粒子には，親水性のものも親油性(疎水性)のものもある．また，多孔質化や表面修飾も容易であり，光学活性物質やタンパク質など特殊な物質の分離・精製も可能であるので，高分子微粒子を用いた液クロ固定相が数多く合成・市販されている．

(9)複合材料

複合材料は，微粒子を媒体中に分散させて作る．ガラスファイバーやCNTを高分子中に分散させると，高分子材料の強度を上げたり，電導性を付与したりすることができる．微粒子化することにより，表面積を増やし，媒体との相互作用を強化することができるためである．これが複合化の利点である．

(10)医用材料

いろいろな微粒子が医用材料に用いられている．医薬品の微粒子化，薬物送達システム(DDS)のための磁性微粒子や高分子微粒子，薬剤検出や患部検出のための蛍光性微粒子，診断用材料としてタンパク質と組み合わせた高分子微粒子など，ありとあらゆるところに利用されている．新しい微粒子を開発したら，その医用応用を考えれば必ず何かあるといってもよいくらいである．

❖演習問題

8.1　本章では，金属など無機系の微粒子の調製についてひととおり解説したが，高分子微粒子についてはほとんど述べていない．例えば，ポリスチレンの種々の大きさの微粒子を，大きさをそろえて調製するには，どのような方法があるかを調べ，無機系の場合との違いを論じなさい．

8.2　光散乱法による，分散媒中に分散した微粒子の粒径分布と平均粒径の測定原理と測定法を調べ，電子顕微鏡を用いる方法との差異を考えなさい．

8.3　電子エネルギー損失分光(EELS)またはX線発光分光(XES)の測定原理を調べ，これらの測定により，微粒子のどのような特性の理解が可能かを論じなさい．

8.4　コア/シェル構造あるいはクラウン・ジュエル構造の二元金属微粒子は，どのような構造で，どのような用途に応用可能と考えられるか．また，触媒として用いるときに，どのような長所と短所があるかについて考えなさい．

8.5　表面プラズモン共鳴について調べ，期待される応用例について考えなさい．

8.6　微粒子の応用で最近注目されているものの1つが，医用材料への応用である．どのような応用が検討されているかを調べ，その原理，微粒子を使うことの長所と短所，将来性などについて考えなさい．

第9章　ゲル

読者の方は，「ゲル」という言葉から何を思い浮かべるであろうか．ゼリーやプリン(プディング)菓子を思い浮かべる人も，化粧品や香粧品のゲル製剤や，クラゲやカエルの卵のような生体物質を思い浮かべる人もいるかもしれない．いずれも，ぶよぶよしていて液体っぽいのに流れない(流動しない)，奇妙な物質である．一般的には，ゲルはそのような物質群としてとらえられているが，学問的には，きちんとしたゲルの定義がある．そして，ゲルがコロイド化学の分野で扱われる理由もある．そのあたりから，本章を始めよう．

9.1　ゲルとは何か

9.1.1　ゲルの定義

分散状態のコロイドが凝集するとき，単に凝集物が沈降するのではなく，溶液全体がゲルとして固まってしまう場合がある．凝集物が塊状にならず，長く連なって溶液全体に網目構造をつくる場合である．図9.1にこの様子を模式的に示す．形成された網目構造の中に液体の媒体が取り込まれ，流れなくなっているのである．このようなゲルは，ゼリー，こんにゃく，豆腐，口紅，グリースなど，身近にたくさん存在している．

コロイドが凝集する場合だけではなく，高分子の鎖が網目状の構造をつくり，

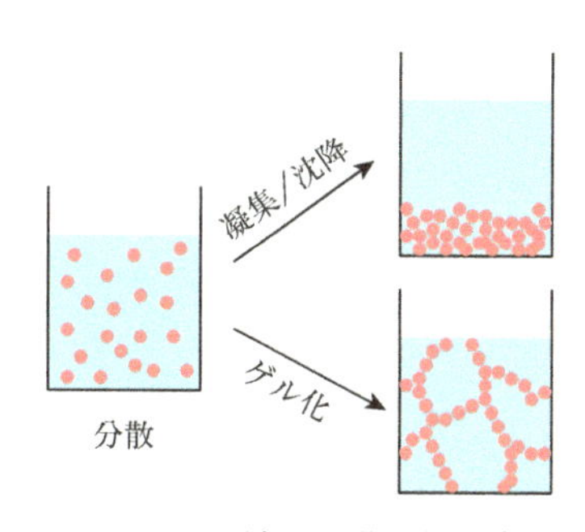

図9.1　コロイドの2種類の凝集状態：沈降とゲル化

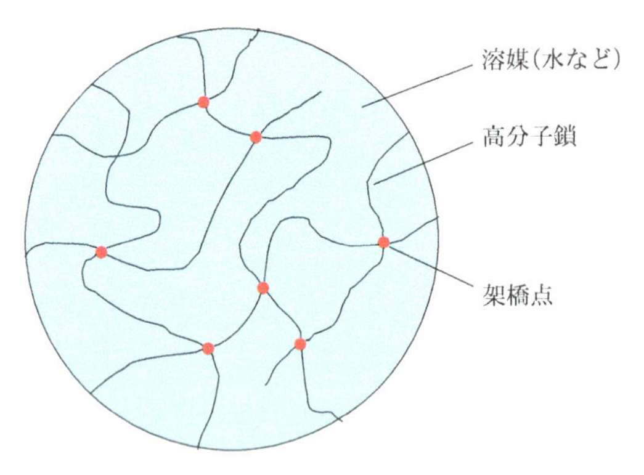

図9.2　高分子ゲルの構造

その中に溶媒が取り込まれてゲルとなる場合もある(図9.2). 高分子の鎖が網目状の構造をつくるためには, 2本あるいはそれ以上の分子が, ところどころで結ばれる必要がある. この結び目のことを架橋点(junction)とよぶ.

以上の説明からわかるように, ゲルとは, 何らかの網目状構造ができ, その網目の中に媒体(水や有機溶媒)が閉じ込められて流動性を失った物体である. これが学問的なゲルの定義である. 通常, 液体が90%以上も存在するにもかかわらず, 流動性を失ってぶよぶよした固体のようなふるまいをする.

定義から理解できるように, ゲルは3つの構成要素から成り立っている. 網目状構造をつくる物質(網目物質), 架橋点, 中に閉じ込められる液体(媒体)である. これらの要素の組み合わせによって, さまざまなゲルが得られることになる.

9.1.2　ゲルの三要素

先に述べたように, ゲルは3つの要素(網目物質, 架橋点, 媒体)からできている. したがって, ゲルの構造を考える場合には, これら三要素に着目して論じるのが便利である.

A.　網目物質

内部に水を閉じ込めたゲルをヒドロゲル(hydrogel)という. ヒドロゲルにおいて, ほとんどの場合, 網目状構造をつくる物質は高分子である. ヒドロゲルの性質を決める重要な因子は, この高分子がイオン性(高分子電解質)であるか, 非イオン性であるかである. イオン性高分子のゲルは膨潤度が非常に大きく, 高吸水性を示す. これについては, 後で詳しく述べる. 身近なゲル食品であるゆで卵や

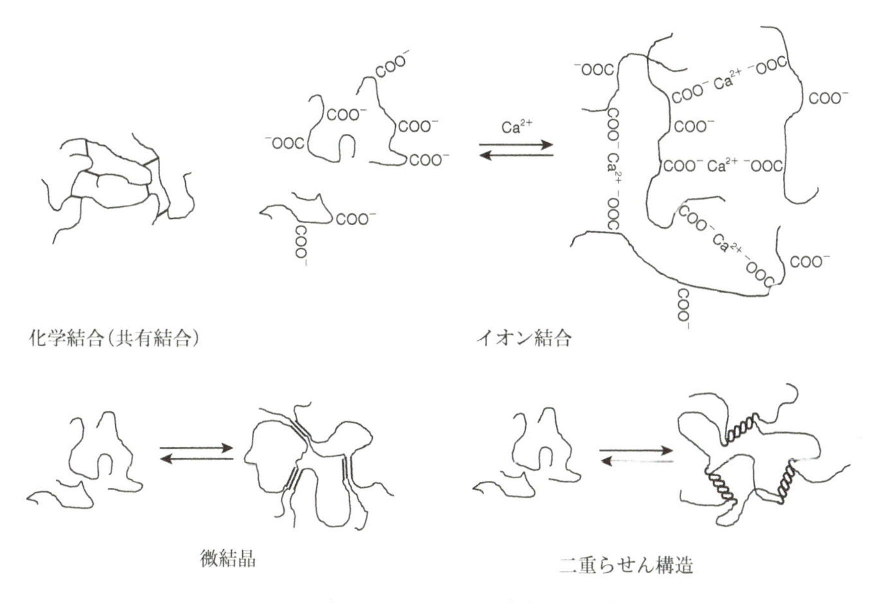

図9.3　高分子ゲルにおける架橋点の種類

豆腐はタンパク質から，こんにゃくや寒天は多糖類から作られる生体高分子のゲルである．

特殊な網目物質からつくられるゲルとして，界面活性剤のゲル相がある(コラム7.2参照)．このゲル相は，界面活性剤のつくるラメラ液晶相より低温側に出現する．高温側の液晶相では二分子膜内の界面活性剤分子は液体状であるが，低温側でそれが結晶化すると，溶液全体が流れなくなり，ゲル化する．したがって，界面活性剤ゲル相の網目物質は，二次元の結晶となった二分子膜である．

内部に有機溶媒を閉じ込めたゲルをオルガノゲル(organogel，オイルゲルともいう)という．オルガノゲルの場合には，後で述べるように，低分子物質の会合体が網目状構造をつくる場合がほとんどで，高分子からなるオルガノゲルは稀である．

B.　架橋点

高分子ゲルにおける高分子鎖の架橋形成には，図9.3に示すようないくつかの機構がある．化学的な結合(共有結合)で架橋されているゲルを**化学ゲル**(chemical gel)とよぶ．ポリアクリル酸ナトリウムやポリアクリルアミドの架橋物が，その典型的な例である．水素結合，イオン結合，微結晶形成などの物理的な結合

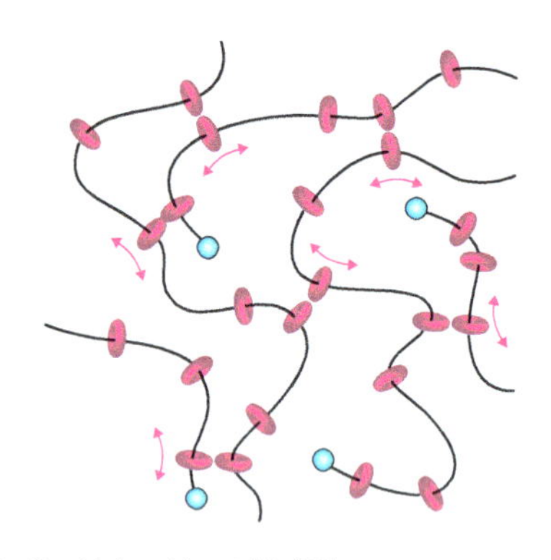

図9.4　トポロジカルゲルの模式図
架橋点が結合した2つのリング状分子からなっている．

で架橋点がつくられているゲルを**物理ゲル**(physical gel)とよぶ．つまり，化学ゲル，物理ゲルとは，架橋点の結合様式に着目した分類である．

たいへん面白い架橋点を有するゲルに，トポロジカルゲルがある[1)]．図9.4に示すように，トポロジカルゲルの架橋点はリング状分子が2つ以上結合したもので，その1つのリングに1本の高分子鎖が貫通することによって架橋点となっている．この架橋点においては，リングを貫通した高分子が，あたかも鉄の輪に通したロープがすべるのと同じようにすべる．この効果は，容易に想像できるように，架橋点が固定されている他のゲルに比べて，非常に伸びやすいという性質に現れる．その性質は，今後，新しい応用につながることが期待されている．リング状分子としては，シクロデキストリンやクラウンエーテルなどが利用されている．

C.　媒体

網目状構造の中に閉じ込められる液体は，水の場合と有機溶媒の場合がある．前者をヒドロゲル，後者をオルガノゲルとよぶことは前述のとおりである．種々のゲル食品はもちろんヒドロゲルであり，口紅やグリースなどはオルガノゲルである．稀に，閉じ込められる媒体が気体の場合がある．こうしたゲルをキセロゲル(xerogel：xero-とは乾いたという意味)とよんでいる．吸湿剤としてよく知られているシリカゲルなどはキセロゲルの例である．

9.2　ゲルの物性

9.2.1　膨潤度

ゲル中に媒体(液体)がどの程度含まれているか(裏返していえば，ゲル中における網目物質の濃度)を表す指標の1つとして，ゲルの膨潤度がある．ゲルの膨潤度は，高吸水性ポリマーとしての応用などではたいへん重要な性質であるが，この膨潤度は何で決まるのであろうか．本項では，膨潤度を決める因子について考えてみよう．

A.　高分子ヒドロゲルの膨潤度

膨潤度を決める因子について考えるとき，高分子ヒドロゲルを例に取ると理解しやすい．高分子ヒドロゲルは，高分子の水溶液ととらえることができ，高分子溶液の理論が適用できるからである．

いま，共有結合で架橋された高分子の網目状構造の水溶液を考える．架橋によってすべての高分子鎖はつながっているので，高分子としては1分子のみが存在するとみなす．したがって，低分子溶液の場合のような混合エントロピーの効果はない．つまり，分子の混合によってエントロピーが増大するためにゲルが膨潤するということはない．セグメント(自由に動ける高分子鎖の部分単位)運動のエントロピー(高分子鎖のセグメントがもっとも動きやすいスペースができるように膨潤する)，対イオンのエントロピー(つまり浸透圧；後述)，エンタルピー項(水と高分子鎖との相互作用；水和量が大きいほど大きく膨潤する)が膨潤度を決める．なかでも，対イオンの浸透圧がもっとも効果的に働く．

高分子電解質(例えば，ポリアクリル酸ナトリウム)を架橋したゲルでは，図9.5に示すように，ナトリウムイオンはゲルの中で解離するが，ゲルの外には出ていけない．なぜなら，ポリマーの鎖には多数の陰イオン(カルボキシレートイオン)が存在し，ナトリウムイオンはそれらの陰イオンに引きつけられるからである(電気的中性条件)．したがって，ゲル中の対イオン(Na^+)濃度はゲルの外の水中よりも高くなり，それを希釈するために水が浸入する．換言すれば，ゲル内部の対イオンの浸透圧がゲルを膨潤させる．この効果は非常に大きく，高吸水性ポリマーの機能はこの原理による．

この説明からわかるように，ゲル外の水中に塩が溶けていれば，膨潤度は低下する．ゲル内外の浸透圧差が小さくなるからである(コラム9.1参照)．

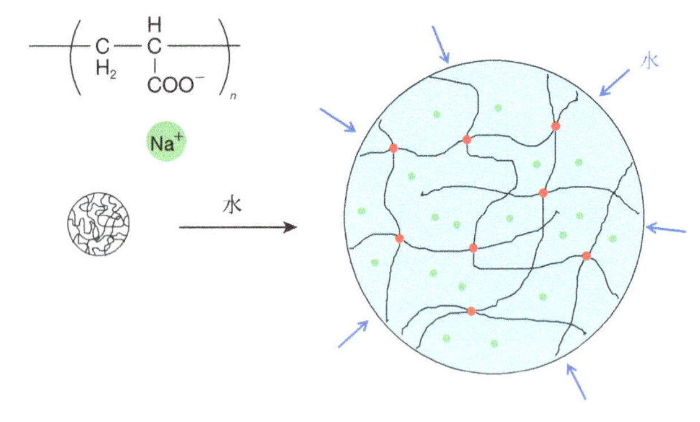

図9.5　イオン性高分子のゲルが高膨潤度を示す理由
ゲル内の対イオン(Na^+)濃度が高いので，希釈するために水が浸入する．

B.　オルガノゲルの膨潤度

上述のように，高分子ヒドロゲルを高分子の水溶液と考えることで，その膨潤度は説明できる．しかし，オルガノゲルではこの解釈が成り立たない．オルガノゲルは通常，図9.6に示すような低分子化合物(ゲル化剤とよばれる)を高温で油(有機溶剤)に溶かし，その後冷却してゲル化剤を析出させて作製する．析出する際にゲル化剤は線(ひも)状に成長し，それが網目状構造をつくって油を閉じ込めるのである(図9.7)．したがって，オルガノゲルの膨潤度は，析出したゲル化剤のひもの太さや網目の粗さで決まる．ちなみに，析出したゲル化剤はふつう，結晶状態である．

上述のような構造を有するオルガノゲルが油を閉じ込める駆動力は何であろうか．高分子電解質ゲルの場合のような対イオンは存在しないため，浸透圧は働かない．また，ゲル化剤の析出物は，高分子鎖のようにセグメント運動をすることもなく，特段に油と強く相互作用する官能基が存在するわけでもない．筆者には，油がゲルに閉じ込められて外に出て来ない理由としては，毛管現象(11.1.2項参照)くらいしか思いあたらない．ゲル化剤析出物の網目間の隙間は毛管とみなせるから，毛管現象は働くはずである．この考えが正しいかどうかは，ゲル中から油を押し出す圧力を測定して，それが毛管現象の理論と合うかどうかを調べればよいのだが，これまでにそのような研究は行われていない．

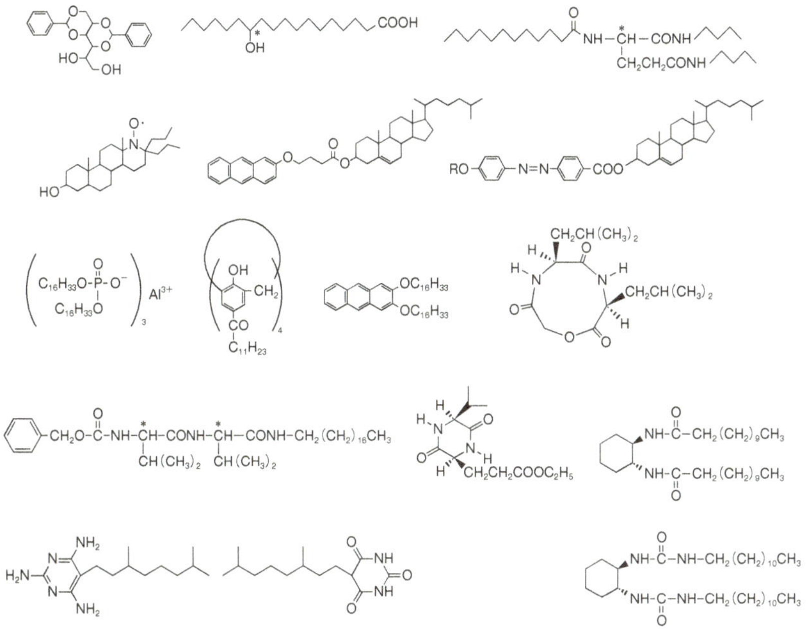

図9.6　オルガノゲルを形成するゲル化剤の例

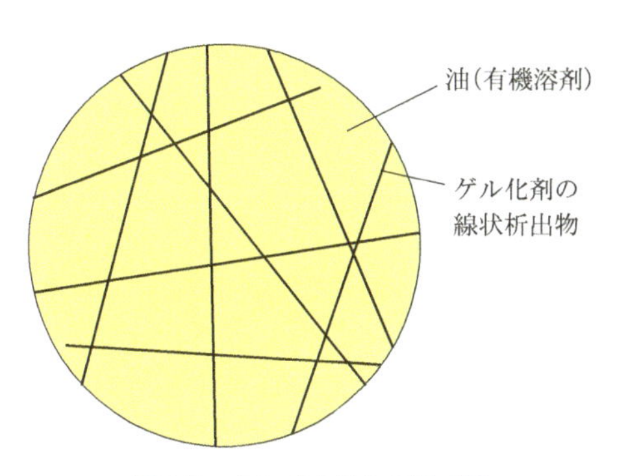

図9.7　オルガノゲルの模式図

9.2.2　力学物性

ゲルは通常，柔らかくて脆い．「豆腐で頭を打って死ね！」という冗談は，豆腐(ゲル)は柔らかくてぶつけても怪我をしないという例えである．したがって，普通は強度を必要とする目的にゲルは使えない．ところが，ナイフで切ろうとし

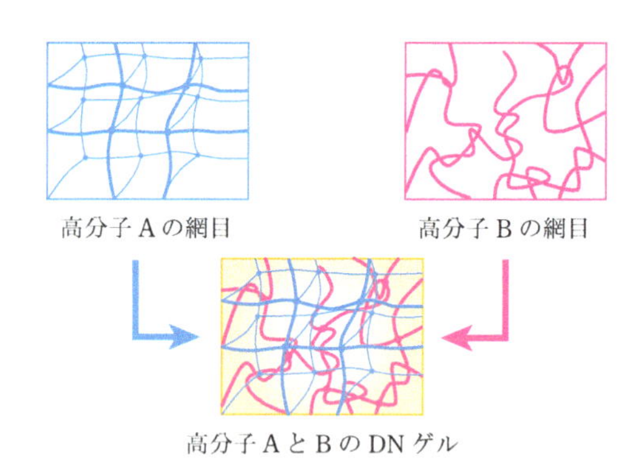

図9.8　DNゲルの模式図
2種類の高分子網目が入り組んだ構造を有する．

ても切れない，車のタイヤで踏みつけても壊れない高強度なゲルが存在する[2)]．ダブルネットワーク(double network, DN)ゲルである．DNゲルは相互貫入網目(interpenetrating network, IPN)ゲルの一種で，2種類の高分子網目が入り組んだ構造をしている(図9.8)．高強度のDNゲルは，硬くて脆い高分子網目と柔軟な網目の組み合わせでできている．DNゲルに力が加わると，まず硬い網目のゲルに亀裂が生じる．普通のゲルの場合，この1つの小さな亀裂が一瞬で全体に広がり壊れるが，DNゲルの場合，よく伸びる柔軟なゲルが壊れた硬いゲルをつなぎとめるために亀裂は進行せず，多くの小さい亀裂がゲル内に生じる．これら多くの亀裂によってゲルに加えられた力が分散されるため，DNゲルは高い強度を示すと発明者らは考えている．この考えが正しいなら，硬い網目を犠牲にしながら高強度を出しているわけであるから，筆者には耐久性が心配になるが，それに関する情報はない．

非常によく伸びるという特徴的な力学的性質を有するゲルにトポロジカルゲルがあるが，それについては9.1.2項Bですでに述べた．

9.2.3 ゾル−ゲル転移

先に，ゲルには物理ゲルと化学ゲルの2種類があることを述べた．物理ゲルの架橋点は共有結合ではないので，媒体の条件によって，架橋が壊れたり生成したりする．例えば，カラギーナンという多糖類は高温で水溶液となり，温度が下がると二重らせん構造をつくり，これが架橋点となってゲルになる(図9.9)．この

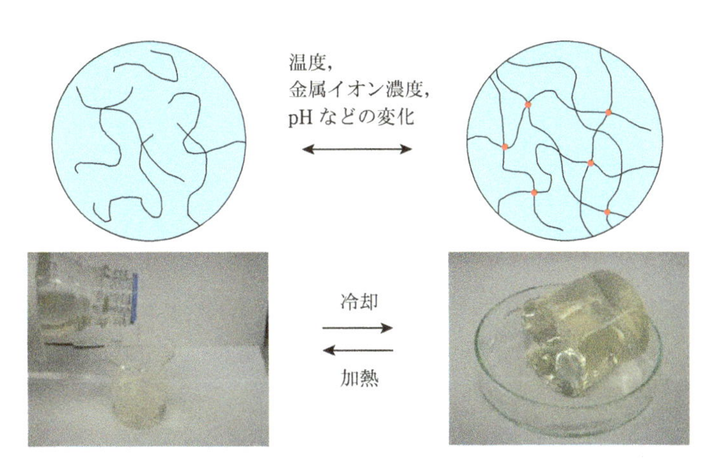

図9.9　ゾル－ゲル転移
機構を示す模式図（上図）とカラギーナンの実例（下図）.

ように，媒体の条件の変化によって，流れる状態（ゾル）とゲルの間を可逆的に変化する現象を**ゾル－ゲル転移**（sol-gel transition）とよぶ．物理ゲルの架橋点の種類（図9.3）によって，当然，ゾル－ゲル転移を引き起こす条件は異なる．例えば，イオン結合が架橋点になる場合には，Ca^{2+}濃度やpHの変化がゾル－ゲル転移を誘起する．

9.2.4　ゲルの体積相転移

あるポリマーが溶媒に溶ける状態と溶けない状態の間を可逆的に変化する場合，そのポリマーを架橋してゲルにすれば，膨潤した状態と収縮した状態を可逆的に変化するであろう．溶媒に溶けないポリマーは相分離するために，架橋したポリマー内の溶媒も網目から分離してしまうからである．この現象がゲルの体積相転移である．例えば，ポリ（*N*-イソプロピルアクリルアミド）ゲルは，水中で34℃付近に相転移点をもち，それより低温で膨潤状態，高温で収縮状態になる．架橋していないこの線状高分子は，低温側で溶けるが，34℃より高温では溶けずに相分離するからである．

膨潤度の大きいイオン性高分子からなるゲルでは，対イオンの浸透圧の制御によって体積相転移が起こる．例えば，ポリアクリル酸ナトリウム架橋物のゲル（図9.5）では，カルシウムイオンの添加やpHの低下によって体積の収縮が起こる．カルシウムイオンがカルボキシレートイオンに結合して，ナトリウムイオンがゲル外部の水相に出ていくため，および，pH低下の場合には，カルボキシ基の解離が抑えられることにより，ナトリウムイオンがゲル外部に放出されるためである．

9.3　ゲルの応用

9.3.1　高吸水性ポリマー

先に述べたように，イオン性ポリマー(高分子電解質)のゲルは，対イオンの浸透圧効果により大きな膨潤度を示す．この多量の水を吸収する性質により，有用な応用が生まれる．高吸水性ポリマーが利用される主たる製品は，紙おむつと生理用ナプキンである．ポリマーは，尿や血液を吸ってゲルとなり，固体状に固めて外に漏らさない．この性質がサラサラの皮膚感覚を与え，またおむつかぶれなどを防ぐのである．この応用に使われる高吸水性ポリマーは，ほとんどがポリアクリル酸ナトリウムの架橋物である．

高吸水性ポリマーのもう1つの重要な応用に，粘弾性付与剤がある．この応用には，低架橋ゲルの分散物が使われる．この製品はカーボポール®の商品名でよく知られている．図9.10の模式図に示したように，低架橋で大量の水を吸収した柔らかいゲルが，溶液全体を満たしている．このような状態では，ゲル粒子が小さな力では移動や変形をしないために溶液は流動せず，一定以上の力が働いたときに初めて流動するチキソトロピー性を示す．つまり，溶液は降伏値をもつ粘弾性を示す．このような溶液の中では，例えば，泡は浮上せずに同じ場所にとどまっている．泡にかかる浮力程度では液は流れないからである．同様に，比較的

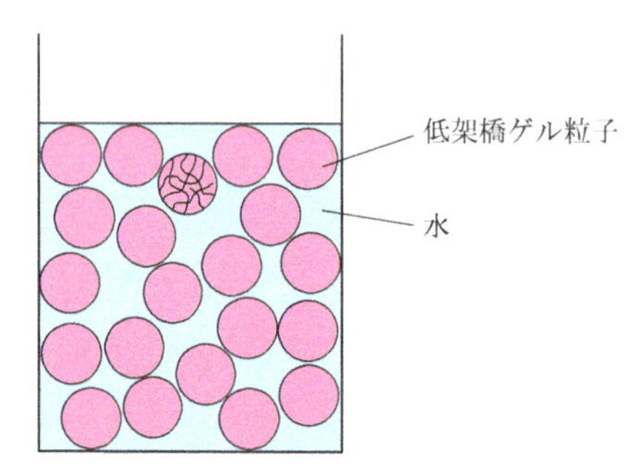

図9.10　低架橋ゲル粒子による粘弾性付与機構
降伏値をもつチキソトロピー溶液を与える．

コラム9.1　高吸水性ポリマーの弱点

高吸水性ポリマーは，本文で述べたように，紙おむつや生理用ナプキンに使われている．このポリマーは，架橋ポリアクリル酸ナトリウムであり，純水なら自重の数百倍～千倍の吸収力がある．しかし，紙おむつや生理用ナプキンが吸う液体は純水ではなく，尿や血液である．これらの液体は，塩（電解質）を高濃度で含むため，吸収量は自重の数倍～数十倍に低下してしまう．対イオンの浸透圧が駆動力となって吸水するポリアクリル酸ナトリウムのゲルでは，ゲル外部に塩が高濃度で存在すると，ゲル内部の対イオンとの濃度差が小さくなり，浸透圧があまり働かなくなるのである．塩が高濃度で存在してもその液体を吸収できる高吸水性ポリマーを開発できれば，上記の製品に画期的な進展が期待できるであろう．

大きな粒子も沈降や浮遊をしないため，粒子の安定な分散にたいへん有効である．この特性は，化粧品や香粧品の分野で頻繁に使われている．

9.3.2　コンタクトレンズ

コンタクトレンズには，材質によりハードとソフトがあるが，このうちソフトコンタクトレンズはゲルである．水を吸収したゲルが，レンズの役割を果たすのである．使用される高分子としては，ポリヒドロキシエチルメタクリレートやポリビニルピロリドンなどがある．新素材のシリコーンハイドロゲルは，高い酸素透過性が得られるため，注目されている．

ソフトコンタクトレンズは，外れにくくスポーツ時に適していることなどの長所はあるが，一方で，水分を含むという特性上，タンパク質などの涙の成分や汚れが付着しやすいなどの短所もある．

9.3.3　オルガノゲルの応用

媒体が有機液体であるオルガノゲルにも種々の応用がある．ここでは，代表的なものを紹介しよう．

口紅は，色材を含む一種のゲルである．液体の油と固体のワックス（固体脂）を混ぜ，温度を上げると均一に溶解する．その後温度を下げると，ワックスは再び結晶として析出する．このとき，結晶が平らな板状に成長し，結晶同士が凝集してネットワーク（カードハウス）構造をつくると，系全体が流動しなくなって固ま

図9.11　廃天ぷら油固化剤12-ヒドロキシステアリン酸のつくる繊維状会合体の電子顕微鏡写真
［https://colloid.csj.jp/gallery/achievements/］

る．これは，液体油が固体脂結晶のネットワークの中に閉じ込められて，流動性を失ったゲルである．高温で均一になった油相に，無機，有機の顔料や色素などを混合して着色する．このとき顔料の分散性が悪いと，色調がうまく出なかったり，外観や使用感が悪かったりするので，分散技術がたいへん重要である．

グリースは，液体の潤滑油（鉱油）を金属石鹸で固化したゲルである．石鹸（脂肪酸のナトリウム塩）は水溶性で洗浄剤として使われるが，金属石鹸（カルシウムやマグネシウムなどの多価金属塩）は水には溶けず，油に溶解する．高温で油に溶解した金属石鹸は，冷却すると再び析出するが，そのとき線状の構造をとり，それが網目状構造をつくって潤滑油をゲル化するのである．グリースは，機械類の軸受，歯車，摺動部などの潤滑剤としてよく使用される．

12-ヒドロキシステアリン酸も，金属石鹸と同様の原理で油をゲル化する．この化合物は，家庭における廃天ぷら油の固化剤として商品化されている．古くなった天ぷら油は，捨て場に困る代物である．流しに捨てるわけにいかず，だからといって，他のごみと一緒にごみ袋にも入れられない．そこで，天ぷら油が熱いうちに12-ヒドロキシステアリン酸を溶かし，室温に戻したときに固化（ゲル化）させる．固化した油は，他のごみと一緒に捨てられるというわけである．この12-ヒドロキシステアリン酸の線状析出物の電子顕微鏡像を図9.11に示す．

9.3.4　ゲル食品

食品には，ゲル状態のものが非常に多い．豆腐，こんにゃく，ところてん，プリン，ゼリー，ゆで卵，茶碗蒸しなどがその例である．ゲル食品には，通常多量(場合によっては90%以上)の水が含まれている．したがって，カロリーは一般的に低く，健康的な食品といえよう．ゲル食品の網目状構造をつくる物質には，タンパク質と多糖類がある．本項では，それらをコロイド化学の観点から眺めてみよう．

A.　タンパク質の凝集によるゲル食品

豆腐は，豆乳中に含まれるタンパク質が凝集して網目状構造をつくり，多量の水をその中に取り込んだゲルである．タンパク質を凝集させる方法には2種類ある．1つは，マグネシウムイオンあるいはカルシウムイオンを添加する方法である．もう1つは，酸によりタンパク質の高次構造を変えること(変性)で凝集させる方法(酸凝固)である．前者のゲル化剤として，「にがり」が使われることをご存知の方も多いであろう．にがりの主成分は塩化マグネシウムであるが，ほかにも硫酸カルシウム，硫酸マグネシウム，塩化カルシウムなどが使用される．酸凝固には，グルコノ-δ-ラクトンが使用される．グルコノ-δ-ラクトンは，加水分解によって徐々にグルコン酸に変化して溶液を酸性にする．

ゼラチンもタンパク質からなる代表的なゲル食品である．ゼラチンは，コラーゲン分子の三重らせん構造が熱変性によってほどけた線状高分子を主成分とする．ゼラチンのコロイド水溶液は，高温ではゾル化して溶け，冷やすとゲルになる(ゾル－ゲル転移：9.2.3項参照)．コラーゲン分子が，部分的に三重らせん構造をつくり，分子間を架橋して網目状構造を形成するためである．このゼラチンのゲル化を利用して，種々のゼリー菓子が作られる．

ゆで卵も，たいへんポピュラーなゲル食品である．卵中のタンパク質，主として卵白アルブミンが，熱変性によって疎水的表面に変化し，疎水性相互作用によって凝集してゲル化すると考えられている．面白いことに，加圧処理によっても卵をゲル化できることが知られている(コラム9.2参照)．茶碗蒸しやプリンも，卵のタンパク質の熱変性によるゲル化を利用した食品である．したがって，コロイド科学的には，ゆで卵と同じ範疇に入る．

B.　多糖類からなるゲル食品

多糖類とは，単糖(グルコース，マンノース，ガラクトースなど)が長くつながった天然の高分子である．この多糖類分子が，網目状構造をつくってゲルと

コラム9.2　加圧卵

生卵に700 MPa程度の圧力をかけると，ゆで卵のようにゲル化する．卵のタンパク質は，加熱だけではなく，加圧によっても変性するからである．この加圧卵は，以下のような点で，ゆで卵と違っている：(1)黄身の色は鮮やかで，ゆで卵のように白っぽくない，(2)ゆで卵にある独特の(硫化水素の)臭いがなく，生卵の香りがする，(3)食感は柔らくて腰があり，ゆで卵のように崩れる感じではない，(4)味は生卵に近い．このように，加熱処理のゆで卵とは食感，風味も異なっている．この技術は，新しい卵食品の開発につながるかもしれない．

ちなみに，圧力は卵の内外に均一にかかるため，加圧時に卵の殻が割れることはない．卵の殻には雛の呼吸のために気体を通す孔が空いているからである．

なっている食品も多い．その例をあげてみよう．

こんにゃくは多糖類からなる代表的なゲル食品で，グルコマンナンもしくはこんにゃくマンナンとよばれる多糖類(グルコースとマンノースが2：3～1：2の比率で重合したもの)が，網目状構造をつくってゲル化したものである．こんにゃくマンナンをアルカリ溶液(通常は水酸化カルシウムの水分散液)で処理すると，6位のOH基に付いていたアセチル基が外れ，分子間の水素結合によって架橋して網目状構造をつくると考えられている．こんにゃくゲル中には，96～97％もの水分が含まれているために，弾力性のある独特の食感を示す．

寒天(ところてん)は，アガロースやアガロペクチンなどの多糖類からなるゲルである．高温では溶解してゾルとなり，冷やすと40℃前後でゲル化して固まる．冷却時に水素結合が形成され，架橋されることによって網目状構造ができるといわれている．この水素結合は加熱により解離してしまうために，高温ではゾルになる．ヒトの消化酵素のみでは分解されず，消化吸収されにくいので，低カロリー食品として利用されることも多い．寒天ゲルの食品以外の応用としては，微生物の培養や植物の組織培養時の寒天培地としての利用がよく知られている．寒天培地は，ほとんど培地の代名詞のような存在である．

多糖類のゲル食品には，体内で消化されない食物繊維が多く含まれる．ゲルの特徴としての水分が非常に多いこととも相まって，肥満を防ぐ健康食品として注目されている．

引用文献

1) 廣川能嗣，伊田翔平，機能性ゲルとその応用，米田出版(2014)，pp. 85–88 ; Y. Okumura and K. Ito, "The polyrotaxane gel: A topological gel by figure-of-eight cross-links", *Adv. Mater.*, **13**, 485–487(2001)
2) 廣川能嗣，伊田翔平，機能性ゲルとその応用，米田出版(2014), pp. 92–93 ; J. P. Gong, Y. Katsuyama, T. Kurokawa, and Y. Osada, "Double-Network hydrogels with extremely high mechanical strength", *Adv. Mater.*, **15**, 1155–1158(2003)：動画は http://altair.sci.hokudai.ac.jp/g2/DN.html

❖演習問題

9.1　架橋ポリアクリル酸ナトリウム・ゲルの膨潤時の含水量(膨潤度)が95 wt%だとする．25℃における，ゲル内の対イオン(Na^+)による浸透圧を計算しなさい．ただし，このゲルの比重は1であると仮定しなさい．

9.2　オルガノゲル中の液体(油)がゲル内部に保たれる原因を毛管現象だと仮定して，1気圧の圧力差に耐えるために必要な毛管の半径を求めなさい．ただし，油の表面張力は30 mN/mで，油と網目物質との接触角は0°であると仮定しなさい(4.2.1項B，11.1.2項参照)．

9.3　身の回りにあるゲルの例を，できるだけ多くあげなさい．

9.4　ご飯粒が放置されて時間が経つと，生米のように硬くなる．その理由を考察しなさい．

第10章　表面修飾

固体物質の表面が，物質の性質の中で重要な位置を占めていることは，これまで種々の例で見てきた．したがって，その表面の性質を制御したいという要請は多い．そのために生まれた古くて新しい技術が表面修飾である．表面修飾により，無機材料でありながら，有機材料のようにふるまう表面を作ることができる．逆に，有機材料でありながら，無機材料のような表面をもつ材料も，表面修飾の技術により可能である．無機・有機の複合材料の構築には，表面修飾の技術は必須である．

10.1　表面修飾の方法

10.1.1　無機材料表面の有機分子による修飾

無機材料特有の性質を保持しながら，有機材料のもつ特性を表面に付与したいという要望は非常に多い．そのために用いるのがこの項で述べる無機材料表面の有機分子による修飾である．

もっとも有名なのは，シランカップリング剤を用いる方法である．この方法は，シリカ(SiO_2)，アルミナ(Al_2O_3)，チタニア(TiO_2)のような無機酸化物固体材料に用いられる．これらの無機材料の表面は，しばしばヒドロキシ基(OH基)で覆われている．OH基が存在しない場合には，$SiO_2 + 2H_2O \rightarrow Si(OH)_4$のような加水分解反応でOH基を導入することができる．このOH基と反応する官能基としてアルコキシシランやシラザンを含む有機分子をシランカップリング剤という．図10.1に示すように，シランカップリング剤と無機材料を反応させて，無機材料の表面を有機分子で覆う．

シランカップリング剤は，表10.1に示すように，現在非常に多くのものが開発され，市販もされている．無機材料の種類や，必要とする有機分子の構造などを考え，これらから選ぶとよい．もちろん，必要に応じて新しいカップリング剤を合成し，利用することは，有機合成化学者ならばだれでも行える．

無機酸化物以外の遷移金属材料に対しては，図10.2に示すように，有機配位

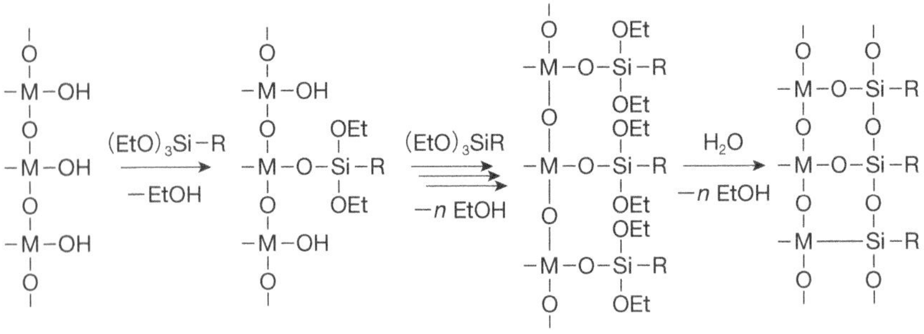

金属酸化物表面

アルキル基により修飾された金属酸化物表面

図10.1　シランカップリング剤(アルキルシラン)を用いた無機材料表面の有機分子による修飾

表10.1　種々のシランカップリング剤
Rはアルキル基，Etはエチル基.

分類	代表的化学構造
アルキルシラン	$R{-}Si(OEt)_3$, $(CH_3)_n Si(OEt)_{3-n}$
ビニルシラン	$CH_2{=}CH{-}Si(OEt)_3$
アミン系シラン	$H_2N{-}CH_2CH_2{-}NH{-}CH_2CH_2CH_2{-}Si(OEt)_3$
エポキシ系シラン	$\overset{O}{CH_2{-}CH}{-}CH_2{-}O{-}CH_2CH_2CH_2{-}Si(OEt)_3$
シラザン	$(CH_3)_3 Si{-}\overset{H}{N}{-}Si(CH_3)_3$

分子が用いられる．単座配位では結合が弱い場合は，ジエチレントリアミン(図10.2(b))や1,2-ビス(ジフェニルホスフィノ)エタン(図10.2(c))などの多座配位分子を用いればよく，また図10.2(a)に示すようにポリエチレンオキシド(PEO)などの高分子を用いれば，高分子効果による多座配位が可能になる．配位元素についても，O，N，Pでは配位力が弱い場合にはSを用いる．特に，金に対しては，Sが有効である．

金属材料の表面にセラミックス薄膜を形成して，耐摩耗性，耐食性，すべり性などの向上を図る技術は実用上重要である．このために用いられる方法に，PVD(物理気相成長)法やCVD(化学気相成長)法がある．PVD法が真空蒸着やプラズ

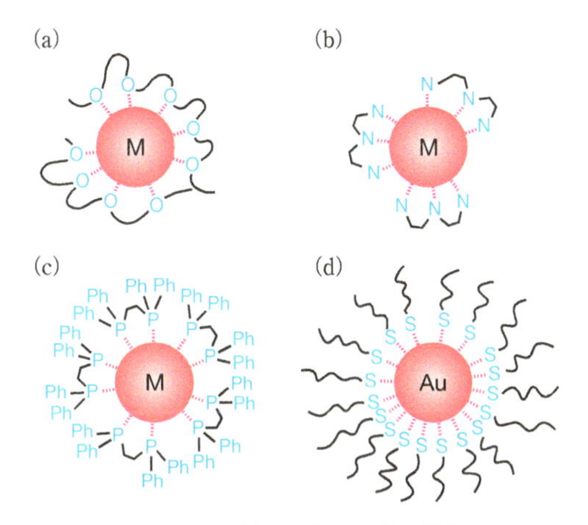

図10.2　金属ナノ粒子の表面修飾

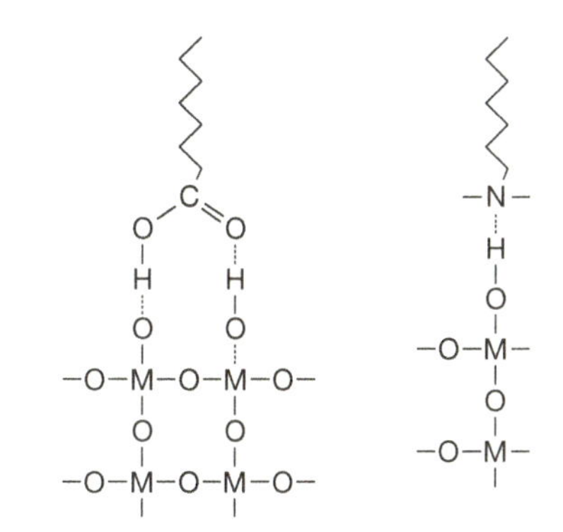

図10.3　界面活性剤による無機酸化物表面の修飾

マなどを用いるのに対し，CVD法は熱化学反応を用いる．金属材料表面への窒化チタン(TiN)薄膜の作製はどちらの方法を用いても可能であるが，一般にはそれぞれの方法で調製できる薄膜もあれば，できない薄膜もある．一般に，CVDで調製した薄膜の方が強く金属表面に結合するので，表面修飾はより強固である．

さらに，界面活性剤を用いる方法もある．カップリング剤を用いる方法では有機分子と無機材料との結合は共有結合であり，有機配位分子を用いる方法では配位結合が用いられる．それに対し，界面活性剤を用いる方法では，水素結合やイオン結合，酸・塩基結合が用いられる．図10.3に示すように，無機材料の表面のヒドロキシ基との水素結合で表面修飾することや，イオン性の材料に対してその対イオンを含む界面活性剤で表面修飾することが可能である．ただし，この修飾方法は弱い結合力によるものであるので，耐性という点で劣ることに注意しなければならない．

10.1.2　有機材料表面の有機分子による修飾

グラフト共重合は，図10.4に示すように，高分子材料の表面を他のモノマー（有機分子）と反応させて，共有結合により表面を修飾する方法である．高分子に官能基があればそれを利用し，なければ放射線照射，プラズマ処理などの方法で高分子材料表面を活性化してラジカルやイオンを発生させ，そこにモノマーを反応させて重合する．ポリエチレン表面にガンマ線重合でテトラフルオロエチレンをグラフト重合すると，表面は撥水性になる．逆に，例えばエチレンオキシドのような親水性モノマーを反応させれば，ポリエチレンオキシドで覆われた親水性表面が得られる．芳香環をもつ分子で修飾することも，長鎖のアルキル基で修飾することも可能である．

共有結合ではなく，水素結合，イオン結合，あるいは疎水性相互作用といったより弱い相互作用を利用する表面修飾法として，吸着法がある．弱い相互作用による吸着は，低分子の界面活性剤などでは一時的な表面修飾にとどまる．高分子

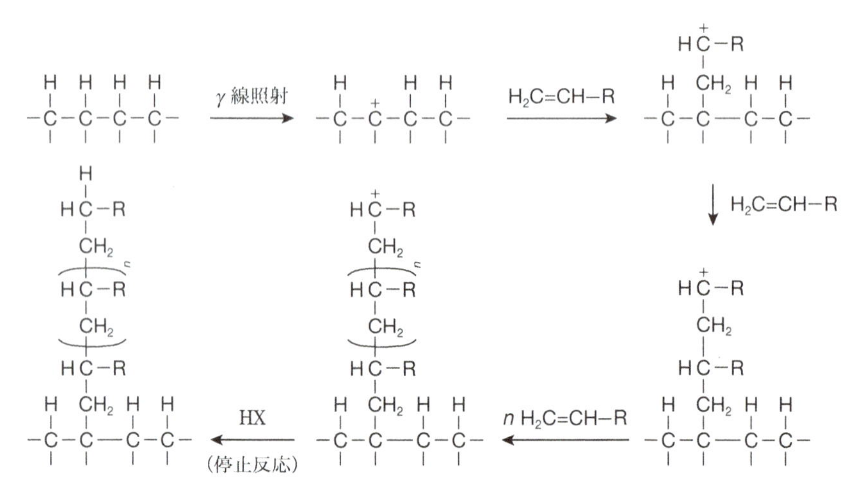

図10.4　グラフト重合による表面修飾の例

を用いると，1つ1つの相互作用力は弱くとも，高分子効果により多点で吸着相互作用させることで，全体としては強く表面修飾することが可能となる．さらに，固体表面とイオン性高分子間の静電的相互作用を利用した交互吸着法を用いると，より安定な表面修飾ができる．固体基板を正，負それぞれの高分子電解質水溶液に交互に浸漬し，逐次的に水に不溶なポリイオンコンプレックス多層膜を調製する方法である(6.5節参照)．

物理的に覆ってしまう方法としてカプセル化法がある．固体粒子を高分子膜で被覆する方法で，固体表面と膜の間で化学結合を形成する必要はなく，グラフト共重合に比べ厚い膜が形成される．

10.1.3　無機材料表面の無機物質による修飾

無機物質で無機材料表面を修飾する代表的な方法はゾル－ゲル法である．ゾルとは，液体分散媒中に固体粒子がコロイド状に分散した流動性をもつ溶液のことであり，ゲルとは，ゾルの中での固体分散粒子の割合が高くなり，粒子間のネットワークが形成されて，流動性を失った状態を指す．ゾル－ゲル法とは，主に金属アルコキシド(例えば，テトラエトキシシラン($Si(OC_2H_5)_4$)やそのアルキル誘導体)の加水分解と脱水縮合により，ゾルを原料にして，その流動性を下げてゲルにする方法である．この反応の促進には，可溶性の共溶媒の利用，酸または塩基触媒の添加，加熱処理などの手法が用いられる．金属材料の表面が酸化されていると，酸化点で金属と共有結合を形成し，図10.5に示すように表面修飾が可能となる．

金属酸化物微粒子に対してゾル－ゲル法を適用すると，コア/シェル構造の微粒子ができる．また，金属微粒子の表面を他の金属で覆って，コア/シェル構造

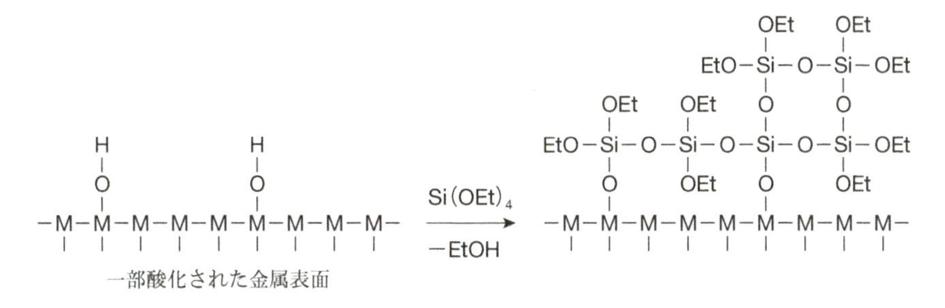

図10.5　ゾル－ゲル法による金属酸化物表面の修飾

とすることもできる(第8章参照)．このとき，コアの金属とシェルの金属との間には金属結合が形成されるが，金属により結晶の格子間距離が異なるため，どのような金属間でも強い金属結合ができるとは限らない．

金属表面を他の金属で修飾するもっとも一般的な方法は，電解めっきである．例えば銅めっきをするには，硫酸・硫酸銅緩衝水溶液に，銅イオンを供給する金属銅の陽極とめっきされる金属の陰極を入れ，外部直流電源から電流を流す．この方法では，陽極で酸化反応が起こり銅イオンが溶出し($Cu \rightarrow Cu^{2+} + 2e^{-}$)，陰極で銅イオンの還元が起こり表面に金属銅が析出する($Cu^{2+} + 2e^{-} \rightarrow Cu$)．なお，無機酸化物は電流を流せないので，その表面の金属修飾に電解めっきは使えない．そこで，次項で説明する，絶縁体の有機材料の修飾に用いられる無電解めっきが用いられる．

10.1.4　有機材料表面の無機物質による修飾

有機材料の表面を無機物質で修飾するためには，まず有機材料の表面を無機物質でも結合できるように，活性化する必要がある．もっとも簡易な活性化法は，物理的活性化，すなわち機械的に有機材料の表面に傷を付けることである．傷を付けると化学結合が切断され，ラジカルなどの活性点ができる．その上に金属を蒸着すれば，不完全ながら結合が生成すると考えられ，有機材料の表面を金属で修飾できる．ただし，この方法での修飾はそれほど強固ではないので，時間とともに剥離することがある．

より強固に金属で修飾する方法として，無電解めっき(化学めっきともいわれる)がある．通常の電解めっきは，直流電流を流して還元することで表面に析出させているため，金属などの導電性材料に限られる．これに対し，化学めっきではホルムアルデヒドのような還元剤による還元反応を使う．

$$2\,HCHO + 4\,OH^{-} \rightarrow 2\,HCOO^{-} + H_2 + 2\,H_2O + 2\,e^{-}$$

この還元剤由来の電子により，水溶液中の金属イオンを還元して金属を析出させる．この反応では電流を流す必要がないので，絶縁性の有機材料表面に金属を析出させることができる．ただし，ホルムアルデヒドの酸化にはパラジウムのような触媒が必要である．このため，あらかじめ有機物表面に少量のパラジウムを蒸着などの方法で析出させた後に化学めっきを行い，完全に金属で覆ってめっきを完成させる．この方法はプリント配線板の製造などで多用されている．

10.2　表面修飾による表面現象の制御

10.2.1　表面親和性の制御

固体表面の親和性は，表面と媒体の相互作用の種類と強度に依存し，相互作用の強度は表面と媒体の特性に依存する．そのため親和性の制御には表面修飾が必須である．ここで問題とされる相互作用の種類には，水素結合，親水相互作用，疎水相互作用，π–π相互作用，酸・塩基相互作用，静電的相互作用，配位結合などがある．それらの相互作用の結果として現れる特性に，親水性，撥水性，親油性，濡れ特性，接着性などがあり，それが実用材料に使われたときの機能である液相中での脱色，脱臭，ろ過(濁り除去)，分子の選択的透過(アルコール濃縮，液相反応触媒)など，気相中での脱臭，吸湿，乾燥，脱酸素，気体の選択的透過(水素精製，エチレン精製，気相反応触媒)などにも関係する．最近は，これらの特性における選択性の向上にも注目が集まっている．

こうした表面特性は，比表面積が大きいほど顕著になる．したがって，表面の多孔質化がきわめて重要である．炭素(活性炭)，アルミナ，シリカ，ゼオライトなどは吸着剤として，また担持触媒の担体としてもよく用いられている．選択性の向上のためには，穴の大きさの制御が重要になる．穴の大きさを正確に制御するために，界面活性剤を鋳型としたゾル–ゲル法など，いろいろな方法が提案されている．また，多孔質高分子膜は人工腎臓用透析膜や工業的にも種々の分子の分離・精製などに利用されている．

10.2.2　表面構造の制御

前項で説明したように，表面の親和性は表面特性に依存する．表面特性を決める重要な因子の1つに表面の化学構造がある．表面が有機物質か無機物質かにより特性は大きく異なり，同じ有機物質でも，その種類により特性は異なる．有機物質でも親水性のものも，疎水性のものもあり，さらに同じ疎水性であっても，炭化水素系(図10.6(a))とフッ化炭素系(図10.6(b))は異なる特性をもつ(11.1.1項参照)．さらに，イオン液体はまた異なった特性をもつ．イオン液体は塩であるために親水性であると考えられがちであるが，実際には疎水性で，水と液/液二相分離する場合が多い．構成イオンにビス(トリフルオロメタンスルホニル)イミド($[Tf_2N]^-$，図10.7(a))やヘキサフルオロホスフェート(PF_6^-)などのフッ素原子を含む陰イオンを用いると，水と相分離する疎水性イオン液体が得られる．

(a)疎水性炭化水素系　　(b)フッ化炭素系

図10.6　表面修飾後の化学構造の例

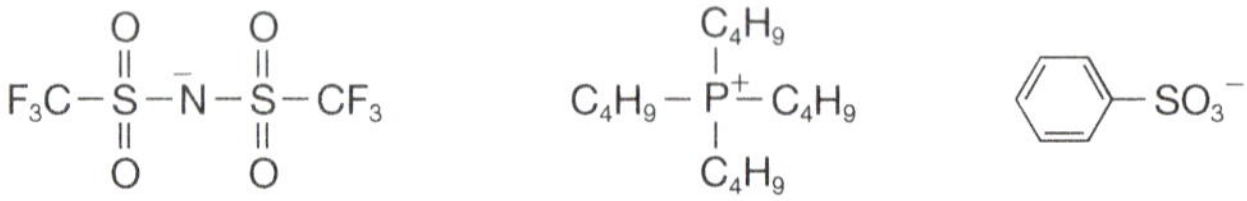

(a)ビス(トリフルオロメタンスルホニル)イミド $[Tf_2N]^-$　　(b)テトラブチルホスホニウムカチオン $[P_{4444}]^+$　　(c)ベンゼンスルホネートアニオン $[BzSO_3]^-$

図10.7　イオン液体を構成するイオンの例

一方，例えば，テトラブチルホスホニウムカチオン($[P_{4444}]^+$，図10.7(b))とベンゼンスルホネートアニオン($[BzSO_3]^-$，図10.7(c))とからなるイオン液体は，水と任意の割合で混和するが，塩析効果の高い無機塩を適切に混合すれば，含水イオン液体相と無機塩水溶液相に分離する．

表面の化学構造の乱れや形状も表面特性に影響を与える．例えば，相分離構造は表面特性を大幅に変える．親水性と疎水性の高分子からなるブロック共重合体は，その割合に応じて種々の相分離構造をとり，その相分離構造によりそれぞれ異なる表面特性を示す．また，前項でも述べたように，多孔質化は比表面積を大きくし表面特性を強調するのみならず，穴の大きさを制御すれば，穴の大きさによる分子や粒子の分離・精製を可能にする．さらに，表面の凹凸構造は超撥水性などを誘起するが，これについては11.2.3項を参照されたい．

10.2.3　表面機能の設計と制御

これまでに述べた表面現象は，比較的大きな材料での現象である．最近はより微細な表面での現象に興味がもたれている．前節では，バルクの材料の表面修飾の方法について取り上げているが，実は最近興味がもたれているのは，むしろ微粒子あるいはナノ粒子の表面修飾である．もちろん，ナノ粒子の表面修飾にも，バルクの材料の場合とほとんど同じような方法が用いられる．しかし，ナノ粒子の表面はいろいろな結晶面をもち，場合によっては異なる元素で構成されたりしているため(第8章参照)，より精密な表面修飾が可能である．特に，近年微細化が進んでいる電子デバイスでは，こうした表面修飾微粒子などを用いたより精緻な機能設計と構造制御が必要になっている．

表面構造を微細に制御するために，まず，微粒子を合成して，この分散液を平らな基板上に塗布して，微粒子を並べることが検討された．微粒子の大きさをそろえれば，微粒子間の相互作用だけで，最密充填構造が形成される．さらに，インクジェット法などを利用することで，任意の形状に配列を制御できる．配列を制御できれば，例えば，構造色を示す表面を構築できる．また，11.2.3項で述べるフラクタル構造は，アルキルケテンダイマーを融解後ガラス基板上に塗布し，室温で固化させて構築される．さらに，アルミニウムの陽極酸化でも，フラクタルな凹凸構造を構築でき，超撥水性が実現されている．

最近注目されている技術に，6.4節で述べた自己組織化単分子膜(SAM)がある．ラングミュア・ブロジェット膜(LB膜)では，分子間力で単分子膜が形成され，基板との間は弱い相互作用で保持されているのに対して，SAMの場合には，分子間力で形成された単分子膜を構成する有機分子が，基板と強い化学結合で結合している．言い換えると，有機分子が固体基板表面に結合して集積し，自発的にナノレベルの薄膜を形成している．この化学結合形成のためには，反応性の官能基，例えば，シリコン基板に対してはシランカップリング剤に用いるようなシラン基を，また金基板や金微粒子に対しては強い配位力をもつチオール基を用いる．

SAMは，きわめて均一な表面を形成するので，光反射の制御による光沢の付与，強力なコーティングによる防食，平坦性を利用した摩擦係数の低減(この増幅のために，自己組織化多層膜も利用される)などが期待されている．さらに，生体適合性のあるオリゴペプチドを用いて自己組織化単分子膜を形成し，そこに細胞を吸着させて増殖・脱着することも研究されている．細胞の脱着は，光，熱，電圧印加などの外部刺激に応答する形で行われ，細胞に損傷を与えずに脱着する手法が開発されている．この手法を用いて，細胞同士が二次元的に接着した細胞シート，さらに，それを積層化した立体的細胞シートも作製できる．これらの手法は，再生医療への適用が期待されている．

材料の実にさまざまな機能が表面に依存しており，物理的機能（強度，摩擦，耐摩耗性，機械的耐性，表面張力，色，光，反射，光沢，構造色，磁気，磁気遮蔽，透過など），化学的機能（吸着，脱離，選択透過，接着，撥水性，親水性，撥油性，親油性，塩基性，酸性，触媒反応性，加水分解特性，耐薬品性，耐候性など），生物学的機能（生体適合性，薬理作用，毒性，抗原抗体反応特性など）などに大きく分けて考えられるが，これらを完全に分けることはできず，相互に関連し合っている．物理的機能だからといっても，表面構造だけを考えればよいわけではなく，化学構造も関与している．逆に化学的機能でも，表面の化学構造だけに依存するわけでない．フラクタル構造が撥水性に大きく関与している例もある．このように表面機能は，総合科学の対象であることがわかる．さらに，いろいろな刺激に応答して表面は変化する，別の言い方をすると，表面には刺激応答性がある．また，場所によっても，時間によっても変化する．これらの制御が今後の課題であろう．

コラム 10.1　構造色とその応用

構造色（structural color）とは，光が散乱，屈折，反射，干渉などにより波長成分ごとに分かれること（分光という）により起こる発色である．それ自身が光を吸収しなくても色が見える．シャボン玉が薄くなると虹色が現れるのも，宝石のオパールが赤や青などいろいろな色に見えるのも，玉虫やモルフォ蝶（**図1**）が色鮮やかに輝くのも，CDやDVDの表面が虹色に見えるのも，すべて構造色である．

ここでは，光の散乱から話を始めよう．雲や牛乳が白く見えるのは，ミー散乱（Mie scattering）のためで，微粒子のサイズが光の波長より大きいと，すべての波長の光が散乱されるので白く見える．暗室でレーザー光線の光路が横から見えるチンダル現象（Tyndall effect）もミー散乱の結果といえる．これに対し，微粒子のサイズが光の波長よりずっと小さくなるとレイリー散乱（Rayleigh scattering）が起こる．日中の空が青く，夕焼けが赤いのはレイリー散乱の結果である．

光散乱の例を見ても，光の波長よりも小さなサイズが発色に関係することがわかる．薄膜による光の反射では，**図2**に示すように，薄膜の表面と裏面で反射が起こる．すなわち，表面から入射して裏面で反射される光（図の赤線）と，表面で直接反射される光（図の青線）がある．この2つの光が干渉を生じる場合，2つの光波の山と山が重なり合うと強度が2倍に強められ，逆に山と谷が重なり合うと光は消える．この干渉の結果，薄膜の厚さと屈折率に応じて，特定の波長の光のみが強く観察される．

玉虫の金属光沢に富んだ色彩はキチン質の層構造によるものであり，モルフォ蝶の翅の鮮やかな青色は鱗粉表面に刻まれた200 nm間隔で並んだ格子状の微細構造によるものである．オパールの色は規則的に並んだケイ酸塩の微粒子による光の干渉の結果であり，CDやDVDの虹色はアルミニウム薄膜表面に刻まれた凹凸が回折格子のように光の干渉を起こすためである．

現在は，ナノテクノロジーによりnmレベルでの構造制御を行うことで，構造色を人工的に創造することが可能である．構造色をもつ繊維「モルフォテックス」（帝人(株)）は，屈折率の異なるポリエステルとナイロンを用いて数十nmオーダーの多層構造を構築することで，見る角度により赤，緑，青，黄とさまざまな色彩を示す．

また，チタン表面の酸化被膜の膜厚を数nmオーダーで制御し，その厚さが経時変化しないようにすることで，いろいろな特定の構造色の金属素材「トランティクシー(TranTixxi)」（新日鉄住金(株)）が開発されている．

さらに，自動車のボディカラーでも構造色を利用する技術が開発されており，例えばトヨタのレクサスでは，アルミニウムの高反射層に対してグレーの金属粒子や無色の硫化亜鉛粒子を透明フィルムに塗布したものなどからなる7層の積層構造を構築することで，「Structural Blue」と称する高級感のある鮮やかな青を実現している．

図1　モルフォ蝶の構造色

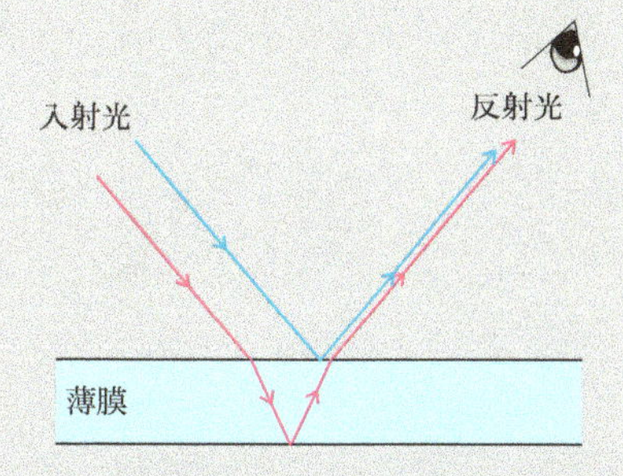

図2　薄膜の光反射における干渉
赤と青で示した白色光が干渉し，特定の波長の光が強く観察される．

❖演習問題

10.1 PVDおよびCVDとよばれる金属の表面修飾の方法について，どのような反応が用いられているか調べなさい．

10.2 表面修飾処理後，どの程度表面修飾が行われたか，言い換えると表面原子のうち，何%の原子が修飾されたかを調べるには，どのような測定を行いどのように計算すればよいかを考えなさい．例えば，次のような計算を試みなさい．平均粒径がd[nm]の金ナノ粒子を大過剰のヘキサンチオール($C_6H_{13}SH$)で修飾処理し，修飾に使われなかったヘキサンチオールを除いて，精製・乾燥したヘキサンチオール修飾金ナノ粒子を得た．この元素分析を行ったところ，C：x%，Au：y%であった．このとき，金ナノ粒子の表面金原子のうち，何%の原子が修飾されているか推定しなさい．硫黄および金の原子量はそれぞれ32および197である．なお，金ナノ粒子の全金原子数および表面金原子数の推定には，金の原子半径144 pmを用いなさい．

10.3 材料の多孔質化には，どのような方法があるか調べなさい．材料の種類や穴の大きさの制御法により，いろいろな方法が提案されている．金属有機構造体(MOF)とよばれる材料もある．

10.4 ブロック共重合体の作る相分離構造について調べ，相分離構造と表面特性の関係について考えなさい．

10.5 複合材料の合成の過程で，ナノ粒子の表面修飾がどのように用いられているかを調べなさい．

第11章　濡　れ

濡れは，表面張力と界面張力が直接的に支配する現象である．したがって，本章を理解するためには，第2章2.1節を先に読んでいただきたいと思う．もちろん，表面張力と界面張力のことを十分に理解している人は，本章から読み始めてもらっても差し支えない．

11.1　平らな表面の濡れ

11.1.1　ヤングの式

濡れは日常的な現象で，日々目にしている．例えば，テフロン加工したフライパンの上に水を垂らすと水滴は丸いドーム状の形になるが，きれいに洗ったガラス表面上では拡がって平らになる．この違いを支配しているのが，表面張力と界面張力である．図11.1に，固体の表面上に水滴が乗っている状態を模式的に示す．水滴の形を決めているのは，水の表面張力γ_L，固体の表面張力γ_S，水と固体の間の界面張力γ_{SL}の横方向のつり合いである．図に示すように，これら3つの力は，1点で交わる接触点においてつり合う．そのつり合いの式は，**ヤングの式**(Young's equation)とよばれ，次式で表される．このヤングの式が，界面化学という学問の出発点であることは，すでに1.4.2項で述べたとおりである．

$$\gamma_S = \gamma_{SL} + \gamma_L \cos\theta \qquad \text{または} \qquad \cos\theta = \frac{\gamma_S - \gamma_{SL}}{\gamma_L} \tag{11.1}$$

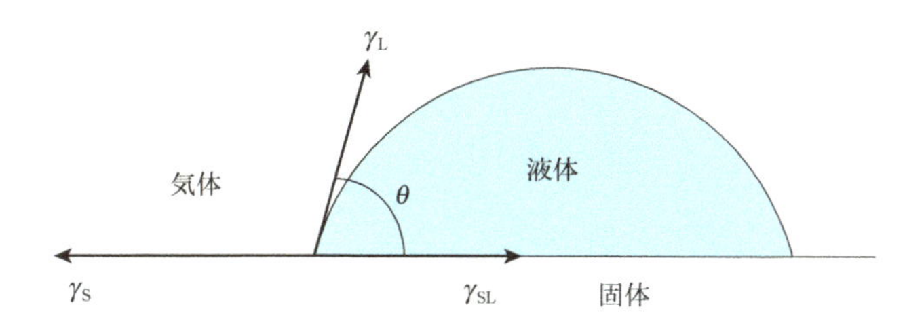

図11.1　濡れ
接触角θは表面張力と界面張力の横方向のつり合いで決まる．

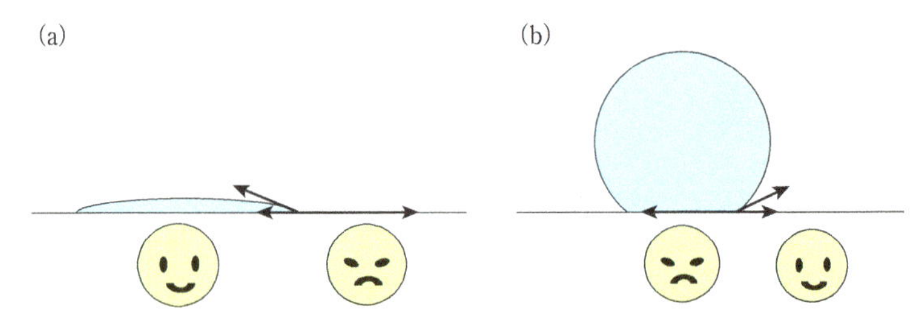

図11.2　仲の良し悪しによる界面張力の大小関係の説明
(a)仲の良い物質間の界面張力は小さく，よく濡れ(接触面積が大きくなり)，(b)仲の悪い物質間の界面張力は大きく，よくはじく(接触面積が小さくなる)．

ここで，θは接点から引いた水表面との接線が固体表面となす角で，水を含む方の角度で定義され，**接触角**(contact angle)とよばれる．接触角が90°より小さいときに「濡れる」といい，大きいときに「はじく」という．ヤングの式を支配しているのは表面張力と界面張力であり，表面張力と界面張力は物質に固有の物理量である．つまり，濡れを支配しているのは，固体および液体物質の組み合わせであり，この因子は化学的因子とよばれる．

ガラス表面に水滴が乗っている場合には，ガラスの表面張力が大きく，水とガラスの間の界面張力は小さい．したがって，固体の表面張力に強く引っ張られて，接触角は小さくなる．つまり，濡れる．テフロン表面上に水が乗っている場合は，その逆である．これらの関係は，仲良しの表面間の界面張力は小さく，仲が悪い表面同士の界面張力は大きいと考えるとわかりやすい(図11.2)．2章の式(2.3)および図2.10を思い出していただきたい．界面を形成する2つの物質間の引力相互作用σ_{AB}が大きいほど，両物質の界面張力は小さくなる．引力相互作用が大きいことは，両物質が仲良しであるということである．仲良し同士はくっついていたいし，仲が悪いと離れていたい．平らな表面上の接触角を決めるヤングの式は，このような事情を表現したものである．なお，固体や液体の表面張力に対してこの擬人的な表現を適用する場合には，固体や液体表面と空気との仲の良し悪しとみなす．テフロンと空気は仲良しで，ガラスと空気は仲が悪い．

化学的因子を使って撥水性を得ようとするとき，フッ素系材料がよく使用される．フッ素系材料が小さい表面張力を有するためである．フッ素原子は，電子数(原子番号)の割に原子半径が小さいために，外部電場に対して電子雲は揺らぎにくい．その結果，分極率が小さくなり，分子間のファンデルワールス力，つまり

コラム 11.1 ヤングの式における液体表面張力の縦成分

すでに説明したように，ヤングの式(11.1)は2つの表面張力と1つの界面張力の間での，横成分のつり合いから導かれる．読者の中には，図11.1における液体の表面張力の縦成分につり合う力がないことを奇妙に感じられた方もおられたであろう．実は，筆者も初めてヤングの式を勉強したときには，不思議に感じたものである．

液体の上に液体が乗っている場合には，この問題はない．例えば，**図**のように，水の上に油が乗ってレンズ状の構造になっている場合には，横方向も縦方向も表面(界面)張力はつり合っている．つまり，次式が成り立っている．

$$\gamma_{\mathrm{W}} = \gamma_{\mathrm{O}} \cos\theta_1 + \gamma_{\mathrm{WO}} \cos\theta_2$$

$$\gamma_{\mathrm{O}} \sin\theta_1 = \gamma_{\mathrm{WO}} \sin\theta_2$$

この条件は，3つの表面・界面張力のベクトル和が0になっていることを意味する．これはノイマンの三角形(Neumann triangle)とよばれることがある．

固体表面上の液体の濡れにおいても，真の平衡状態は液体上の濡れと同様のはずである．つまり，平衡状態では，縦成分のつり合いも成り立つように固体も変形するはずである．しかしながら，固体は固く，通常の実験時間の範囲内では到底平衡状態には到達できない．したがって，ヤングの式は非平衡状態で成立していることになる．非平衡状態ではあるが，ヤングの式は安定に成立している．これは，液体表面張力の縦成分が，固体の弾性力とつり合っているためである．液体の表面張力の縦成分は固体表面を上方に引っ張るが，固体はその力で変形せずに，弾性力で対応しているのである．

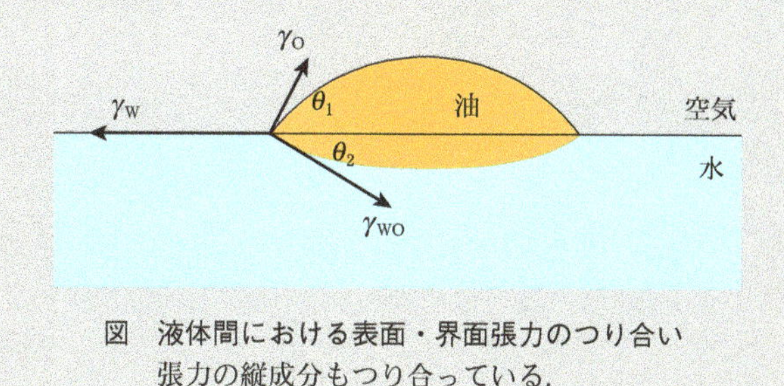

図 液体間における表面・界面張力のつり合い
張力の縦成分もつり合っている．

凝集力が小さくなる．小さな凝集力は，当然小さな表面張力を与える．なかでもCF_3基は，現在我々が知っている最小の表面張力(≈臨界表面張力，約6 mN/m)を示すことが知られている．もし固体表面上をこのCF_3基で完全に覆うことができれば，もっとも水をはじく(接触角の大きい)表面を得ることができるであろう．実際にこれが試みられ，水との接触角が約120°の表面が得られている．つまり，固体表面が平らであれば，これ以上の接触角は得られない．後に述べるように超撥水表面には接触角が170°を超えるものも多く存在する．このような場合，表面の何らかの凹凸構造が寄与している．濡れに対する表面の凹凸構造の因子については，次節で解説する．

11.1.2　毛管現象

毛管現象(毛細管現象)というと，細いガラスのキャピラリーの端を水に浸けたとき，水が毛管中に上昇してくる現象と理解している人が多いであろう．その理解は正しいが，水が水面より下がる場合があることも知っておいていただきたい．例えば，テフロンやポリエチレンの毛管を水に浸けると，水はテフロンやポリエチレン管から押し出され，水面より下がる(図11.3)．以下に，この原理について説明しよう．

毛管現象は，浸漬濡れとよばれる濡れ現象の1つである．図11.4を使って，その説明をしよう．毛管の端が，液体に浸かっているとする．このとき，毛管中の液体の表面は，固体の表面張力γ_Sで毛管内部に引き上げられ，固/液の界面張力γ_{SL}で毛管外部へ引き下げられる．つまり，その張力の差に円周長をかけた力が，液体表面にかかることになる．この力を毛管の断面積で割れば，毛管中の液体表面にかかる圧力が得られる．

$$\Delta P = \frac{2\pi r(\gamma_S - \gamma_{SL})}{\pi r^2} = \frac{2(\gamma_S - \gamma_{SL})}{r} \tag{11.2}$$

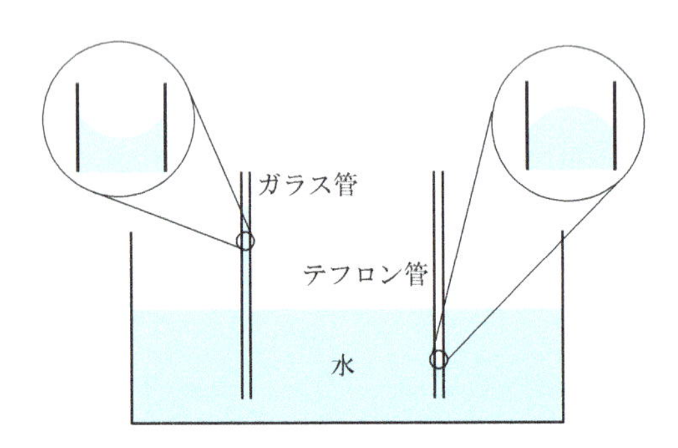

図11.3　毛管現象
毛管の材質と液体の組み合わせによって，管内を上昇したり下降したりする．

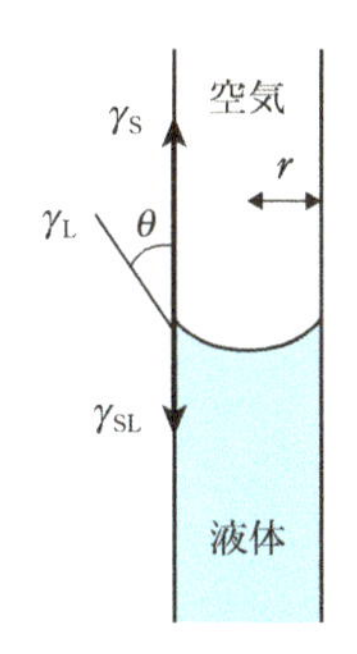

図11.4　毛管現象を説明するための図

この圧力(毛管圧力)ΔPは，空気側から液体側の圧力を引いたものである．ヤングの式(11.1)を用いると，式(11.2)は次式となる．

$$\Delta P = \frac{2\gamma_L \cos\theta}{r} \tag{11.3}$$

固体表面が液体で濡れる($\theta < 90°$)場合には，この圧力は正，つまり，液体側の圧力が空気側より低くなっているわけである．空気に対して曲がった液体の面は，表面積を小さくしようとして平らになろうとするが，その性質が液体側の圧力を低くする結果をもたらす．液体表面(界面)が曲率をもつとき，凹側の圧力が表面(界面)張力の働きによって高くなる事実は，記憶しておくとよいだろう(2.1.1項のシャボン玉や液滴の内部の圧力のことを思い出していただきたい)．

毛管現象による液体の細い管や狭い隙間への浸入は，日常生活の至るところで出会う現象である．洗濯時の布への洗濯液の浸入，タオルによる汗の拭い取り，紙に対するインクの滲み，吸い取り紙によるインクの除去，天ぷらの油切り紙，シャンプー液の毛髪間隙への浸入など，すべてこの毛管現象(浸漬濡れ)の働きである．

一方，式(11.3)によれば，接触角が90°より大きくなると毛管圧力が負になり，液体は毛管に浸入できず，逆に押し出される．テフロンやポリエチレンの毛管と水の組み合わせはこの場合に相当する．また，煤のような疎水性の粉体を水に分散しようとしても，継粉(ままこ)になってしまって浮かんでしまう．これも粉体の粒子間に水が浸入できず，押し出されてしまうからである．このような場合に対する，界面活性剤による濡れの促進効果の有用な例については次項で述べよう．

11.1.3　界面活性剤や表面修飾による濡れの制御

界面活性剤が水の表面張力を下げる(2.3.4項参照)ことによって生じる顕著な現象は，濡れの促進である．例えば，テフロン加工したフライパンの上に水を垂らすと，水滴は半球状の丸い形になるが，この水滴に界面活性剤を少量溶かすと，たちまち平らになって濡れる．この現象を考えるために，図11.5を見ていただきたい．図11.5(a)は，固体上に水滴が乗っている状態である．水滴の形を決めているのは，ヤングの式である．さて，この水滴の中に界面活性剤が溶けると，濡れはどう変化するであろうか．図11.5(b)のように，界面活性剤は水の表面および固/液界面に吸着し，これらの表面・界面張力を低下させる．式(11.1)の右辺の2つの項がともに小さくなる結果，水滴は固体の表面張力に引っ張られて接触角が小さくなり，濡れが進行する．

界面活性剤による濡れの促進は，日常生活や産業界で広く利用されている．身近なところでは，風呂場の鏡の曇り止めに石鹸を塗る行為がある．鏡のガラス表面は通常汚れていて，表面張力が小さくなっている．そのために，水との界面張力の方が勝って，水蒸気が凝縮するとき，接触角の比較的大きな水滴になってしまう．この水滴が光を散乱して，鏡が曇るのである．鏡にあらかじめ石鹸を塗っておくと，図11.5の原理によって濡れが促進され，水蒸気が水滴にならずに濡れ拡がり，曇らなくなる．まったく同じ原理で，農業用ビニールハウスでも防曇剤が機能している．ビニールハウスの表面が水滴で曇ると日光の透過が妨げられ，ハウス内の作物の成長が悪くなるので，防曇剤が必要とされる．この場合は，あらかじめビニールフィルムの中に界面活性剤が練り込まれてあり，それが徐々に表面に浸み出してきて働く．農薬の展着剤も，界面活性剤による濡れの促進効果を利用している．植物の葉には水をはじくものが多く，水系の農薬を散布しても転がり落ちて役に立たないという事態が起こる．そこで農薬を含む水の中に界面活性剤を溶かし，濡れを促進して葉に付着させているのである．

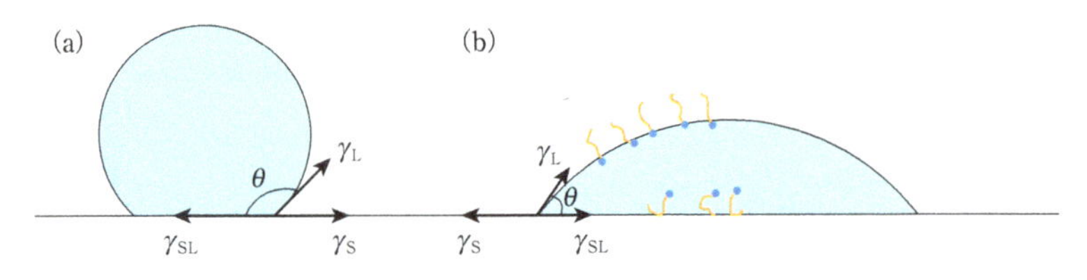

図11.5　界面活性剤による濡れの促進

コラム11.2　毛管現象における液体表面張力の向きはどちら？

11.1.2項で説明したように，毛管中に液体が浸入する原動力は，固体の表面張力γ_Sと固/液の界面張力γ_{SL}の差である（図11.4参照）．したがって，毛管の半径をrとすると，毛管圧力ΔPは$\Delta P = 2\pi r(\gamma_S - \gamma_{SL})/\pi r^2$となる．通常はここで，11.1.2項でも行ったように，ヤングの式を適用し，次式に変形する．

$$\Delta P = 2\gamma_L \cos\theta / r$$

さて，問題はここからである．この式においては，液体を管内に引き上げる原動力は液体の表面張力γ_Lである．したがって，γ_Lの方向は管の上方に向いていなければならない（**図**(a)）．ところが，メニスカスの部分をよく見れば，液体表面は管壁に対して90°より小さな接触角で接しており，γ_Lの方向はどう考えても下向きである（**図**(b)）．この矛盾をどう説明すればいいのか，筆者にはいまだにその答えがわからない．おそらく，固体表面張力と固/液界面張力の差にヤングの式を適用して，液体の表面張力に変換することが間違いなのであろう．しかしながら，どの教科書でもその変換は行われている．こんな基礎的な問題に，まだわからないことがあるのである．

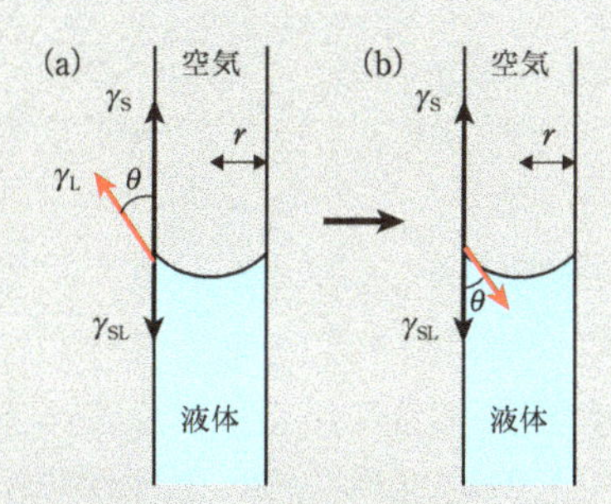

図　毛管現象を説明する図の矛盾
液体が上昇するためにはベクトルは上向きのはずだが(a)，ヤングの式を満たすためにはベクトルは下向きのはずである(b)．

界面活性剤による濡れの促進は，浸漬濡れ，つまり毛管現象に対しても当然起こる．式(11.3)によれば，接触角が90°より大きくなると毛管圧力が負になり，液体は毛管に浸入できず，逆に押し出される．このような場合に，界面活性剤を水に少量溶かすと濡れが促進され，水と固体の間の接触角を90°より小さくする．その結果，水は毛管や粉体の粒子間隙に浸入できるようになる．これも，界面活

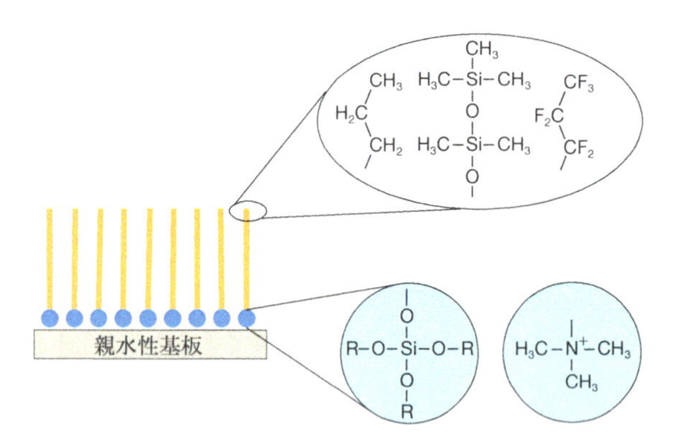

図11.6 親水性表面の撥水処理
撥水性を付与する疎水基は，炭化水素基，フッ化炭素基，シリコーン基などである．親水性基板には，シランカップリング剤による共有結合，陽イオン基によるイオン結合で結合する．

性剤による濡れの促進効果の大切な一例である．油汚れの付着した衣類の洗濯において，洗濯液を布の隙間に浸入させるためにも，界面活性剤による濡れの促進効果は大きな役割を果たしている．また，汚れた毛髪に対するシャンプーの働きも，同様である．

水に濡れる親水性表面を撥水性にしたいという要求も，日常生活や産業界には多く存在する．例えば，汗に強いメイクアップ化粧品に使用する無機粉体表面は，汗に流されないように撥水性である必要がある．また，雨の日にズボンやスカートの裾が濡れないように水をはじかせたいという場合もあるだろう．このような目的のために，撥水処理が行われる．

前項の説明からわかるように，親水性表面を撥水性表面に変えるためには，固体の表面張力を小さくすればよい．表面張力の小さい物質の典型例は，炭化水素基，フッ化炭素基やシリコーン(ポリジメチルシロキサン)基をもつ化合物である．したがって，親水性表面をこれらの官能基で覆うことができれば，上記の目的は達成される．これが撥水コーティングである．図11.6に，撥水処理の模式図を示す．親水性基板表面に，長鎖の炭化水素基やフッ化炭素基あるいはシリコーン基を有する化合物を結合させる．親水性表面への結合としては，シランカップリング剤による共有結合(図10.1参照)と陽イオン基によるイオン結合がある．表面に多数のヒドロキシ基(−OH)が存在するガラスや金属酸化物の場合には，シランカップリング剤が有効である．分子末端の−Si−OR基が−OH基と反応して，ガラスや金属酸化物表面に疎水性の化合物を結合させる．一方，陰イオン性を有する表面には，陽イオン性の撥水処理剤が効果的であり，ガラスや衣類の表面の撥水性付与には，陽イオン性の処理剤がよく使われる．雨の日に使われる撥水スプレーは，陽イオン性の撥水処理剤(フッ素系陽イオン界面活性剤)をスプレー剤に溶かしたものである．撥水処理剤は，イオン基で吸着しているだけであるから耐久性に乏しい．したがって，恒久的なものではなく，一時的な処理と考えるべきである．

11.2 凹凸表面の濡れ

平らな表面の濡れ(接触角)を決めているのは，化学的因子，つまり固体表面と液体の物質そのものであることを前節で説明した．より具体的には，固体と液体の表面張力，および固体/液体間の界面張力のつり合い(ヤングの式)である．本節では，濡れを決めるもう1つの因子，表面の構造因子について述べよう．

結論を先にいうと，表面の微細な凹凸構造は化学的因子により決まる接触角を強調する方向に働く．つまり，水に濡れる表面はより濡れるようになり，水をはじく表面はよりはじくようになるのである．蓮や里芋は決してフッ素系材料を有しているわけではないが，その葉の上ではほぼ完全に水をはじく(図2.1参照)．その原因は，表面の微細な凹凸構造にある．微細な凹凸構造を有する粗い表面の濡れを説明する理論が，いくつか提出されている．本節では，それらについて解説しよう．

11.2.1 ウェンゼルの理論

固体表面が微細な凹凸構造を有しており，その上に置かれた液体がその固体表面と完全に接触する場合，ウェンゼル(Wenzel)の理論が適用される．この完全に接触するという条件は，接触角が90°より小さい濡れる表面の場合には当然満たされるが，はじく表面の場合には必ずしも満たされない．撥水性の細かい隙間には，毛管現象のために水が浸入できないからである．したがって，ウェンゼルの理論が想定しているのは，凹凸構造の比較的小さな表面である．

表面の凹凸構造によって，実表面積が見かけの表面積に比べて大きくなると，濡れが強調される．表面張力とは，単位表面積あたりの過剰表面自由エネルギーのことであるから，もし微細な凹凸構造によって表面積がR倍大きくなったとす

図11.7　ウェンゼルの理論
表面の微細な凹凸構造は実表面積を増大させ，濡れを強調する．

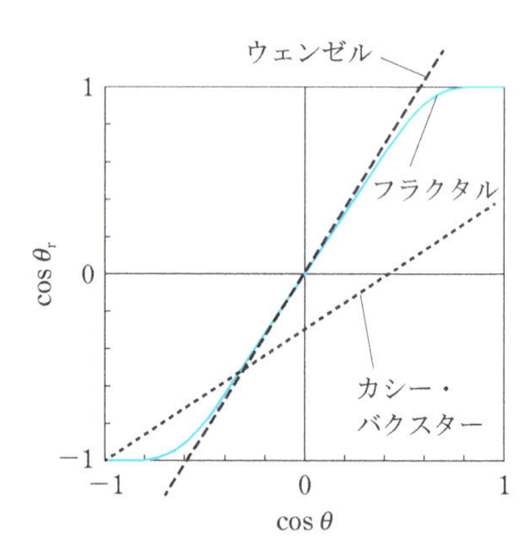

図11.8　粗い表面上の濡れを説明する各種理論における $\cos\theta$ と $\cos\theta_r$ の関係

ると，式(11.1)中の固体の表面張力と固/液の界面張力にRを乗じる必要がある．なぜなら，(接触)面積が増えれば界面自由エネルギーもそれだけ増えるからである(図11.7)．

$$\cos\theta_r = \frac{R(\gamma_S - \gamma_{SL})}{\gamma_L} = R\cos\theta \qquad (11.4)$$

ここで，θ_r は粗い表面上での接触角である．Rは常に1より大きな正の数であるから，$\cos\theta$ が正($\theta < 90°$)か負($\theta > 90°$)かによって，$\cos\theta_r$ はより大きな正または負の値となる．つまり表面が粗くなることによって，濡れる表面はより濡れるようになり，はじく表面はよりはじくようになるのである．式(11.4)の $\cos\theta$ と $\cos\theta_r$ の関係を図11.8に示した．図からわかるように，ウェンゼルの理論では，この関係は原点を通る直線となる．

ウェンゼルの理論から得られる1つの結論に注意しておきたい．それは，図11.8で，理論直線が $\cos\theta_r = 1$ および -1 と交わっていることである．この結果は，ある θ の値($\cos\theta = \pm 1/R$ を満たす値)で，接触角0°と180°が達成されることを意味している．しかし，接触角180°を得ることは，物理的に不可能であることは明らかである．この矛盾は，液滴が固体表面と完全に接触するというウェンゼルの理論の仮定に原因がある．固体表面の細かい隙間に水が浸入できず，下に空気が残る場合には，この理論は使えないのである．

11.2.2　カシー・バクスターの理論

撥水表面の凹凸構造の溝が深くあるいは狭くなり，毛管現象によって水が溝の底まで到達できず，水滴の下に空気が残る場合については，カシー・バクスター(Cassie-Baxter)の理論により取り扱う．カシー・バクスターの理論では，固体表面は微細なモザイク状の2種類の物質1と2からなると仮定される(図11.9)．そのそれぞれの成分の表面と液体との接触角をθ_1，θ_2とすれば，次式が成り立つ．

$$\cos\theta_r = f_1\cos\theta_1 + f_2\cos\theta_2 \tag{11.5}$$

ここで，f_1とf_2は固体表面上での物質1と2の面積分率で，$f_1+f_2=1$である．いま，凹凸構造の超撥水表面上で水が溝の底まで到達できない場合には，第2成分が空気であるとみなせる(図11.10)．その場合には，式(11.5)は次式となる．

$$\cos\theta_r = f - 1 + f\cos\theta \tag{11.6}$$

なぜなら，空気と水との接触角は180°とみなせるからである．ここでは，固体成分1を示す下付き記号を省略した．式(11.6)によれば，固体の表面積分率fをきわめて小さくすれば，右辺は限りなく-1に近づく．つまり，針のように先端の面積の小さい柱を立てた構造を作れば，その表面上では限りなく180°に近い接触角が得られることを意味している．カシー・バクスターの理論が，超撥水表面を記述できる理由がここにある．

図11.8には，ウェンゼルの式とともに，カシー・バクスターの式もグラフに表

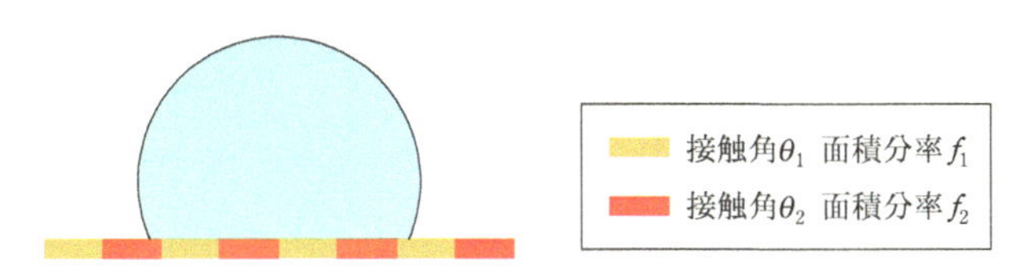

図11.9　微細なモザイク状の2種類の物質からなる表面上における濡れ(カシー・バクスターの理論)

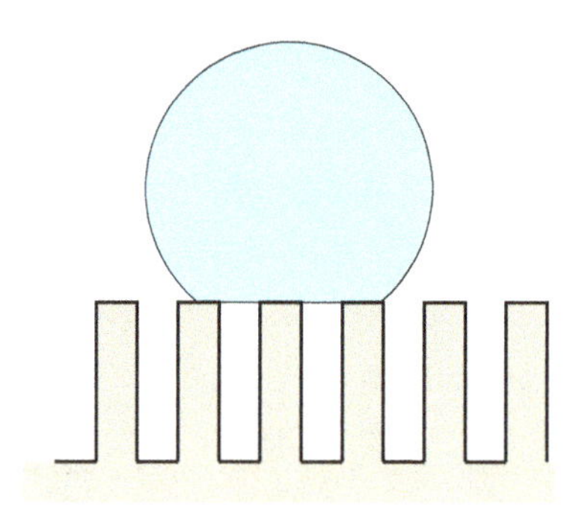

図11.10　カシー・バクスター理論の片方の物質を空気とみなす場合の模式図

した．ウェンゼルの式は原点を通る直線であったが，カシー・バクスターの式は原点を通らず，また$\cos\theta_r = 1$の軸に達しない．また，$f = 1$でない限り，この直線は第４象限を通る．第４象限は，$\cos\theta$が正で$\cos\theta_r$が負の領域である．これは，平らな表面上での接触角が90°より小さい(濡れる)のに，凹凸表面上では90°より大きい(はじく)ということを意味している．式の上ではこのような状態は出現するが，現実には不可能な現象である．なぜなら，現実の物質で真に空気と物質のモザイク表面を作ることはできないからである．もし，真に空気とある物質とでモザイク表面を作り，しかも空気表面の表面積分率が大きいならば，それはもはや実在表面となりえないことは明白である．つまり，現実の物質でカシー・バクスター型の表面を得ようとすれば，必ず深い溝のある構造(例えば針や柱が密に立っている構造：図11.10)で代用せざるをえないのである．平らな表面を濡らす液体であれば，針や柱の側面を伝って液体は溝の底まで到達するであろう．したがって，カシー・バクスターの式の第４象限の部分は仮想的なもので，実現できない状態であるとみなす必要がある．ただし，熱力学的に安定な平衡状態ではない，準安定状態として存在する可能性はある．

11.2.3　フラクタル構造による超撥水表面

ウェンゼルの理論によれば，表面の凹凸構造によって見かけの表面積に比べて実表面積が増えると，濡れは強調される．この実表面積が増えるという観点では，フラクタル表面は１つの理想的な表面である(コラム11.3参照)．フラクタル構造では，大きな凹凸構造の中に小さな凹凸構造があり，その小さな凹凸構造の中にさらに小さな凹凸構造があり…というように凹凸構造が入れ子になっており，た

RCH=C—CH-R
| |
O—C=O

図11.11 自発的に超撥水フラクタル表面を形成するワックスであるアルキルケテンダイマーの構造式（R=n-$C_{16}H_{33}$）

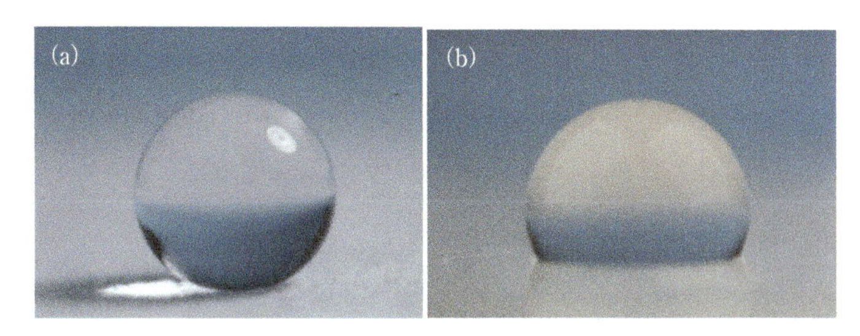

図11.12 アルキルケテンダイマー表面上の水滴の写真
(a)フラクタル構造を有するアルキルケテンダイマー表面上の水滴の写真（接触角174°），(b)表面の凹凸構造をナイフで削り落としたものに乗せた水滴（接触角109°）．

いへん大きな表面積を与えるからである．フラクタル構造は，いわば，究極の凹凸構造なのである．したがって，もし表面をフラクタル構造にすることができれば，極端に濡れたり，はじいたりする性質が期待できるであろう．この考えの下に，筆者らは実際に超撥水表面を実現した．（専門的すぎるためここでは説明を省略するが，フラクタル表面の濡れに関する理論的結果も図11.8に示しておいた．）

製紙用中性サイズ剤の原料は，アルキルケテンダイマー（AKD：構造式は図11.11）とよばれるワックスの一種である．このワックスを融液から結晶化させて，数日後に電子顕微鏡で観察すると，大きな凹凸の中にさらに小さな凹凸の形状が見え，構造がフラクタル的であることがわかっていた．そこで，超撥水表面を実現するための材料としてこのアルキルケテンダイマーを選択し，アルキルケテンダイマーの精製，結晶化の条件などを工夫することにより，ほどなく水滴がころころと表面を転がる超撥水材料を開発することに成功した．図11.12(a)に示した写真は，アルキルケテンダイマー表面上に，接触角174°で置かれた直径約1 mmの水滴である．水滴はほぼ完全な球形であり，まるで宙に浮かぶ球のようである．この写真の超撥水性が表面の凹凸構造に由来することは，カミソリで切って平らな面にすると，109°程度の接触角しか示さないことから理解できる

（図11.12(b)）．このように，数学的概念であるフラクタル構造を，実際の表面に作製することにより，超撥水表面を実現できた．同じ原理を使って，超撥油表面の作製も可能である．そのためには，平らな表面上での接触角を90°より大きくする必要がある．その条件を満足するためには，フッ素系化合物の活用が必須である．

濡れを強調する凹凸構造は，フラクタル構造に限らないことはいうまでもない．実際にさまざまな凹凸構造を作製し，超撥水や超撥油表面を実現している例が数多くある．興味ある読者は，巻末にあげた筆者の著書などを参照していただきたい．

コラム11.3　フラクタル構造の特徴とその直感的理解

フラクタル幾何学には，非整数次元と自己相似という2つの特徴がある．数学的なモデルを用いて，2つの特徴を説明しよう．**図**に，典型的なフラクタル図形の1つであるコッホ曲線(Koch curve)を示す．コッホ曲線の作り方は，次のとおりである．線分(a)を3等分し，その一辺を使って(b)のような折れ線を作る．この折れ線の各辺に対して同じ操作を行う(c)．この操作を無限回繰り返してできた図形がコッホ曲線である．コッホ曲線の一部は，その全体の構造とまったく同じ構造を有していることが理解できるであろう．この入れ子構造のことを自己相似(self-similar)という．

非整数のフラクタル次元を直感的に理解していただくため，コッホ曲線の長さを計算してみよう．線分(a)の長さをLとすると，(b)の長さは$(4/3)L$である．(c)は$(4/3)^2L$，(d)は$(4/3)^3L$となる．これを無限回繰り返すコッホ曲線の長さは，当然∞である．では次に，破線で囲まれた二等辺三角形の面積を計算してみよう．図形(b)の面積を$S(=L^2/12\sqrt{3})$とすると，(c)の4つの三角形の面積の和は$(4/9)S$，(d)の和は$(4/9)^2S$である．したがって，コッホ曲線に沿った三角形の面積の和は0となることは明白である．長さを求めようとすると∞になり，面積を計算すると0になる．これはコッホ曲線が一次元と二次元の中間の次元を有することを意味しており，その次元で測定すると有限のある定まった値が得られる．コッホ曲線の場合，その次元は$\log 4/\log 3 = 1.2618\cdots$となる．

コッホ曲線からの類推で，二次元と三次元の中間の次元をもつフラクタル表面は，無限大の表面積を有することは容易に理解できるであろう．実際の物理世界は数学の世界とは異なり，フラクタル（自己相似）構造が成り立つ下限が存在する．明らかに，原子や分子より小さい凹凸は考えられない．したがって，表面積が無限大になることはないが，それでも非常に大きな表面積になるであろうと期待できる．この大きな表面積を固体表面の濡れに応用して，筆者らは超撥水・超親水表面，さらには超撥油表面の実現に成功したのである．

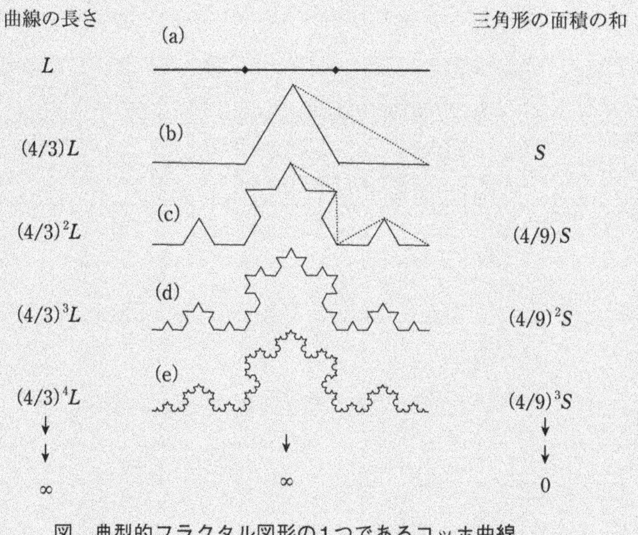

図　典型的フラクタル図形の1つであるコッホ曲線
線でありながら長さは無限大であり，面積は0である．

❖演習問題

11.1　表面が平らであれば，もっとも表面張力の小さなCF_3基ばかりを表面に並べても，水との接触角は120°を超えないことを証明しなさい．ただし，CF_3基と水の表面張力をそれぞれ6 mN/m，72 mN/mとし，両者の界面張力は近似式(式(2.4))で表されるものとしなさい．

11.2　水をはじく材料で多孔質フィルムを作る．材料表面と水との接触角と孔の半径が下記の条件のとき，孔から水が漏れない圧力の限度を計算しなさい．ただし，水の表面張力は72 mN/mとしなさい．

孔の半径	接触角＝110°	接触角＝180°
1 mm		
1 μm		
0.1 μm		
1 nm		

11.3　図2.9に示したように，臨界点を超えた流体(超臨界流体：コラム4.1参照)には，表面張力が存在しない．超臨界二酸化炭素がしばしば抽出剤として使用される理由を考察しなさい．

［ヒント：11.1.2項の毛管現象を考慮しなさい.］

11.4　冬，セーターを着て外出中に雨が降ってきた．セーター表面に落ちた雨粒は，最初丸い形であったが，しばらくすると濡れて滲みこんでしまった．この現象が起こる理由について考察しなさい(11.2.2項の最後の段落を参照のこと)．

第 12 章　摩擦と潤滑

摩擦と潤滑は，日常生活のいたるところで出会う身近な現象である．道路を歩くときや車で移動するときには，道路の表面と靴やタイヤとの間に摩擦が働いている．雪道は摩擦が小さいためにすべって転びやすい，さび付いたネジに油を塗るとスムースに動くようになるなど，摩擦と潤滑が関係する現象はいくらでもあげられる．しかし，摩擦や潤滑を科学的に扱うのはなかなか難しく，一筋縄ではいかない代物である．特に，摩擦の分子機構はまだまだわかっていないことがたいへん多く，新しい研究テーマの宝庫といえよう．

12.1　摩擦と潤滑の現象論

12.1.1　摩擦の定義と摩擦係数

摩擦には，アモントンの法則(Amonton's rule)とよばれる一見不思議な法則がある．摩擦とは，接触している 2 つの固体表面を横に引っ張ったとき，その逆の方向に力(摩擦力)を受ける現象である(図 12.1)．その摩擦力を F とすると，F は 2 つの固体表面を押しつける力(荷重) W のみに依存し，次の関係式が成り立つ．

$$F = \mu W \tag{12.1}$$

ここで，μ は摩擦係数とよばれる．一見不思議な現象とは，摩擦力が固体表面間の接触面積に依存しないことである．直感的には，固体間で擦れ合う面積が広いほど，引っ張ったときの抵抗が大きいように思えるにもかかわらず，である．で

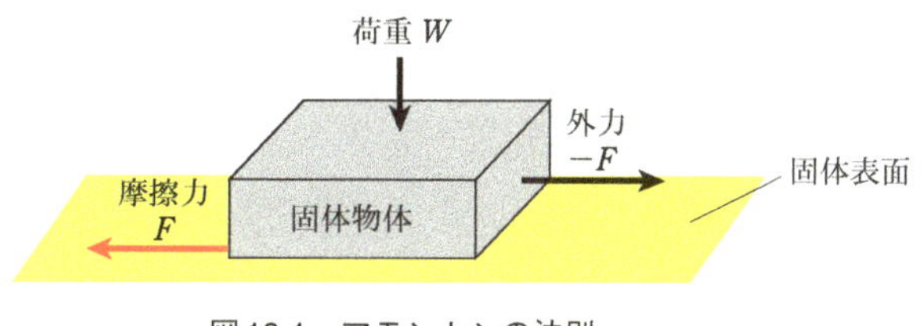

図 12.1　アモントンの法則

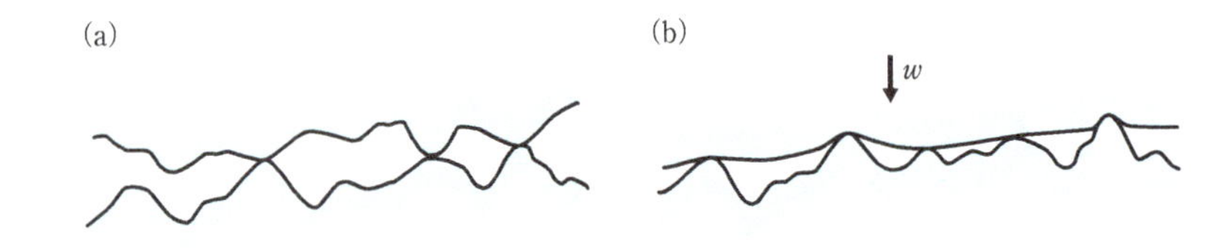

図12.2　アモントンの法則を説明するための模式図
荷重を大きくすると接触点が増える.
[A. W. Adamson and A. P. Gast, *Physical Chemisty of Surfaces, 6th Edition*, John Wiley & Sons(1997), p.433を改変]

はなぜ，接触面積に依存しないのであろうか．それは，次のように説明されている．

固体表面には，見かけ上いくら平らな表面であっても，微視的には凹凸が必ず存在する．実際，例えば金属の結晶表面には，原子サイズのステップやキンクとよばれる欠陥が存在する．2つの凹凸表面が接触するとき，極端な場合，真に接触しているのは3点だけということもあり得る(図12.2(a))．なぜなら，3点の接触で2つの面は支え合えるからである．つまり，見かけの接触面積が違っても，真に接触している面積は同程度なので，摩擦力は同じ値になるというわけである．そこに荷重Wがかかると，柔らかい方の表面は変形し，真の接触点(接触面積)が増える(図12.2(b))．この真の接触面積の増加が荷重に比例するならば，アモントンの法則(式(12.1))が成り立つことになる．

12.1.2　静摩擦と動摩擦

固体表面上に静止している物体を横に引っ張ったときに，動き出す直前の摩擦を静摩擦とよび，その後一定の速度ですべっているときの摩擦を動摩擦という．静摩擦係数は必ず動摩擦係数より大きい．その理由を考えるうえで，静摩擦係数は静置時間が長いほど大きくなる現象が参考になる．

2つの固体表面間で真に接触している部分(図12.2(a)参照)では，両表面近傍の分子や原子間には引力が働き，時間が経つと付着してしまう．例えば，同じ金属表面同士なら，微小な接続領域ができる．もし高分子同士なら，高分子鎖が絡み合ってしまうであろう．その度合いは，静置時間が長いほど大きくなり，接続領域や絡み合いを切ってすべり出させるためにより大きな力が必要になる．両表面が互いに動いている場合には，接続領域や絡み合いのできる時間が少ないため

表12.1　各種固体表面間の静摩擦係数の値

固体/固体	静摩擦係数	測定条件
鋼/鋼	0.52	大気中，室温
銅/銅	1.0	大気中，室温
ニッケル/ニッケル	0.7	大気中，室温
ガラス/ガラス	約1.0	大気中，室温
ダイヤモンド/ダイヤモンド	0.1	大気中，室温
テフロン/テフロン	0.04	大気中，室温
ポリスチレン/ポリスチレン	0.5	大気中，室温
ポリエチレン/ポリエチレン	0.06～0.3	発表データに条件の記載なし
ナイロン/ナイロン	0.15～0.25	
テフロン/鋼	0.04	

表12.2　各種固体表面間の動摩擦係数の値

固体/固体	動摩擦係数	測定条件など
鋼/鋼	0.50	大気中，室温，荷重400 gw，すべり速度50 μm/s
銅/銅	0.40	大気中，室温，荷重400 gw，すべり速度50 μm/s
銀/銀	0.30	大気中，室温，荷重400 gw，すべり速度50 μm/s
ニッケル/ニッケル	0.40	大気中，室温，荷重400 gw，すべり速度50 μm/s
アルミニウム/アルミニウム	0.36	大気中，室温，荷重400 gw，すべり速度50 μm/s
スズ/スズ	0.23	大気中，室温，荷重400 gw，すべり速度50 μm/s
ガラス/ガラス	0.70	大気中，室温，荷重400 gw，すべり速度50 μm/s
ウッドセラミック[*1]/アルミナ	～0.15	大気中，室温，すべり速度5 mm/s
ガラス/ゴム	0.4～0.5	大気中，室温，すべり速度7 mm/min
ガラス/PNaAMPS[*2]ゲル	0.002	大気中，室温，すべり速度7 mm/min

＊1　木片とフェノール樹脂の複合体を炭素化した材料．＊2　ポリ(2-アクリルアミド-2-メチルプロパンスルホン酸)．

に，動摩擦係数の方が小さくなるのである．このように考えると，動摩擦係数はせん断速度が速くなるほど小さくなることも理解できる．なぜなら，速く動くほど原子・分子が付着する時間が短くなるからである．摩擦の原因をこのように考える理論を摩擦の凝着説という．このように，静摩擦係数が動摩擦係数より必ず大きいという事実は，摩擦とは何かという本質に深く関わる問題なのである．

表12.1と表12.2に，各種物質間の静摩擦係数および動摩擦係数を示した．通常の物質ではその値は0.5～1.0程度であること，同じ物質間であれば動摩擦係数は静摩擦係数より必ず小さいことなどが見て取れる．また，凝集エネルギーの小さい(したがって表面張力の小さい)テフロンの摩擦係数は小さいことも理解できる．

コラム12.1　バナナの皮の潤滑とイグ・ノーベル賞

バナナの皮を踏むとすべって転ぶことは，よくご存知であろう．それを科学の対象として真面目に研究した人に，2014年のイグ・ノーベル賞(物理学賞)が贈られた．受賞者は，人工関節研究者である北里大学の馬渕清資教授のグループであり，4人の日本人である．

床に置かれたバナナの皮を，人間が踏んだときの摩擦の大きさに対する研究の動機について，馬渕教授は次のように語っている．「関節の摩擦を減らす仕組みはバナナのすべりやすさと同じだが，実際にバナナのすべりやすさを測定した学術的なデータはなかった」と．授賞式でも，実際にバナナや人工関節の模型を掲げ，研究内容を歌いながら説明して笑いを誘ったとのこと．

馬渕教授によると，バナナの皮の内側には粘液(多糖類の水溶液と推定されている)が詰まった粒がたくさんあり，足で踏むとその粒がつぶれてすべる原因となる粘液が出てくるとのことである．バナナの皮の上を歩いたときの摩擦係数は，通常と比べて1/6しかないという．

動摩擦では，スティック－スリップ運動(stick-slip motion)とよばれる現象がしばしば現れる．この現象も，静摩擦係数が動摩擦係数より大きいために起こる．互いにすべっている2つの表面が一瞬止まり，しばらくして，変形による応力に耐えきれなくなって再びすべる．すべり出す瞬間には，静摩擦力に勝つ力が働いているはずで，その力は動摩擦力より大きい．したがって，このときの速度は，一定速度ですべっているときよりも速く，それゆえにすべりすぎてしまう．行きすぎると力が働かなくなるので，再び止まる．これが繰り返されるのがスティック－スリップ運動である．以上の説明からわかるように，静摩擦係数と動摩擦係数の差が大きいほど，スティック－スリップ運動は起こりやすい．

スティック－スリップ運動の周期は音波の領域にあるので，この運動は音をともなう．黒板の上でチョークをすべらせると，「キー」という高い嫌な音がすることがある．また，急カーブで自動車のタイヤがスリップするときや，電車が急ブレーキをかけたときの音も同様である．

最後に，スティック－スリップ運動が働く面白い例を紹介しよう．水を認識する触感に関する最近の研究によれば[1)]，固体表面上の薄い水膜を認識するもっとも重要な因子は，その表面上での指先のスティック－スリップ運動だという．固体表面上の界面活性剤を3％含む水溶液および水の薄膜を認識する試験をすると，たいへん興味深いことに，被験者は界面活性剤水溶液を水と明確に区別する．両者の粘度はほとんど同じであるにもかかわらず，である．一方，25％食塩水溶液は，水と区別されることはなかった．指先のスティック－スリップ運動は，食塩水溶液では起こり，界面活性剤水溶液では起こらない，とのことである．

12.1.3 摩擦はエネルギー散逸の過程

物体をある力で引っ張っても，摩擦が働いている場合には，引っ張ることを止めれば物体は止まったままである．つまり，その物体は運動エネルギーを獲得していない．では，加えたエネルギーはどこへ消えたのであろうか．よく知られているように，加えたエネルギーは熱エネルギーに変化（散逸）している．摩擦の凝結説やスティック－スリップ運動を考えれば容易に想像できるように，擦れ合う部分における分子や原子は激しく揺り動かされ，運動することになる．分子や原子の運動エネルギーは，すなわち熱である．

摩擦による力学的エネルギーの熱エネルギーへの散逸，つまり摩擦熱の発生は，木を擦り合わせる古代の火起こし器や，火打ち金と火打ち石による火花式発火法に利用されている．現代でも，マッチや百円ライターなどでは，摩擦熱が発火に使われている．また，寒いときに手を擦り合わせて暖めるのも，いうまでもなく摩擦熱を利用しているのである．

12.1.4 潤滑

上で述べたように，摩擦はエネルギー散逸の過程である．したがって，自動車や機械の運転時にエネルギーを無駄にしないためには，できるだけ摩擦を小さくした方がよい．これに利用される現象が**潤滑**（lubrication）である．接触する2つの固体表面間に，他の物質（潤滑剤）を添加して，固体同士が直接接触することを防ぐのである．潤滑剤は通常，液体，特に油である．

潤滑剤の存在下における摩擦を系統的に解析する場合に，図12.3に示すストライベック曲線（Stribeck curve）がよく利用される．この図の横軸は，$\eta v/W$（潤滑剤の粘性係数×せん断速度／荷重）で，無次元の数である．$\eta v/W$が大きい（荷重が小さい，粘性係数が大きい，せん断速度が大きい）場合には，潤滑油は2つの固体表面間に引き込まれやすく，かなり厚い（μm程度以上の）層の液体が存在することになる．この場合には，固体表面同士の直接接触はない．2つの表面の間では，液体潤滑油のせん断流が生じ，摩擦は事実上液体の粘性に帰せられる．

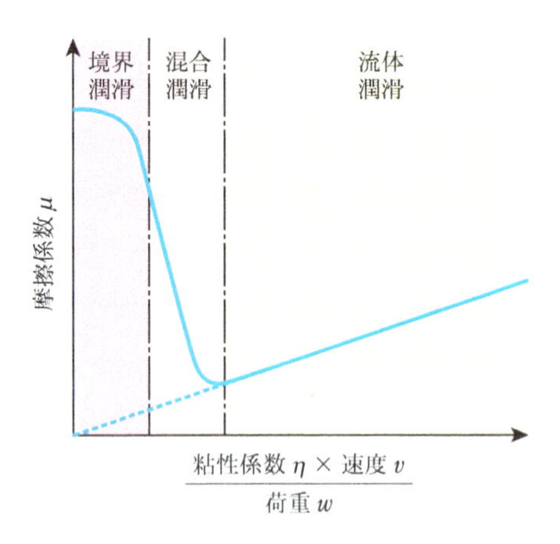

図12.3　潤滑現象を系統的に解析するためのストライベック曲線

この状態の潤滑を流体潤滑(fluid lubrication)とよぶ．この流体潤滑領域では，(η とWは一定の条件で)せん断速度が大きくなるほど摩擦係数は大きくなっている．液体の粘性抵抗は，せん断速度が大きいほど大きくなるからである．この状態は，固体表面が直接接触する場合の動摩擦係数が，速度が大きいほど小さくなると述べた先の結果と逆になっていることに注意していただきたい．流体潤滑領域の摩擦係数は，固体表面間が直接接触する場合の1/100～1/1000程度に小さくなる．

流体潤滑とは反対に，$\eta v/W$が小さいときに起こる潤滑が境界潤滑(boundary lubrication)である．潤滑油の粘性係数とせん断速度が小さく，さらに荷重が大きいと，潤滑油は固体表面間から押し出される．潤滑油の厚い層はすでになく，固体表面に吸着した潤滑剤分子によって潤滑されている．そのために，流体潤滑領域に比べると摩擦係数は大きい．吸着分子層の数がどのくらいであるのかについては詳しくわからないが，もっとも狭い表面間では単分子層(両表面を合わせて2分子層)吸着だと考えられている．潤滑油として使用される化合物にはパラフィン，高級アルコール，高級脂肪酸などがあるが，それらの分子量と摩擦係数の間には明確な関係がある(図12.4)．分子量が大きくなるほど潤滑効果が高いことは，吸着分子層が潤滑に働いていることの証拠であろう．潤滑剤の分子量が大きい(分子が長い)ほど，固体表面間が直接接触するのを防ぐ効果が大きいと考えられるからである．

流体潤滑と境界潤滑の中間に，混合潤滑(mixed lubrication)の領域がある．固

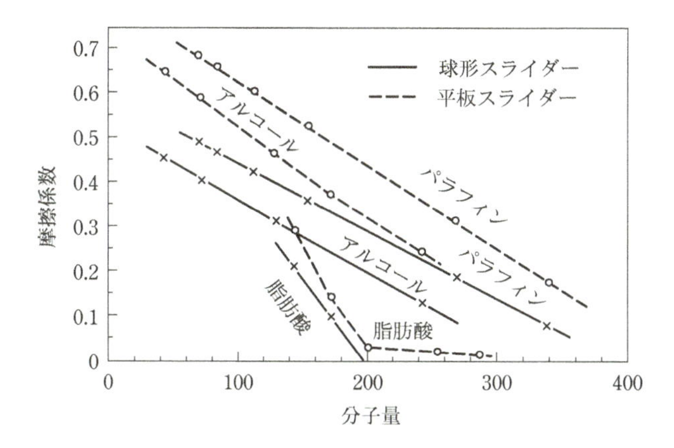

図12.4　境界潤滑における各種潤滑剤の分子量と摩擦係数の関係

体表面間の距離の大きな部分では流体潤滑が，狭い部分では境界潤滑が働いている領域である．流体潤滑から境界潤滑に移る遷移領域と考えてもよい．

12.2　摩擦と潤滑の分子過程

これまで述べてきたように，摩擦と潤滑は現象論が主で，原子・分子の世界で何が起こっているのかについては不明な点が多い．原子・分子の過程が解明されているのは，現時点では，特殊な場合に限られる．そうした特殊な場合として，ゲルの摩擦と表面力測定法を利用した摩擦と潤滑の研究を紹介する．

12.2.1　ゲルの摩擦現象

A.　ゲルの摩擦の特異性

ゲルの摩擦は独特である．まず，アモントンの法則(式(12.1))が成り立たない．アモントンの法則によれば，摩擦力は荷重のみに依存し，固体表面間の(見かけの)接触面積には依存しない．しかし，例えば，ゲルのガラス表面との摩擦力は接触面積に依存し，荷重に比例することもない．次いで，ゲルによっては摩擦係数が非常に小さく，時には10^{-4}にも達する．この小さな摩擦係数のために，ヒドロゲルは人工関節への応用が期待されている．

図12.5(a)に，各種のヒドロゲル(および比較としてゴム)とガラス表面との摩擦力と荷重の関係を示す[2]．ゴムとは異なり，摩擦力は荷重に単純には比例せず，

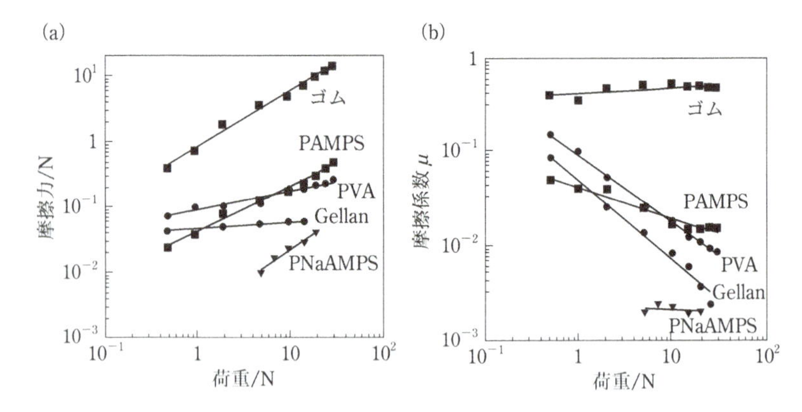

図12.5　ゴムおよび各種ヒドロゲルとガラス表面との摩擦力(a)と摩擦係数(b)
ゴム，ポリ(2-アクリルアミド-2-メチルプロパンスルホン酸)(PAMPS)，ポリビニルアルコール(PVA)，ジェランガム(Gellan)およびPAMPSのナトリウム塩(PNaAMPS).
[J. P. Gong, *Soft Matter*, **2**, 544-552(2006)中の図を改変]

両対数プロットでほぼ直線になっている．したがって，当然のことながら，(PNaAMPSゲルの例外を除いて)摩擦係数は一定にはならず，荷重に依存する(図12.5(b))．ゲルの摩擦がなぜアモントンの法則に従わないかを理解するためには，もう一度この法則が成り立つ前提を考えてみるとよい．固体表面には必ず凹凸があり，真の接触面積はたいへん小さい．そして，荷重とともに変形して真の接触面積が増加するというのがその前提であった．一方，ゲルの表面はかなり滑らかで，加えてたいへん柔らかい．そのために，真の接触面積と見かけのそれとがかなり近いと考えられる．これが，ゲルの摩擦がアモントンの法則に従わない理由である．ちなみに，荷重を面積で除した圧力と，同じく摩擦力を面積で除した摩擦応力とが，べき乗の関係にあることがわかっている[2]．

ゴムとPNaAMPSゲルは，アモントンの法則に従っている(図12.5(b))．ゴムについては，自動車のタイヤをイメージすれば，固体表面同士の摩擦として解釈できるであろう．一方，PNaAMPSゲルと，アモントンの法則に従わない他のゲルの違いについては，ゲルの摩擦現象に関するモデルを使って次項で考察することにしよう．

B.　ゲルの摩擦の反発－吸着モデル[2,3]

ゲルの摩擦現象の特異性を理解するために，ゲルの摩擦現象の反発－吸着モデルについて，分子のモデルを使って説明しよう．提案者らによれば，ゲルの摩擦

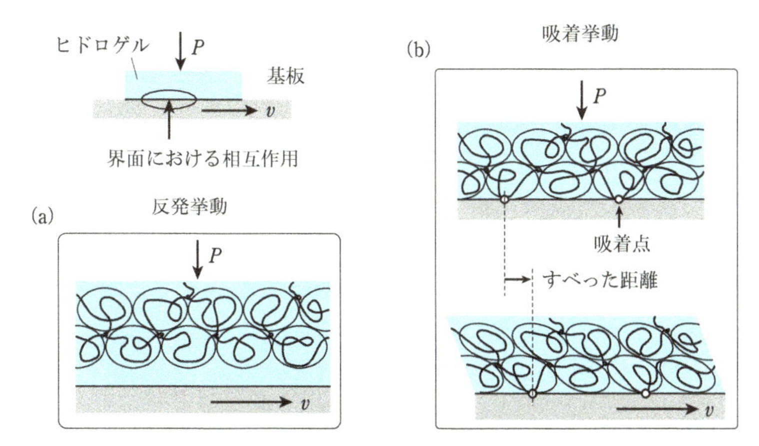

図12.6　ゲルの摩擦現象の分子像（反発挙動と吸着挙動）
［J. P. Gong, *Soft Matter*, **2**, 544–552 (2006), J. Liu and J. P. Gong (N. D. Spencer ed.), *Aqueous Lubrication : Natural and Biomimetic Approaches*, World Scientific Publishing (2014), Chapter 5 中の図を改変］

現象は，高分子網目と基板との相互作用によって2種類に分類される．1つは，両者の間に反発力が働く場合で，もう1つは引力が働く場合である（図12.6）．引力が働く場合は，基板に対する高分子網目の吸着が起こる（図12.6(b)）．反発する場合と吸着する場合では，当然，その摩擦挙動は大きく異なる．

まず，高分子網目と基板との間に反発力が働く場合には，高分子鎖と基板は直接接触せず，薄い水の層（水和層）が存在する（図12.6(a)）．この場合の摩擦は，流体摩擦機構（12.1.4項参照）で説明されるはずである．摩擦力は流体（いまの場合は水）の粘度に支配され，摩擦係数は基本的に小さい．図12.5(b)におけるPNaAMPSゲルはその例で，摩擦係数は0.002にまで低下している．PNaAMPSは陰イオン性のポリマーであり，ガラス表面は水中で負に帯電するので，静電反発力が働くのである．反発系では，摩擦係数が10^{-4}にまで小さくなる場合があることが知られている[2]．また，荷重によって水の層が薄くなると，せん断速度勾配が大きくなるため，粘性抵抗は大きくなり，摩擦力も大きくなる（図12.5(a)）．もしこの摩擦力が荷重に比例すれば（必ずしもそうなるとは限らないが），摩擦係数は一定になるであろう（図12.5(b)）．

次に，高分子網目が基板に吸着する場合（図12.6(b)）を考えてみよう．この場合の摩擦力は，(1)吸着した高分子鎖の弾性力による項と，(2)（反発系の場合と同じ）水和層による粘性項の2つに支配される．吸着した高分子鎖は擦りによって引き伸ばされ，それを元の状態に戻す力(エントロピー弾性またはゴム弾性)が働く．それが擦りに抵抗する摩擦力となる．この力は，吸着力が強い(吸着時間が長い)ほど，吸着点が多いほど，擦り速度が速いほど，大きくなることは容易に想像できる．また，反発する場合に比べて摩擦力が大きいことも明らかであろう．しかしこの項の寄与は，擦り速度が吸着速度を超えるとなくなり，以後は水和層の寄与が支配的になる．

吸着する場合における摩擦力と荷重の関係について考えてみよう．荷重の増加によってゲルは基板に押しつけられて吸着点は増えるであろうが，荷重に比例するほどには増えない．なぜなら，擦り速度が小さい場合には，初めから十分多くの吸着が起こっていると考えられるからである．図12.5(a)中のPVAやジェランは，その例であると考えられる．荷重に比例するほどには吸着点が増えないならば，摩擦係数は荷重とともに小さくなる．その結果が，図12.5(b)に表れていると考えられる．

12.2.2　表面力測定法(SFA)で見える摩擦と潤滑の分子像

雲母(マイカ，mica)のへき開面は，原子オーダーで平滑である．その面をかまぼこ状に曲げ，2つの面を直角にして接近させる．この方法によって，0.1 nmの精度で面間距離を制御できる．面間距離の微小な変動は圧電素子で行い，距離の測定には光の多重干渉法を用いる．力の測定には，敏感な板ばね秤を利用する．この方法で，雲母の両表面間に働く力を測定する表面力測定法(SFA)については，第5章で詳しく述べた．

表面力測定の装置を改造することによって，nmの距離を隔てた面間の摩擦を研究することができる．雲母表面間の距離を変えたときの，面に対して垂直方向の力を測定するのが本来の表面力測定であるが，2枚の雲母板を横にすべらせたときの摩擦力を測定することも可能である．この研究分野は，ナノトライボロジー(もしくはナノレオロジー)とよばれている．この方法によって，境界潤滑の研究が飛躍的に進歩し，狭い固体表面間における潤滑剤の分子像が観えるようになった．本節では，それらの研究成果のいくつかについて解説しよう．

図12.7に，2枚の雲母板の間に液体のオクタメチルシクロテトラシロキサン(OMCTS)が存在する場合の，摩擦力の時間変化を示す[4]．図中のnは，2枚の雲母板間に存在するOMCTS分子層の数である．測定中に分子層が1層剥がれる現象が観察されると同時に，1層減るごとに摩擦力が大きく増加することもわかる．

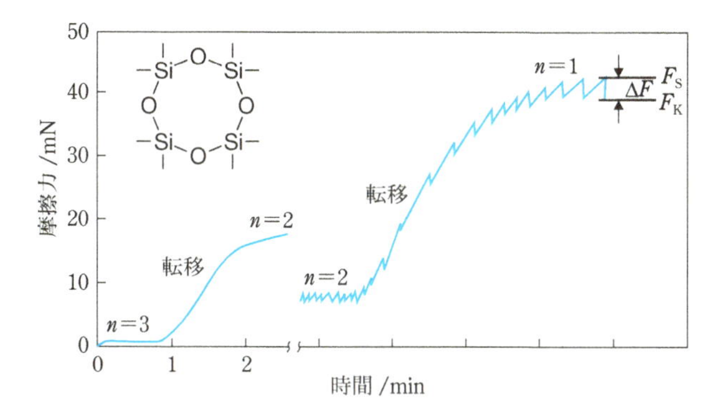

図12.7　表面力測定法(SFA)によって得られたOMCTS液体中における雲母表面間の摩擦力
図中のnはOMCTS分子層の数を表す.

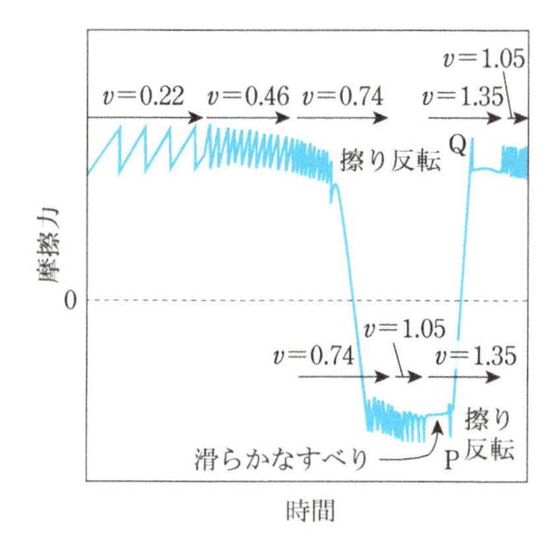

図12.8　OMCTS分子層1層を挟んだ雲母表面間のスティック－スリップ運動の擦り速度依存性
図中のvは擦り速度(単位はμm/s)を表す.

また分子層が1層しか存在しない場合の摩擦力は，鋸の歯状に振動しており，スティック－スリップ運動が起こっていることがわかる．このスティック－スリップ運動の擦り速度依存性を示したのが図12.8である[4]．図中にvで表した数字が擦り速度である．擦り速度が大きくなるほど，振動が速くなることがわかる．OMCTS分子は狭い間隙中で固体状(スティック状態)/液体状(スリップ状態)の「相転移」を繰り返し，そのために摩擦力は振動すると考えられている．擦り速度がさらに大きくなると，ある速度から突然摩擦力は液体状態が示す低い値で一

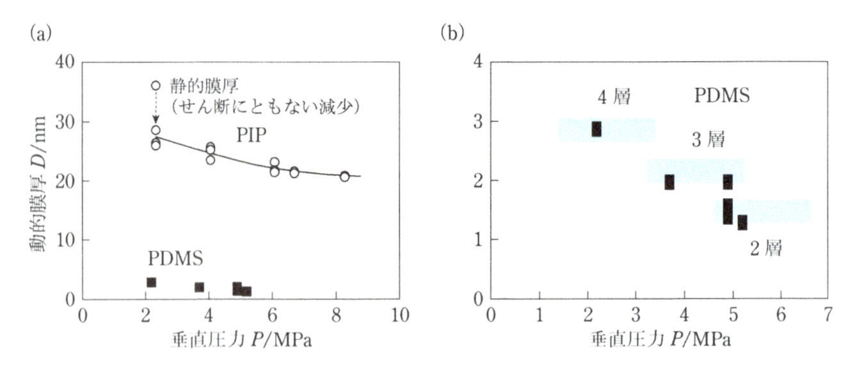

図12.9　SFAの雲母表面間に挟まれたポリジメチルシロキサン(PDMS)とポリイソプレン(PIP)の動的膜厚と垂直圧力の関係[6,7]
(b)は(a)のPDMSについて拡大したもの.

定となる.

SFAでは，液体試料は大気圧に開放されているので，決して高圧になっているわけではない．しかしそれでも，狭い(nmオーダーの)隙間に閉じ込められた分子が，固体状になる現象は一般的であることが知られている．この「固体」が，雲母表面の結晶格子に沿って分子が並ぶエピタキシャル効果による結晶であるのか，無定形のガラス状態であるのかは，長い間議論の的になっていたが，最近ではガラス説の方が有力である[5].

上記の研究は，対称性の高い(球状に近い)OMCTS分子を潤滑剤にしたモデル系の例であった．ここからは，実用的に興味のある高分子潤滑剤に関する研究を紹介しよう．シリコーン®(ポリジメチルシロキサン，PDMS)は，ヘアーコンディショナーなどの香粧品や化粧品によく使われる潤滑剤である．その独特のサラサラ感により，感触付与剤としてなくてはならないアイテムの1つである．このPDMSの潤滑機構が，他の高分子とたいへん異なっているという興味深い研究がある.

液体の高分子を2枚の雲母板の間で圧縮しても，低分子液体のように簡単には数分子層まで薄くはならない．高分子液体は粘度が高く，さらに分子同士が絡み合っているために，圧縮しても容易に押し出されないからである．表面力測定を行う実験時間内では平衡状態に達することなく，高分子のランダムコイル構造の直径の数倍の膜厚で(速度論的に)安定化してしまうことが多い．ところが，PDMSの場合は，事情がガラリと変わる．図12.9(a)に，PDMS(分子量80,000)

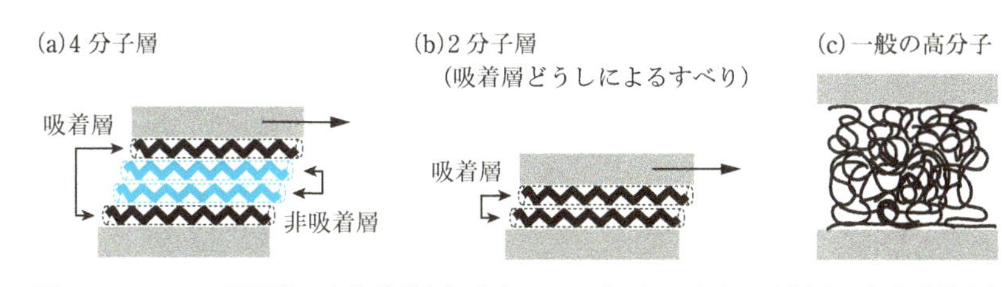

図12.10　PDMS超薄膜の摩擦機構(a)，(b)，および一般の高分子の場合の存在状態(c)の模式図
［山田真爾，表面，**49**, 312-322(2011)の図をもとに作成］

の膜厚と雲母表面間の圧力の関係を，一般の高分子の例としてのポリイソプレン(PIP：分子量48,000)と比較して示す[6,7]．PIPの膜厚が20〜30 nm(ランダムコイル径は約9 nm)であるのに対し，PDMSのそれは3 nm以下である．この値は，ランダムコイル径(約10 nm)よりはるかに小さい．さらにPDMSの膜厚を詳しく見ると，膜厚は離散的であり，高分子鎖の太さ(約0.7 nm)の整数倍になっていることがわかる(図12.9(b))．この事実は，雲母表面間で薄膜化されたPDMS分子は，横に寝ていることを意味している．横に寝たPDMS分子層の数と摩擦力の関係を見ると，3層以上の値と2層では大きく異なり，2層になったとたんに2倍以上に大きくなる[6,7]．これらの実測から得られたPDMS潤滑のモデルが，図12.10(a)と(b)である．雲母表面に接しているPDMS分子は吸着しており，容易にはすべらない．PDMS分子層が3層以上あると，分子間ですべることができるので摩擦力は小さいが，2層になると吸着した分子の変形や雲母表面との間の擦りをともなうので，摩擦力が大きくなったものと考えられる．図12.10(c)には，一般高分子の場合の模式図を示しておいたが，この場合には，液体高分子の流れ(粘性係数)が摩擦力を決めることになる．PDMS潤滑のこの特異性が，独特のサラサラの感触と関係しているのではないかと考えられるが，確かな証拠はまだない[7]．

コラム 12.2　スキーやスケートはなぜよくすべる？

スキーやスケートは，ウインタースポーツの華である．いずれも，雪や氷の上でよくすべることがキーポイントである．ではなぜ，雪や氷の上ではよくすべるのであろうか．以前は，体重による圧力によって雪や氷が溶け，スキーもしくはスケートの下に水の薄膜層ができるからだと説明されてきた．つまり，水による流体潤滑がその原因であるという考えである．水は氷ると体積が増加するので，圧力が高い程融点が下がるという特質に着目した理論である．しかし，これはどうやら間違いらしい．

スケートの刃の底は，3～4 mm くらいの幅で，長さは足の大きさ程度（～25 cm）である．したがって，底面積は$\sim 10\ \mathrm{cm}^2$くらいである．このスケートに体重60 kgの人が乗ったとすると，$(60\ \mathrm{kg}\times 9.8\ \mathrm{m/s^2})\div(10\times 10^{-4}\ \mathrm{m^2})\approx 6\times 10^5\ \mathrm{Pa}$の圧力がかかることになる．ここで，$9.8\ \mathrm{m/s^2}$は重力加速度である．一方，氷の圧力による融点降下の程度は，0℃付近で，$1.36\times 10^7\ \mathrm{Pa}$につき1℃である．したがって，氷の融点は百分の数度しか下がらず，上記の理論の妥当性が甚だ疑わしいことがわかる．スキー板の底面積はスケートの刃よりはるかに大きく，もっと不利な状況になる．

氷とスキーやスケートの間における摩擦熱が，氷を融かすからだという説もある．しかしこれも疑わしい．なぜなら，動かなくても，氷の上に立っているだけで十分よくすべるからである．また，摩擦が大きいほど摩擦熱の発生は大きいわけであるから，よくすべる氷ほど氷は融けないという矛盾も存在する．

最後の説は，氷の結晶はせん断力に弱く，横向きのズレに対して壊れやすいからというものである．これはつまり，氷は本来すべりやすいものだといっているにすぎない．氷の上ではよくすべる．こんな誰でもよく知っている問題が，まだきちんと理解されていないのである．

引用文献

1) Y. Nonomura, T. Fujii, Y. Arashi, T. Miura, T. Maeno, K. Tashiro, Y. Kamikawa, and R. Monchi, "Tactile impression and friction of water on human skin", *Colloids and Surfaces B: Biointerfaces*, **69**, 264–267 (2009)

2) J. P. Gong, "Friction and lubrication of hydrogels—its richness and complexity", *Soft Matter*, **2**, 544–552 (2006)

3) J. Liu and J. P. Gong (N. D. Spencer ed.), *Aqueous Lubrication : Natural and Biomimetic Approaches* (LISc Research Monographs Series Volume 3), World Scientific Publishing (2014), Chapter 5 Hydrogel friction and lubrication

4) K. Tsujii, *Surface Activity –Principles, Phenomena, and Applications*, Academic Press (1998), pp. 76–78

5) 山田真爾, "液体の薄膜化に伴うガラス転移挙動とナノトライボロジー", 表面, **41**, 1–14 (2003)

6) 山田真爾, "ナノトライボロジー計測から見る超薄膜液体の構造", 表面, **49**, 312–322 (2011)

7) 山田真爾, "高分子液体潤滑剤のナノトライボロジー——ポリジメチルシロキサン超薄膜の特異な摩擦・潤滑機構", オレオサイエンス, **9**, 189–195 (2009)

演習問題

12.1 アモントンの法則が成り立つとして，下記の荷重と摩擦力の関係が成り立つときの静摩擦係数を計算しなさい．

荷重/kgw	摩擦力/N	摩擦係数
0.5	2.0	
1.2	10.0	
1.0	1.0	

12.2 摩擦熱を利用した火起こし器について調査し，それをまとめなさい．

12.3 関節がきわめて低摩擦である理由について考察しなさい．

12.4 自動車タイヤのハイドロプレーニング現象を，ストライベック曲線を使って説明しなさい．

さらに勉強をしたい人のために

[コロイド・界面化学全般に関して]

・日本化学会 編，第4版　現代界面コロイド化学の基礎―原理・応用・測定ソリューション，丸善出版(2018)

→学部高学年・大学院生や企業研究者・技術者を主な対象としたテキストで，コロイド・界面化学の基礎と応用的発展が包括的に取り上げられている．初版は1997年．微粒子についても1章が割かれており，有機微粒子やハイブリッド微粒子についても記述がある．日本化学会のコロイドおよび界面化学部会が編集した教科書で，定期的に改訂が行われている．

・日本化学会 編，コロイド科学(全4巻)，東京化学同人(2000)

→日本語で書かれたもっとも本格的な教科書．出版から少し年数は経過しているが，今でもその価値は落ちていない．基礎から応用まで網羅されている．

・A. W. Adamson and A. P. Gast, *Physical Chemistry of Surfaces, 6th Edition*, John Wiley & Sons(1997)

→世界中で，コロイド・界面化学のバイブルとして扱われている本格的教科書．この分野のすべての事項が網羅されている．

・妹尾　学，辻井　薫，界面活性の化学と応用，大日本図書(1995)

→界面活性化学の基礎から応用までを体系的に述べた教科書．界面活性剤の物性と応用に関する専門書としても好適．

・K. Tsujii, *Surface Activity –Principles, Phenomena, and Applications*, Academic Press, Boston(1998)

→上記の日本語の教科書の英訳本に近い内容．

・J. Israelachvili, *Intermolecular and Surface Forces, 3rd Edition*, Academic Press, London(2011)：(日本語版)大島広行 訳，分子間力と表面力　第3版，朝倉書店(2012)

→表面力測定法の開発者による，この分野の本格的な教科書．分子間力の解説は秀逸で，分子間力や表面力について基礎的なことが学べるだけでなく，学部高学年・大学院生向けの物理化学の専門書として論文にも多く引用されている科学書である．第3部には，ミセルや生体膜のような分子会合系も取り上げられている．図・表が数多く用いられており，演習問題も豊富で，読者の理解を高める工夫がなされている．

- H.-J. Butt, K. Graf, M. Kappl著，鈴木祥仁，深尾浩次 訳，ブット・グラフ・カペル　界面の物理と化学，丸善出版(2016)
  →ドイツのジーゲン大学，マインツ大学における学部高学年・大学院生を対象に行った講義録をもとにした表面科学の教科書．従来は別々に取り扱われてきた真空中の表面と，液中の表面について統一的に解説した良書である．各章にはまとめや練習問題が記されており，理解を深めるのに役立つ．
- D. F. Evans and H. Wennerström, *The Colloidal Domain*, VCH Publishers, New York(1994)
  →英語の大判の教科書であるが，章ごとに重点項目がまとめられているなど，学びやすくなっている．著者は分子集合体の物理化学的な実験と理論研究のそれぞれ第一人者である．
- R. M. Pashley and M. E. Karaman, *Applied Colloid and Surface Chemistry*, John Wiley & Sons, Chichester(2004)
  →基本概念や実験装置について図や写真が豊富で，基本的な概念がていねいに説明され，楽しく学べるたいへんユニークな本．英語だが，教師にも学生にも読む価値がある．
- D. H. Everett, *Basic Principles of Colloid Science*, The Royal Society of Chemistry, London(1988)：(日本語版)関　集三 監訳，橘高茂治，竹田邦雄，児玉美智子 訳，エベレット　コロイド科学の基礎，化学同人(1992)
  →代表的な入門的教科書の1つ．内容的に古くなってきている部分もあるが，説明はわかりやすい．ゲルに関する章もある．
- 日本化学会 編，現代界面コロイド科学の事典，丸善出版(2010)
  →日本化学会・コロイドおよび界面化学部会の創立35周年記念出版物．歴史から最先端までの120テーマを見開き2頁で読める体裁になっている．読む事典として楽しめる良書．微粒子についてもいろいろな立場から解説されている．
- 辻井　薫，生活と産業のなかのコロイド・界面科学，米田出版(2011)
  →縦書きの入門書．応用面の記述の多いのが特徴．

[第1章　序論に関して]

- 立花太郎，コロイド化学—その新しい展開(共立化学ライブラリー19)，共立出版(1981)
  →出版当時の先端を記述した専門書．第1章のコロイド化学の歴史は読み応えあり．現在は絶版．
- 小野　周，表面張力(物理学One Point 9)，共立出版(1980)

→表面張力に関して，コンパクトにまとめられた良書．歴史，基礎概念の解説，測定法まで記載されている．

・中川鶴太郎，レオロジー 第2版，岩波書店(1978)

→コロイド化学の研究者によるレオロジーの教科書．したがって，基礎の解説とともに，高分子溶液，コロイド系，生物レオロジーまで広く触れられている．

[第3章　液体中のコロイドの挙動に関して]

・米沢富美子，ブラウン運動(物理学One Point 27)，共立出版(1986)

→ブラウン運動に関する内容をコンパクトにまとめた良書．特に，ブラウンによる発見からアインシュタインの理論，ペランの実験に至る歴史の記述は秀逸である．

・江沢　洋，だれが原子をみたか(岩波現代文庫G281)，岩波書店(2013)

→人類が原子・分子の実在を信じるようになるまでの道程を辿った科学読み物．その道程で，ブラウン運動の研究がたいへん重要な役割を演じていることが理解できる．初版は1976年に岩波科学の本として出版された．

・北原文雄，渡辺　昌 編，界面電気現象―基礎・測定・応用，共立出版(1972)

→界面電気現象全般について詳しく記述された教科書．良書であるが，現在は絶版になっている．

・大島広行，基礎から学ぶゼータ電位とその応用，日本化学会コロイドおよび界面化学部会(2017)

→界面電気現象に関して，基礎からもっともていねいに解説された教科書．理論面に偏っているが，式の誘導と物理的意味がきちんと説明されていて理解しやすい．

[第4章　吸着に関して]

・慶伊富長，吸着(共立全書157)，共立出版(1965)

→吸着に関する一般的教科書．理論，測定法，実用吸着剤まで記載されている良書であるが，現在は絶版になっている．

[第5章　表面力測定と粒子の分散・凝集に関して]

・栗原和枝(岩澤康裕，梅澤喜夫，澤田嗣郎，辻井　薫 編)，界面ハンドブック，エヌ・ティー・エス(2001)，pp.291–301，基礎編5.2 表面力と固―液界面の特性

→測定例も含め，具体的な測定の内容が簡潔に記載されている．他の章もあわせて読めば，さらに理解が深まる．

[第6章　単分子膜と多分子膜に関して]

・日本化学会 編，第4版 実験化学講座13：表面・界面，丸善出版(1993)
　および第5版 実験化学講座27：機能性材料，丸善出版(2004)
　→単分子膜，多分子膜の作製とその評価について，多くの図例とともに解説されており，機能設計についても導電性LB膜や光電変換を中心に紹介されている．参考論文もまとめられている．

・有賀克彦，国武豊喜，超分子化学への展開(岩波講座 現代化学への入門16)，岩波書店(2000)
　→超分子化学，ナノテクノロジーに関する教科書であり，気−液界面単分子膜における分子認識や，LB膜，SAM膜，LbL膜の作製と機能について解説されている．超分子化学分野の中におけるコロイド・界面化学の位置づけを知るうえで役に立つ．現在は絶版になっている．

・入山啓治，LB膜の分子デザイン(表面・薄膜分子設計シリーズ1巻)，共立出版(1988)
　→LB膜の作製と応用についてやさしく解説してある．現在は絶版になっている．

[第7章　分子集合体：ミセル・液晶・ベシクルに関して]

・S. E. Friberg and B. Lindman eds., *Organized Solutions*(Surfactant Science Series 44), Marcel Dekker(1992)
　→多くの著者が，自分の研究を総説として書いた専門書．ミセル，可溶化，液晶，乳化，化学反応など，幅広いトピックスが記載されている．

・秋吉一成，辻井　薫 監修，リポソーム応用の新展開―人工細胞の開発に向けて，エヌ・ティー・エス(2005)
　→多くの著者により，リポソームに関することはすべて網羅した大部の専門書．

[第8章　微粒子に関して]

・日本化学会 編，春田正毅 著，ナノ粒子(化学の要点シリーズ7)，共立出版，(2013)
　→一般向けにナノ粒子をやさしく解説．

・高分子学会 編，微粒子・ナノ粒子(最先端材料システムOne Point 7)，共立出版(2012)
　→一般向けにナノ粒子をやさしく解説．高分子微粒子に詳しい．

・日本化学会 編，金属および半導体ナノ粒子の科学―新しいナノ材料の機能性と応用展開(CSJカレントレビュー09)，化学同人(2012)
　→金属および半導体ナノ粒子について基礎から応用まで専門家が解説．

・米澤　徹，朝倉清高，幾原雄一 編，ナノ材料解析の実際，講談社(2016)
　→微粒子・ナノ粒子を含む種々のナノ材料の測定解析法をまとめている.

[第９章　ゲルに関して]

・廣川能嗣，伊田翔平，機能性ゲルとその応用，米田出版(2014)
　→ゲルの基礎から応用までがコンパクトにまとめられた教科書.

[第10章　表面修飾に関して]

・仁平宣弘，三尾　淳，はじめての表面処理技術，技術評論社(2012)
　→一般の方や金属材料を扱う技術者を対象に，金属材料の表面処理をやさしく解説. CVDなどの化学的な表面修飾についても触れられている.
・小林敏勝，福井　寛，きちんと知りたい粒子表面と分散技術，日刊工業新聞社(2014)
　→一般の方やペースト・塗料などの粒子を扱う実務者を対象に，粒子表面の性質から分散技術までをやさしく解説.
・蟹江澄志ほか49名共著，ナノ粒子の表面修飾と分析評価技術，情報機構(2016)
　→ナノ粒子表面修飾の方法と評価，分散・凝集の制御のための表面修飾，ナノ粒子表面状態の分析・評価，応用例を専門家がそれぞれ解説.

[第11章　濡れに関して]

・辻井　薫，超撥水と超親水—その仕組みと応用，米田出版(2009)
　→縦書きの入門書ではあるが，最先端の研究にまで言及されており，濡れに関する教科書として好適な一冊である.
・P.-G. de Gennes, F. Brochard-Wyart, D. Quéré著，奥村　剛 訳，表面張力の物理学，吉岡書店(2003)
　→ノーベル物理学賞受賞者であるde Gennesの著書の訳本. 表面張力と濡れに関する教科書である. 理論物理学者の著書らしい精密な取り扱いが特徴.

[第12章　摩擦と潤滑に関して]

・堀切川一男，プロジェクト摩擦—tribologist，講談社(2002)
　→本書は，長野オリンピックにおけるボブスレー・ランナーの開発や，米ぬかを原料とした画期的な低摩擦材料の開発物語であるが，摩擦や潤滑の基礎的な解説もなされている.

演習問題の解答

[第1章]

1.1　小さな立方体1個の表面積は$(1/n)^2$ cm$^2 \times 6 = 6/n^2$ cm^2

小さな立方体の数は1 cm^3/$(1/n)^3$ cm$^3 = n^3$

したがって，小さな立方体の表面積の合計は$(6/n^2)$cm$^2 \times n^3 = 6n$ cm^2

最初の一辺の長さ1 cmの立方体の表面積は6 cm^{2}であるから，n倍になっている．

1.2　小さな球1個の表面積は$4\pi(r/n)^2$

小さな球の数は$(4/3)\pi r^3/\{(4/3)\pi(r/n)^3\} = n^3$

したがって，小さな球の表面積の合計は$4\pi(r/n)^2 \times n^3 = 4\pi r^2 n$

最初の大きな球の表面積は$4\pi r^2$であるから，n倍になっている．

[第2章]

2.1　図2.8の可動枠をΔxだけ右に引っ張ったとき，石鹸膜にΔwの仕事がなされたとする．$\Delta S = 2l\Delta x$（石鹸膜の表裏で面積が増加するから）で，$\Delta w = f\Delta x$（fはxに依存しないから）である．したがって，Δxを無限小にとれば$\Delta w/\Delta S = \mathrm{d}w/\mathrm{d}S = f\Delta x/2l\Delta x = f/2l$.

2.2　$f = 2l\gamma$であるから，$f = 2 \times 0.1$ m $\times$ 35 mN/m $=$ 7 mN．一方，1円玉1個（1 g）を持ち上げる力は，1 gw $=$ 0.001 kg $\times$ 9.8 m/s^2 $=$ 9.8 mN．よって，1円玉1個を持ち上げる力の方が大きい．

2.6　界面張力が負であれば，2つの液体は接触した方が自由エネルギーが下がることになる．そのため，互いにより細かくなって接触面積を増やそうとする．その極限は分子同士で混ざることなので，界面は消失して溶液となる．

[第3章]

3.1　関数$f(x)$において$x \ll 1$のときには，次の近似式が成り立つ（一次項までのマクローリン展開）：$f(x) = f(0) + f'(0)x$．この近似式を式(3.51)に適用すると，

$$\frac{d^2\Psi}{dx^2}=\left(\frac{zeC^0}{\varepsilon_r\varepsilon_0}\right)\left\{e^0+\frac{ze\Psi}{k_BT}-e^0-\left(-\frac{ze\Psi}{k_BT}\right)\right\}=\left(\frac{2z^2e^2C^0}{\varepsilon_r\varepsilon_0k_BT}\right)\Psi$$

$(2z^2e^2C^0/\varepsilon_r\varepsilon_0k_BT)^{1/2}=\kappa$とおけば，式(3.52)が得られる．

3.2 式(3.53)に与えられた定数を入れて計算する．ここでは濃度の換算式(イオン数/m^3 = 1000 N_A mol/L(N_Aはアボガドロ定数))を使用する．

$$\kappa=\left(\frac{2\times6.02\times10^{26}\ m^{-3}\times z^2\times1.60^2\times10^{-38}\ C^2\times C^0}{78.3\times8.85\times10^{-12}\ C\ V^{-1}\ m^{-1}\times1.38\times10^{-23}\ J\ K^{-1}\times298.15\ K}\right)^{1/2}$$

$$=z(C^0)^{1/2}\times3.29\times10^9\ /\ m$$

したがって，$1/\kappa=0.30\times10^{-9}/z(C^0)^{1/2}$ m $=0.30/z(C^0)^{1/2}$ nmとなる．

この式にそれぞれのイオンの価数と濃度を代入すると，次の値が得られる．

(i)～10 nm (ii)3 nm (iii)～1 nm (iv)～5 nm (v)1.5 nm (vi)～0.5 nm

3.3 まず，重量%で表されている濃度をモル濃度に変換する．ポリアクリル酸ナトリウムのモノマー単位および塩化ナトリウムの分子量はそれぞれ94.06，58.44であるから，それぞれの2 wt%溶液1 L中には，20/94.06 molおよび20/58.44 molが存在する．したがって，C_0 = 0.213 mol/L，C_1 = 0.342 mol/Lとなる．これらの値を式(3.73)に代入すると，$C^{II}/C^{I}=1+C_0/C_1=1+0.623=1.623$が得られる．この結果から，I側とII側の塩化ナトリウムの濃度は，それぞれ0.130 mol/L，0.212 mol/Lとなる．

上記の結果よりI側とII側のNa^+イオン濃度は，それぞれ0.213 + 0.130 = 0.343 mol/L，0.212 mol/Lと計算される．したがって，式(3.74)を使うと，

$$\Delta\Psi=\left(\frac{RT}{F}\right)\ln\left(\frac{0.343}{0.212}\right)=\left(\frac{8.314\ J\ K^{-1}\ mol^{-1}\times298.15\ K}{9.649\times10^4\ C\ mol^{-1}}\right)\ln1.618$$

$$=1.236\times10^{-2}\ J\ C^{-1}=12.36\ mV$$

[第4章]

4.1 $\Delta P=2\times72$ mN $m^{-1}/10^{-8}$ m $=1.44\times10^7$ Pa ≈ 144気圧

4.2 薄膜の片面の面積をS m^2とすると，S m^2 × 1 μm = 1 cm^3すなわち，S $m^2\times10^{-6}$ m $=10^{-6}$ m^3となる．したがって，この薄膜の表裏両面の面積は2 m^2である．薄膜を作るエネルギーは, 35 mN m^{-1} × 2 m^2 = 70 mJとなる．一方，300 Wの電気洗濯機の1秒間の出力は300 Jで，膜膜(泡)を作るエネルギーの約4,300倍である．

［第5章］

5.1　(1)分散を制御するには，大きく分けると電荷を用いる方法と高分子の立体的な相互作用を用いる方法がある．前者は電荷の斥力・引力を用いるもので，同符号の電荷をもつ微粒子は反発し分散する，異符号の場合は引力が働き凝集する．また，後者は微粒子を高分子で修飾して，良溶媒中の高分子には立体斥力が働き，貧溶媒中では引力が働くことを利用するもので，良溶媒中では分散し，貧溶媒中では凝集する．溶媒の塩濃度やpHの変化によらず，安定に作用する特徴がある．溶媒を変えずに同じ溶媒でも，温度変化により良溶媒から貧溶媒に変わる場合もある．例えば，ポリ(*N*-イソプロピルアクリルアミド)の場合，高分子は低温では水和されて膨潤し，水は良溶媒として作用するので粒子は分散し，高温では脱水和して水を放出して収縮し，高分子は疎水性を示すために粒子は凝縮する．

(2)大きく分けると，イオンの吸着と，表面の官能基の解離(例えばCOOH基をCOO^-基とする)による方法がある．したがって，電荷による分散凝集はpHの変化には不安定であるが，温度の変化には安定である．

5.2　下図の青線は金表面間，黒線は脂質表面間のファンデルワールス力の距離依存性について，式(5.1)を用いて単位面積あたりで計算した結果である．

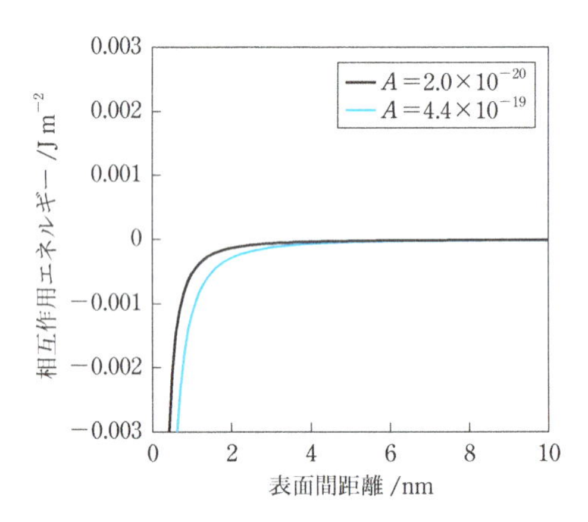

5.3　100 mMのNaCl溶液のデバイ長$1/\kappa$は0.096 nm，ρは6.0×10^{19}である．この値と式(5.2)を用いて計算すると次図のようになる．

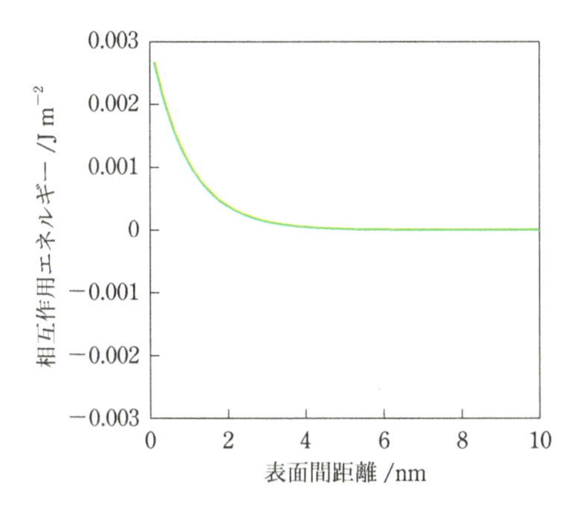

5.4 演習問題5.2および5.3の結果と式(5.4)から，右図が得られる．

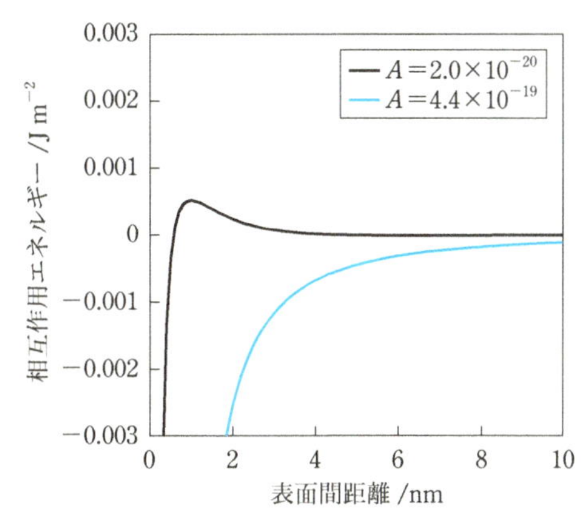

5.5 5.4で求めた相互作用曲線は，単位面積あたりの平板間のものである．微粒子の相互作用を議論するためには，その大きさの効果を考える必要がある．微粒子の大きさが半径30 nmで，相互作用が断面積に比例する場合に表面電位を変えて相互作用曲線を描くと右図のようになる．斥力の極大が25 k_BT以上であると分散系が安定に存在できるとすると，表面電位は32 mV以上必要となる．表面電位はpHに対して直線的に変化するので，

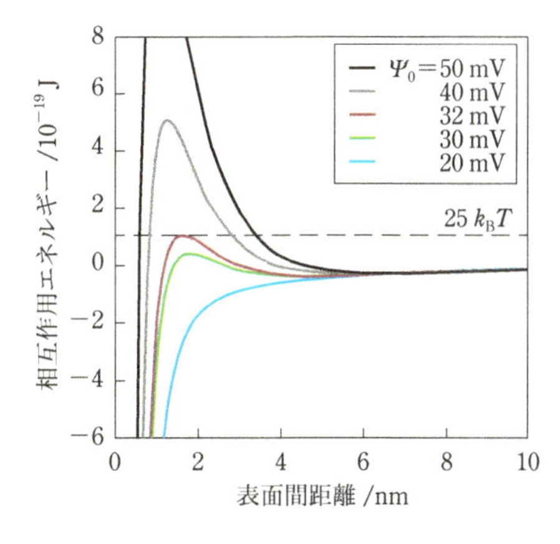

pHが5.3以下および6.7以上で粒子は分散する．5.3から6.7の間では凝集する．この問題では，相互作用は断面積に比例すると仮定したが，近似の方法は他にもあるので，各自考えてみよう．

［第6章］

6.2　(i) w[g]のステアリン酸を溶解した100 mLのヘキサン溶液b[mL]に含まれるステアリン酸のモル数は，分子量が284[g/mol]であるから

$$\frac{w[\mathrm{g}]\times(b[\mathrm{mL}]/100)\times 1\ \mathrm{g\ cm^{-3}}}{284\ \mathrm{g\ mol^{-1}}}=\frac{b\times w}{28400}\ [\mathrm{mol}] \tag{1}$$

(ii) ステアリン酸の固体凝縮膜S[cm^2]中の分子数は

$$\frac{S[\mathrm{cm^2}]}{a[\mathrm{nm^2\ molecule^{-1}}]}=S\times 10^{14}/a$$

個である．これをアボガドロ定数N_Aで割るとモル数が得られる．

$$\frac{S\times 10^{14}}{aN_A}\ [\mathrm{mol}] \tag{2}$$

式(1)と式(2)は等しいから

$$\frac{b\times w}{28400}=\frac{S\times 10^{14}}{aN_A}$$

よって

$$N_A=\frac{2.84\times 10^{18}\times S}{a\times b\times w}$$

［第9章］

9.1　ゲルの体積をV[L]とすると，比重は1なのでその質量は1000Vgである．したがって，ゲル中のポリアクリル酸ナトリウムの質量は50Vgである．ポリアクリル酸ナトリウムのモノマー単位の分子量は94.06だから，ゲル中には(50V/94.06) molのモノマー単位（すなわちNa^+）が存在する．これを体積Vで除して，ゲル中の対イオン(Na^+)濃度としてC = (50/94.06) mol/Lを得る．ファント・ホッフの式より，浸透圧ΠはCRT（Rは気体定数，Tは絶対温度）で与えられるので，{(50/94.06) mol/L} × 8.314 J/mol K × 298.15 K ≈ 1.32×10^6 Paを得る（1 L = 10^{-3} m^{3}であることに留意）．この圧力は約13気圧に相当する．

9.2 毛管圧力は，$\Delta P=2\gamma\cos\theta/r$（$\gamma$は油の表面張力，$\theta$は油と網目物質との接触角，$r$は毛管の半径）で表される（式(11.3)）．油と網目物質との接触角は0°なので，$\cos\theta=1$である．したがって，毛管圧力が1気圧（$\approx 10^5$ Pa）になる条件は，2×30 mN $\mathrm{m}^{-1}/r=10^5$ Paである．この式より，$r=6\times 10^{-7}$ m $=0.6$ μmを得る．

[第10章]

10.2 直径d[nm]の金ナノ粒子を構成する全金原子数と表面金原子数を求める．一方，元素分析から得られる1個の金ナノ粒子に配位修飾しているヘキサンチオールの分子数（すなわち，ヘキサンチオールで修飾されている金原子数）を用いて，表面金原子のうち修飾されている金原子の割合を求める．

全金原子数の計算は，もっとも単純に考えると，金ナノ粒子の体積を金原子の体積で割ればよいと考えられる．しかしこの方法では，金原子が並んで結晶をつくったときの隙間がまったくないとして計算することになり，実際の原子数よりも多く計算される．正確に計算するためには，結晶構造を決める必要がある．

そこで，金ナノ粒子が，金原子の直径（2×144 pm $=288\times 10^{-3}$ nm）をもった立方体がきれいに並んだ構造（＝単純立方格子）から構成されていると考えて，直径d[nm]の金属ナノ粒子の体積と表面積を求める．体積の計算から金ナノ粒子を構成する全金原子数mが，表面積の計算から金ナノ粒子の表面金原子数m_sが計算できる．

一方，ヘキサンチオールで修飾された金ナノ粒子は，$(\mathrm{C_6H_{13}SH})_n(\mathrm{Au})_m$で表されるので，それぞれの原子量S＝32, Au＝197, C＝12, H＝1と，先に計算した金ナノ粒子を構成する全金原子数mを用いて，元素分析の結果（C：x%，Au：y%）のxとyからnを求めることができる．

以下，実際に計算してみる．直径d[nm]の金ナノ粒子の体積Vは

$$V=\frac{4}{3}\pi\left(\frac{d}{2}\right)^3 \quad [\mathrm{nm^3}] \tag{1}$$

である．上述のとおり金原子を立方体と考えた場合，金ナノ粒子の体積を立方体の体積で割ると，金ナノ粒子を構成する全金原子数mが求まる（単位をnmに合わせる）．

$$m=\frac{4}{3}\pi\left(\frac{d}{2}\right)^3\Big/(288\times10^{-3})^3=\frac{1}{6}\pi d^3\left\{(d\times10^3/288)^3\right\} \quad (2)$$

一方，直径d[nm]の金ナノ粒子の表面積Sは

$$S=4\pi\left(\frac{d}{2}\right)^2 \quad [\mathrm{nm}^2] \quad (3)$$

である．金原子を立方体と考えた場合の金ナノ粒子の表面積としては，**図**に模式的に示すように，直径から１原子分の長さを差し引いた値を用いて表面積を求めた方がより正確である．ただし，ナノ粒子の直径dが十分に大きいときには-1を無視できる．

したがって，表面金原子数m_sは(表面積に寄与するのは最外殻にある立方体の原子の１つの面であると考える)

$$m_s=4\pi\left[\left\{d-(288\times10^{-3})\right\}/2\right]^2\Big/(288\times10^{-3})^2=\pi\left(\frac{d\times10^3}{288}-1\right)^2 \quad (4)$$

と求まる．一方，元素分析の結果C : x%から

$$\frac{12\times6\times n}{(12\times6+1\times14+32\times1)\times n+(197\times m)}=\frac{x}{100} \quad (5)$$

および，Au : y%から

$$\frac{197\times m}{(12\times6+1\times14+32\times1)\times n+(197\times m)}=\frac{y}{100} \quad (6)$$

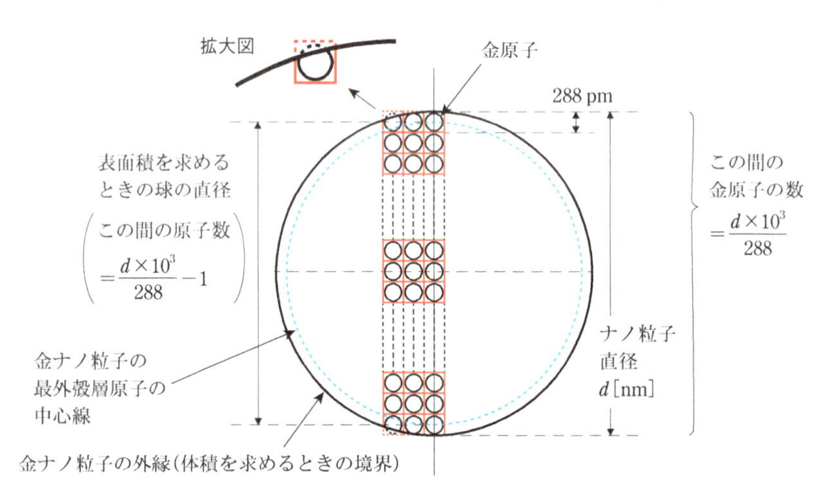

図　金ナノ粒子を構成する全金原子数や表面金原子数の求め方

の関係があるので，式(5)と式(6)に，式(2)から求めた全金原子数$\boldsymbol{m}$を代入すると，ヘキサンチオールが配位吸着している金原子数$\boldsymbol{n}$が求まる.

全表面金原子数$\boldsymbol{m}_\mathrm{s}$は式(4)で求まっているので，全表面金原子数のうちチオールが配位している原子の割合は

$$\frac{n}{m_\mathrm{s}}\times 100 \quad [\%] \tag{7}$$

から求まる.

［第11章］

11.1 ヤングの式($\cos\theta=(\gamma_\mathrm{S}-\gamma_\mathrm{SL})/\gamma_\mathrm{L}$)に，$\gamma_\mathrm{S}=6$ mN/m，$\gamma_\mathrm{L}=72$ mN/m，$\gamma_\mathrm{SL}=\gamma_\mathrm{S}+\gamma_\mathrm{L}-2(\gamma_\mathrm{S}\gamma_\mathrm{L})^{1/2}\approx 36.4$ mN/mを代入すると，$\cos\theta\approx -0.422$となる．したがって，$\theta\approx 115°$となる．ちなみに，CF_3基を六方状に最密充填した表面上での，水の接触角の実験値は119°である.

11.2 毛管圧力は，$\Delta P=2\gamma\cos\theta/r$（$\gamma$は水の表面張力，$\theta$は水と毛管壁との接触角，$r$は毛管の半径）で表される(式(11.3))．この式に値を入れて計算すると下記の結果を得る．ただし，1気圧$\approx 10^5$ Paとした.

孔の半径	接触角＝110°	接触角＝180°
1 mm	49 Pa$\approx 5\times 10^{-4}$ 気圧	144 Pa$\approx 1.44\times 10^{-3}$ 気圧
1 μm	～0.5 気圧	～1.4 気圧
0.1 μm	～5 気圧	～14 気圧
1 nm	～500 気圧	～1400 気圧

蛇足であるが，海中に10 m潜るごとに1気圧増加するので，0.1 μmの孔の半径を有するフィルムは50～140 mの深さの圧力に耐えることを意味する.

［第12章］

12.1 摩擦係数を計算するために，まず荷重と摩擦力の単位をそろえる．1 kgw ＝1 kg×9.8 m/s^2＝9.8 Nだから，下記の結果を得る.

荷重 /kgw	摩擦力 /N	摩擦係数
0.5	2.0	0.41
1.2	10.0	0.85
1.0	1.0	0.10

索　引

■欧文

■和文

ア

カ

サ

タ

ラ

著者紹介

辻井　薫　理学博士

1970年　大阪大学大学院理学研究科物理化学専攻修士課程修了

元 北海道大学電子科学研究所　教授

栗原　和枝　工学博士

1979年　東京大学大学院工学系研究科工業化学専攻博士課程修了

現　在　東北大学未来科学技術共同研究センター　教授

戸嶋　直樹　工学博士

1967年　大阪大学大学院工学研究科応用化学専攻博士課程修了

現　在　山口東京理科大学名誉教授・特任教授

君塚　信夫　工学博士

1984年　九州大学大学院工学研究科合成化学専攻修士課程修了

現　在　九州大学大学院工学研究院応用化学部門　主幹教授

NDC431　271p　21cm

エキスパート応用化学テキストシリーズ

コロイド・界面化学——基礎から応用まで

2019年11月26日　第1刷発行

著　者　辻井　薫・栗原和枝・戸嶋直樹・君塚信夫

発行者　渡瀬昌彦

発行所　株式会社　講談社

〒112-8001　東京都文京区音羽2-12-21

販　売　(03) 5395-4415

業　務　(03) 5395-3615

編　集　株式会社　講談社サイエンティフィク

代表　矢吹俊吉

〒162-0825　東京都新宿区神楽坂2-14　ノービィビル

編　集　(03) 3235-3701

本文データ制作　株式会社　双文社印刷

カバー・表紙印刷　豊国印刷　株式会社

本文印刷・製本　株式会社　講談社

Printed in Japan

ISBN 978-4-06-517916-1